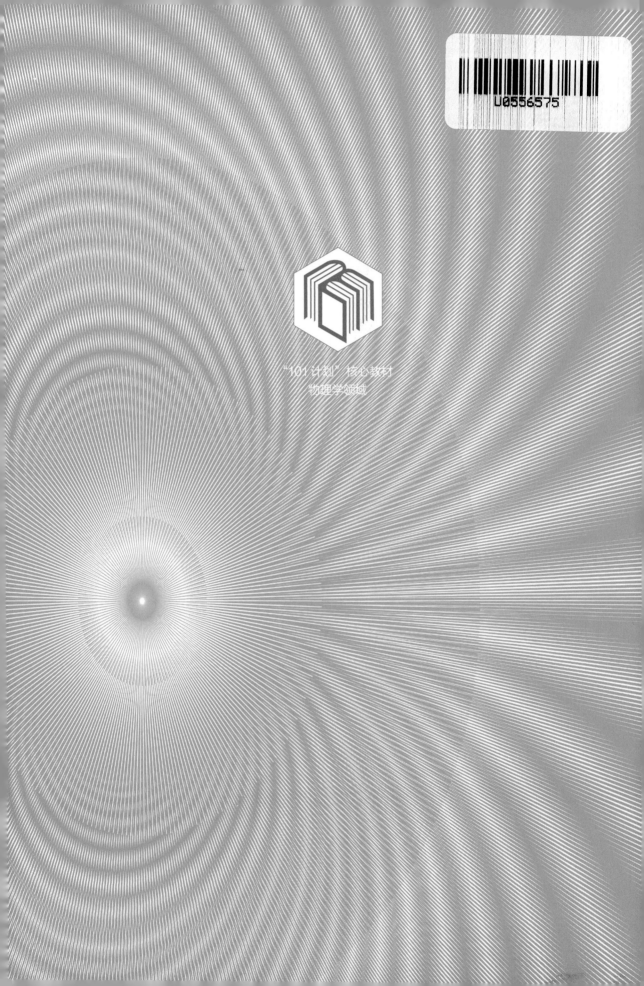

"101计划"核心教材
物理学领域

U0556575

理论力学

刘 川 编著

北京大学出版社
PEKING UNIVERSITY PRESS

图书在版编目 (CIP) 数据

理论力学 / 刘川编著. -- 北京 : 北京大学出版社,
2024. 8. -- ("101 计划"核心教材物理学领域).
ISBN 978-7-301-35156-7

Ⅰ. O31

中国国家版本馆 CIP 数据核字第 2024R3B186 号

书　　　名	理论力学	
	LILUN LIXUE	
著作责任者	刘川　编著	
责 任 编 辑	刘啸	
标 准 书 号	ISBN 978-7-301-35156-7	
出 版 发 行	北京大学出版社	
地　　　址	北京市海淀区成府路 205 号　100871	
网　　　址	http://www.pup.cn	
电 子 邮 箱	zpup@pup.cn	
新 浪 微 博	@ 北京大学出版社	
电　　　话	邮购部 010-62752015　发行部 010-62750672　编辑部 010-62754271	
印 刷 者	北京市科星印刷有限责任公司	
经 销 者	新华书店	
	787 毫米 × 1092 毫米　16 开本　16 印张　262 千字	
	2024 年 8 月第 1 版　2024 年 8 月第 1 次印刷	
定　　　价	49.00 元	

出 版 说 明

为深入实施科教兴国战略、人才强国战略、创新驱动发展战略，统筹推进教育科技人才体制机制一体化改革，教育部于 2023 年 4 月 19 日正式启动基础学科系列本科教育教学改革试点工作（下称"101 计划"）. 物理学领域"101 计划"工作组邀请国内物理学界教学经验丰富、学术造诣深厚的优秀教师和顶尖专家，及 31 所基础学科拔尖学生培养计划 2.0 基地建设高校，从物理学专业教育教学的基本规律和基础要素出发，共同探索建设一流核心课程、一流核心教材、一流核心教师团队和一流核心实践项目. 这一系列举措有效地提高了我国物理学专业本科教学质量和水平，引领带动相关专业本科教育教学改革和人才培养质量提升.

通过基础要素建设的"小切口"，牵引教育教学模式的"大改革"，让人才培养模式从"知识为主"转向"能力为先"，是基础学科系列"101 计划"的主要目标. 物理学领域"101 计划"工作组遴选了力学、热学、电磁学、光学、原子物理学、理论力学、电动力学、量子力学、统计力学、固体物理、数学物理方法、计算物理、实验物理、物理学前沿与科学思想选讲等 14 门基础和前沿兼备、深度和广度兼顾的一流核心课程，由课程负责人牵头，组织调研并借鉴国际一流大学的先进经验，主动适应学科发展趋势和新一轮科技革命对拔尖人才培养的要求，力求将"世界一流""中国特色""101 风格"统一在配套的教材编写中. 本教材系列在吸纳新知识、新理论、新技术、新方法、新进展的同时，注重推动弘扬科学家精神，推进教学理念更新和教学方法创新.

在教育部高等教育司的周密部署下，物理学领域"101 计划"工作组下设的课程建设组、教材建设组，联合参与的教师、专家和高校，以及北京大学出版社、高等教育出版社、科学出版社等，经过反复研讨、协商，确定了系列教材详尽的出版规划和方案. 为保障系列教材质量，工作组还专门邀请多位院士和资深专家对每种教材的编写方案进行评审，并对内容进行把关.

在此，物理学领域"101 计划"工作组谨向教育部高等教育司的悉心指导、31 所参与高校的大力支持、各参与出版社的专业保障表示衷心的感谢；向北京大学郝平书记、龚旗煌校长，以及北京大学教师教学发展中心、教务部等相关部门在物理学领域"101 计划"酝酿、启动、建设过程中给予的亲切关怀、具体指导和帮助表示由衷的感谢；特别要向 14 位一流核心课程建设负责人及参与物理学领域"101 计划"一流核心教材编写的各位教师的辛勤付出，致以诚挚的谢意和崇高的敬意.

　　基础学科系列"101 计划"是我国本科教育教学改革的一项筑基性工程. 改革，改到深处是课程，改到实处是教材. 物理学领域"101 计划"立足世界科技前沿和国家重大战略需求，以兼具传承经典和探索新知的课程、教材建设为引擎，着力推进卓越人才自主培养，激发学生的科学志趣和创新潜力，推动教师为学生成长成才提供学术引领、精神感召和人生指导. 本教材系列的出版，是物理学领域"101 计划"实施的标志性成果和重要里程碑，与其他基础要素建设相得益彰，将为我国物理学及相关专业全面深化本科教育教学改革、构建高质量人才培养体系提供有力支撑.

物理学领域"101 计划"工作组

前　言

本书脱胎于我从 2005 年起在北京大学讲授理论力学课程的一系列讲义. 多年来, 理论力学的课程内容及相应讲义亦有调整, 但是基本内容仍然是围绕分析力学的主体框架进行. 至 2019 年, 这些内容的主体部分成书于《理论力学》并由北京大学出版社出版.

经过相关专家的讨论, 本书在 2024 年初荣幸地获批成为物理类 "101 计划" 教材. 按照 "101 计划" 对理论力学课程的要求, 我对讲义以及前著《理论力学》的内容进行了较大规模的修订. 几乎所有章节的文字都进行了或多或少的修改. 其中修订较多的部分包括: 在第二章中, 对于一些原先表述不太明确的语句进行了修订, 使其表述更为明确, 此外在对称性讨论中将诺特定理明确地列出; 在第五章刚体运动学的讨论中, 对角速度的讨论更加完整, 更换了欧拉角图, 同时对其讨论也更加细致, 此外对四元数 (特别是万向节锁死问题) 的讨论也更加完备; 添加了全新的第七章, 以讨论连续介质力学.

本书定位于面向物理相关专业的本科生或研究生, 将主要介绍分析力学的理论框架及其各种应用. 分析力学被很多人认为是最为优美的理论物理课程. 正是基于对这种优美的憧憬, 我才在 2005 年春尝试讲授理论力学. 但我在准备的过程中发现, 理论力学课程实际上相当具有挑战性. 挑战之一是分析力学的许多原理、方法和术语实际上是为整个理论物理起到了奠基的作用. 分析力学中很多地方都蕴含着与理论物理其他分支的紧密联系. 例如: 最小作用量原理一直到量子场论中都是重要的原理; 泊松括号对于经典力学的描述与对易括号对于量子力学的描述是十分类似的; 哈密顿–雅可比方程与光学、量子力学的波动力学 (薛定谔方程) 也具有内在联系. 挑战之二是经典动力学本身也有十分迅猛的发展, 特别是在非线性、混沌等现象的研究中, 这些内容本身就是相关领域的科研前沿. 挑战之三在于经典力学中的许多理论方法还与现代数学物理有着十分紧密的联系. 例如, 在分析力学中可以很直观地引入流形、切丛、微分形式、辛几何等概念. 这些数学概念在现代数学物理中起着十分重要的作用. 以这样更宏观的观念来看待理论力学课程, 就会发现它变成了一个很庞大的体系.

考虑到上述理论力学与其他相关课程的关联,在我看来一个适合于物理专业的理论力学教材应当起到以下两方面的作用:第一,促使读者掌握欧拉、拉格朗日和哈密顿等先贤的分析力学的基本原理和方法,并能够运用分析力学的方法解决经典力学的具体问题;第二,将分析力学的原理和方法作为一个窗口和桥梁,使之能够透视和联结到读者以后对于其他物理课程的学习和研究中. 第一方面的作用若仅局限在本课程之中考虑,当然也是重要的,但我觉得第二方面的作用似乎更加重要一些.

正是基于这样的考虑,本书采取了以下两方面的举措:第一,我努力强调了从超出经典力学本身的最基本的原理出发来阐述分析力学的内容. 为此,我们讨论分析力学的起点是狭义相对论的时空观和最小作用量原理. 其他教材中常见的讲述方法是从牛顿力学出发来讨论拉格朗日形式的分析力学. 这样的方法固然符合人类的认知规律,但其缺点是没有突出基本原理的崇高地位. 这里采用的讲述方法基本上与朗道的书(参考书 [1])中的逻辑类似,只不过本书是从相对论性时空观出发,而朗道是从非相对论时空观出发. 第二,在本书中,我尽量在可能的地方,将相关的分析力学的内容进行引申,点出它们与物理学其他分支的联系,以求给读者提供一个更加广阔的视野. 我希望多数读者在学过这个课程一段时间,比如说一年以后,能够留下一些重要的印象. 你可以忘了怎么解一个具体的力学问题,但希望你能够记得分析力学的思想精髓.

本书的主旨是讲述分析力学的主要思想方法. 我在翻阅了所有能够找到的中文理论力学教材之后发现,它们绝大多数的内容并不与我的初衷相吻合,绝大多数国内的理论力学教材都不是以分析力学为主体的. 其原因在于理论力学课程的主要受众并不是物理专业的学生,而是众多工程专业的学生,后者可能在学生人数上是大多数. 因此,绝大多数国内的理论力学教材讲述的主要内容偏重于矢量力学(牛顿力学),而对于分析力学的介绍过于简略,并不适合物理专业的学生学习. 写一本真正面向物理专业的理论力学教材,也是我准备此书的一个目的.

与前著《理论力学》相比较,本书全新的第七章中包含了三个主要方面的内容:第 36 节是非相对论性一维弦的振动和波动,第 37 节是关于相对论性玻色弦的介绍, 最后的第 38 节则是对三维连续弹性体的振动和波的介绍. 概括来说, 这三节分别起到了三种不同的窗口作用, 使读者了解分析力学可以衔接到哪里去: 第 36 节是从有限多的经典自由度过渡到连续分布自由度系统, 这里面涉及拉格朗日密度的概念, 当然也会涉及相应的能量密度、能流密度等经典场论的概念, 从而为后续的经典或量子场论的学习提供一个独特的入门视角. 第 37 节的目的主要是为以后可能从事数学物理, 特别是弦理论研究的同学打开一个窗口, 使他们了解弦的概念是如何从经典中孕育而出的. 第 38 节则是采纳韦丹教授的建议, 为广大理科同学提供一个从分析力学的理论拓展到工科中力学视角的窗口, 让他们了解到工科中力学问题的特点, 尽管本书主要面对的是理科的读者.

如上所述, 由于与分析力学有关联的物理分支实在是太过广泛, 显然要将所有的内容都一一尽述是不可能的. 读者还可以参考朗道 [1]、戈尔茨坦 [2] 以及若泽与萨莱坦 [3] 的教材, 这些都是面向理科物理专业读者的理论力学经典教科书.

这里我首先要感谢 "101 计划" 审稿专家, 南开大学的刘玉斌教授、哈尔滨工业大学的任延宇教授、中国科学院大学的黄梅教授. 他们对全书做了严格的审读, 提出了很多中肯的修改建议.

感谢使用过前著《理论力学》及相关讲义的读者们. 他们通过不同渠道向我指出了其中的错漏或不妥之处. 这些错漏之处已经在此次的更新中努力加以订正. 此外, 作者还要特别感谢江苏大学物理系的蓝元培老师, 他指出了前著《理论力学》中转动生成元表达式中的一个符号错误, 同时也要感谢浙江温州的于添翼教练提供了全新的欧拉角的示意图. 尽管努力更正了各种错漏, 但书中仍难免有不少不妥之处, 恳请各位读者批评指正.

还要感谢北京大学物理学院理论力学课程组的陈晓林、张大新、李定平、许甫荣、檀时钠、冯旭、邵立晶、赵鹏巍、孟策、陈弦等老师们无私地与我分享他们多年来教授理论力学的经验. 特别要感谢的是陈晓林教授给了我他们授课的全部 PowerPoint 文件. 这些课件无疑需要大量的时间投入和精心的准备. 陈晓林还给了我理论力学课程的习题. 这些经验对于当年我这个理论力学课程的 "新手" 来说是十分宝贵的. 同时也要感谢北京大学理论物理研究所各位老师对于理论力学系列课程的一贯支持.

最后，感谢我的家人，这包括我的父母、妻子和儿子. 其中特别要感谢我的妻子韦丹对我的鼓励和支持，以及她自 2019 年起无比耐心地订正我的全部书稿，从一个认真的读者的角度告诉我哪些地方需要进一步改进，并为本书的最后一节提供了非常独特的视角. 这些使我受益匪浅.

刘川

二〇二四年春

目　　录

第一章　分析力学导论

本 章 提 要

- 分析力学与矢量力学 (1)

- 约束 (2)

- 虚功原理和达朗贝尔原理 (3)

- 有耗散的力学系统 (4)

本书将主要讨论经典力学中称为分析力学的内容. 所谓分析力学主要是指由欧拉 (Euler)、拉格朗日 (Lagrange)、哈密顿 (Hamilton) 等人所创立的以能量为基本元素的经典力学体系. 这个力学体系从物理学定律上看是与牛顿 (Newton) 力学体系完全等价的另一种表述. 在牛顿的表述中,"力"这个矢量物理量处于核心地位, 即力是整个牛顿力学的出发点和立脚点. 当然, 后续相应地也会引入能量等物理量, 但由于力是核心物理量, 因此牛顿力学的表述也可以称为矢量力学: 通过对系统的受力分析, 最终导出系统的经典运动方程并进而求解问题. 在分析力学的表述中, 与能量密切相关的作用量变为了力学描述的出发点, 通过变分原理同样可以导出经典运动方程, 进而求解力学问题. 由于作用量 (能量) 是标量, 比受力分析更容易操作, 因此这套力学体系更适合处理较为复杂的、多自由度的力学系统.

尽管对于纯经典力学系统而言两者反映的力学规律是完全相同的, 但是对于超出牛顿力学的物理系统而言, 分析力学的方法则拥有更加广泛的普适性: 它可以处理相对论性的力学系统、经典的场系统 (例如电磁场)、连续介质的力学问题等等. 此外, 分析力学的概念和表述还直接触发了量子力学的诞生. 所以在物理学的范畴内，可以认为分析力学的基本原理比牛顿力学的基本原理适用性更广.

除了对物理学规律的数学表述本身之外，分析力学从诞生到发展一直都与相关的数学分支的发展紧密联系，并且对其起到了重要作用，从早期的变分法、微分方程的发展，到后续微分流形语言的运用等莫不如此. 本书中我们将简单提及相应的一些数学概念，但不会深入. 对此有兴趣的读者可以参考相关的数学著作，如参考书 [4].

1   分析力学的表述

在传统的牛顿力学的理论体系中，力是处于核心位置的物理量. 力是一个矢量，因此我们可以称这种以力为核心概念的力学体系为矢量力学[①]. 在拉格朗日和哈密顿建立的力学体系中，力并不处于核心的地位，体系的核心物理量是拉格朗日量和哈密顿量. 这两个物理量实际上都是与能量密切相关的. 拉格朗日力学和哈密顿力学被称为分析力学. 在分析力学的理论体系中，处于核心地位的是能量，力反而处于从属的地位. 下面我们简要说明一下分析力学与矢量力学之间的关系. 同时，我们也讨论一下为什么需要利用分析力学的方法来研究力学问题.

牛顿力学的原始表述依赖于他创立的 (流数形式的) 微积分. 这种形式一般人很难理解，要灵活地运用它就更加困难了. 这直接导致牛顿力学的发扬光大并不是在牛顿的手中实现的，它的伟大成就更多地是在一群欧洲大陆的数学家、物理学家的努力下实现的. 他们运用的描述形式恰恰是分析力学的诞生点. 牛顿的矢量力学表述方式一般只能够用于纯经典力学的范畴，很难将其推广到物理学的其他领域. 相反，分析力学的表述方式可以轻易地推广到经典的场系统、经典的电磁学、经典的光学，甚至在考虑了量子力学的基本原理后，还可以方便地推广到量子力学. 也就是说，分析力学的语言是一种在整个物理学中更为通用的语言. 随着理论物理课程的深入，读者们会越来越少地遇到力的概念. 相应地，会越来越多地遇到拉格朗日量、哈密顿量、欧拉 – 拉格朗日方程、哈密顿方程等分析力学的概念. 因此，建立起分析力学的基本概念，掌

---

①历史上，马赫首先指出，牛顿力学实际上是一个循环逻辑的体系. 具体来说，力和质量这两个概念是相互定义的. 关于牛顿力学的框架可以参阅参考书 [3] 的 §1.2.

握分析力学的基本方法是本课程的中心任务. 我觉得这个任务远比具体解一两道力学题目要重要得多. 这些基本概念和方法将会在随后的其他课程中多次被利用到. 事实上, 分析力学中的许多概念已经成为现代理论物理学的基础概念.

作为理论力学这门课程的教材, 我们当然仍侧重于经典力学问题的分析. 但即使是在纯经典力学的范畴之内, 我们也会发现分析力学具有相当的优势, 特别是在处理比较复杂的力学问题的时候.

作为一个例子, 我们考虑一个均匀重力场中的平面双摆 (如图 1.1 所示) 问题. 这是一个只有两个自由度 (例如可以取为图中所示的两个角度 ϕ_1, ϕ_2) 的力学系统. 这个问题并不是不能够用普通的矢量力学来解决, 只是有点复杂罢了. 因为为了得到两个质点的运动方程, 我们必须分别分析两个质点的受力情况. 显然, 在第一个质点与长度为 l_2 的绳子结合的地方, 有着一个随时间变化的力. 这就给问题的解决带来了一定的麻烦. 我们会看到, 这样一个问题利用拉格朗日力学可以很容易地解决. 因为在拉格朗日力学中, 我们不必再去考虑复杂的力的分析, 只需要直接写出系统的拉格朗日量. 这是每一个力学系统的特征物理量. 一旦有了一个力学系统的拉格朗日量, 我们直接就可以写出这个系统的运动方程[②].

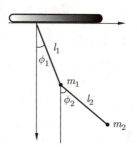

图 1.1　均匀重力场中的双摆. 一个质量为 m_1 的质点, 用长度为 l_1 的绳子 (不可拉伸) 悬挂于天花板上. 它的下面用长度为 l_2 的绳子再悬挂一个质量为 m_2 的质点. 整个系统处于重力加速度为 g 的均匀重力场中.

如果我们考虑的力学问题中牵涉到所谓的约束, 那么这些约束往往会使得利用牛顿矢量力学的方法来求解变得十分复杂, 特别是在复杂的约束情况

[②] 这里我们不去求解这个问题. 关于平面双摆的小振动问题的解, 可以参考第四章第 20 节中的例 4.1.

下. 这种复杂性体现在约束往往减少了系统的自由度数目, 但同时也增加了由于约束带来的约束力. 这些约束力的大小和方向往往不是事先知道的, 而是必须在解完这个力学问题之后才能知道. 因此, 约束在减少自由度数目的同时, 实际上反而增加了牛顿方程中未知数的个数. 当然, 在正确地做了力的分析之后, 我们总是可以列出正确的牛顿方程. 这些方程中包含约束力作为未知数. 在消去了这些未知数之后, 我们就可以得到系统的运动方程. 求解了系统的运动方程之后, 我们也可以得到相应的约束力. 但是, 如果我们并不那么关心约束力的情况, 而是仅仅关心系统的真实自由度的运动情况, 这时上面描述的矢量力学的求解方法就显得很不方便了.

与矢量力学的方法不同的是, 分析力学的处理方法是直接从系统的真实自由度出发, 写出系统的拉格朗日量, 然后就可以直接得到系统真实自由度的运动方程. 直接求解这些方程, 就可以得到系统的运动状况. 这从根本上避免了复杂的力的分析这个中间环节. 以前面讨论的双摆为例, 如果我们根本不关心 m_1 的受力情况, 而仅仅关心整个系统的运动状况, 就可以直接写出系统的动能 T 和势能 V:

$$T = \frac{1}{2}(m_1 + m_2)l_1^2 \dot{\phi}_1^2 + \frac{1}{2}m_2 l_2^2 \dot{\phi}_2^2 + m_2 l_1 l_2 \dot{\phi}_1 \dot{\phi}_2 \cos(\phi_1 - \phi_2),$$

$$V = -(m_1 + m_2)gl_1 \cos\phi_1 - m_2 gl_2 \cos\phi_2. \tag{1.1}$$

写出了系统的动能和势能, 我们可以定义一个新的物理量, 它称为系统的拉格朗日量. 目前这个情况下, 系统的拉格朗日量可以取为其动能减去势能[③]:

$$L(\phi_1, \phi_2; \dot{\phi}_1, \dot{\phi}_2) = T - V. \tag{1.2}$$

随后的讨论会说明, 只要写出了系统的拉格朗日量作为其广义坐标 ϕ_1, ϕ_2 以及相应的广义速度 $\dot{\phi}_1$, $\dot{\phi}_2$ 的函数, 我们就可以直接 (利用最小作用量原理和变分法) 得到系统的两个自由度 ϕ_1, ϕ_2 的运动方程. 由于系统的能量 (动能、势能以及拉格朗日量) 是标量, 写出它的形式远比分析各个物体之间的受力要容易. 因此在分析力学中, 我们可以完全不考虑系统中复杂的约束相互作用力, 而直接写出系统自由度的运动方程.

[③]这一点目前读者只好先接受, 其初步解释可以参考第 3 节的 (1.24) 式. 关于如何写出一个力学系统的拉格朗日量, 以及如何由其拉格朗日量直接写出其运动方程是第二章要讨论的主要内容.

分析力学的另一个优势是它与对称性的紧密联系. 分析力学将一个广义的力学系统的几乎所有力学性质都集成在系统的作用量 (拉格朗日量对时间的积分) 之中. 从系统的作用量出发, 就可以直接得到其运动方程. 因此, 如果系统的作用量具有某种对称性, 这种对称性必然会反映在其运动方程中. 特别是对于那些反映时空基本性质的对称性, 分析力学都可以直接得到重要的守恒定律, 例如时间平移不变性 (蕴涵能量守恒)、空间平移不变性 (蕴涵动量守恒)、空间转动不变性 (蕴涵角动量守恒)、空间反射 (宇称) 不变性、时间反演不变性等等. 这种与对称性的紧密联系在量子力学中将体现得更为突出. 虽然对于纯力学系统而言, 利用传统的矢量力学也可以得到守恒定律, 但分析力学的方法使得这些守恒定律可以推广到所有物理领域.

综上所述, 本书主要讲述的分析力学具有如下优点: 第一, 它在纯经典力学的范畴内与牛顿矢量力学完全等价; 第二, 它对于经典力学问题的处理更加简洁优美; 第三, 它能够更深刻而直接地体现系统的各种对称性及其守恒定律; 第四, 它的基本原理具有更广泛的适用范围, 能够推广到经典力学之外的多个物理领域. 所以, 分析力学的内容对现代物理学的各个分支都是非常重要的. 事实上, 经典物理学中的两大支柱——牛顿力学和麦克斯韦 (Maxwell) 电磁理论都可以统一使用分析力学的方法加以概括. 因此, 从逻辑上讲, 这也为后来 19 世纪末 20 世纪初的量子物理的诞生和发展奠定了理论上的基础.

2　约束与广义坐标

这一节中我们讨论一些更为具体的问题, 那就是有约束的经典力学系统. 约束是很繁复的东西, 它使得原先的力学系统的自然的力学变量之间不再独立, 而是必须满足某些约束条件, 这些约束条件会导致许多未知的力（称为约束力）的出现. 这一节中, 我们将从传统的牛顿力学出发, 来考察有约束的力学系统. 我们会发现, 很多情形 (下面会解释何谓很多情形) 自然地需要引入系统的广义坐标, 同时系统的运动方程也自然地具有拉格朗日方程的形式. 在后续章节中, 本书选择了一种不从牛顿力学出发的讲述方法, 主要是因为这样可以突显最小作用量原理 (又称哈密顿原理) 的崇高地位, 从而说明它是高于牛顿力学分析方法的物理学普遍原理.

现在让我们从对有约束系统的牛顿力学 (矢量力学) 的力的分析出发来建立拉格朗日分析力学体系. 考察一系列粒子 (它们的质量记为 m_i) 的运动方程. 我们用直角坐标 $\boldsymbol{x}_i$ 表示第 i 个粒子的位置矢量, 那么它的牛顿力学运动方程可以形式地写为

$$m_i\ddot{\boldsymbol{x}}_i = \boldsymbol{F}_i^{\mathrm{e}} + \sum_j \boldsymbol{F}_{j\to i}, \tag{1.3}$$

其中 $\boldsymbol{F}_i^{\mathrm{e}}$ 是第 i 个粒子所感受到的外力, $\boldsymbol{F}_{j\to i}$ 是第 j 个粒子作用于第 i 个粒子的内力. 初看起来, 方程 (1.3) 已经完全确定了这个力学系统的运动, 只要我们知道所有的力 (方程的右边), 并且知道了各个粒子的初条件, 剩下的问题只是求解微分方程了. 实际上并不是所有力学问题都如此简单. 一类常见的复杂情况出现在力学系统的坐标或速度必须满足一些约束的时候. 有约束的力学问题大量出现在结构力学、材料力学研究中. 这些约束条件有时是十分复杂的. 我们将主要讨论一类最为简单的约束. 如果系统的约束可以表达为联系系统各个坐标和时间的 (一组) 方程

$$f_m(\boldsymbol{x}_1, \boldsymbol{x}_2, \cdots, t) = 0, \quad m = 1, 2, \cdots, k, \tag{1.4}$$

那么我们称这样的约束为完整约束 (holonomic constraint). 当然, 并不是所有的约束条件都可以写成完整约束的形式. 例如, 有些约束包含粒子的速度 (或坐标的更高阶时间导数), 有些约束甚至不是以等式的形式出现的 (例如以不等式的形式出现). 所有的不属于完整约束的约束统称为非完整约束. 本书中, 我们将主要处理完整约束的情形. 不过, 为了给读者一个大致的概念, 下面会举一个典型的例子来说明什么是非完整约束, 这也可以让我们认识一下约束的复杂性. 约束如果可以写为一系列方程并且这些方程中不显含时间, 则称为稳定约束 (scleronomous constraint), 反之称为不稳定约束 (rheonomous constraint).

即使是最为简单的完整约束也会给求解力学问题 (1.3) 带来麻烦. 第一, 所有质点的直角坐标 $\boldsymbol{x}_i$ 将不再是独立的. 它们除了满足各自的运动方程 (1.3) 之外, 还必须满足约束条件所要求的约束方程 (1.4). 第二, 一旦有了约束, 一般就会有相应的约束力出现. 例如, 如果我们限制粒子在一个给定的曲面上运动, 那么粒子在这个曲面上运动时会感受到约束力, 这些约束力的大小在

问题的求解之前一般是未知的，仅仅知道它们一定沿着曲面的法线方向 (假定没有切向的摩擦力). 只有在整个力学问题完全求解以后，我们才能知道这些约束力的大小. 也就是说，粒子的运动方程 (1.3) 右边的约束力 $\boldsymbol{F}_{j\to i}$ 中有一部分是未知的.

无约束系统的总自由度是 $3N$，即位移矢量 $\boldsymbol{x}_i$ 的总分量数. 在存在 k 个完整约束的系统中，总自由度数不再是 $3N$，而是 $f = 3N - k$，f 是系统真实的独立自由度数目，这样我们可以引入 f 个相互独立的广义坐标来求解问题. 广义坐标是一个完整约束力学系统所有独立的自由度的一个最小集合. 如果我们考察的力学系统的完整约束条件一共有 k 个 [如方程 (1.4) 所示]，那么位移矢量可以表达为 f 个广义坐标及时间的函数:

$$\begin{aligned}
\boldsymbol{x}_1 &= \boldsymbol{x}_1(q_1, q_2, \cdots, q_f, t), \\
&\quad\cdots\cdots \\
\boldsymbol{x}_N &= \boldsymbol{x}_N(q_1, q_2, \cdots, q_f, t).
\end{aligned} \tag{1.5}$$

这样的一组参数方程等价于 k 个完整约束的方程 (1.4). 这组完整约束同时隐含着对于系统速度的约束，因为上述各个约束对于时间的导数仍然成立:

$$\dot{\boldsymbol{x}}_i = \frac{\partial \boldsymbol{x}_i}{\partial q_l}\dot{q}_l + \frac{\partial \boldsymbol{x}_i}{\partial t}. \tag{1.6}$$

这里 $i = 1, 2, \cdots, N$，$l = 1, 2, \cdots, f$，同时我们启用了爱因斯坦 (Einstein) 求和规则：重复的指标 (例如上式右边的指标 l) 意味着对其可能的取值进行求和.

需要特别指出的是，只有对于完整约束的力学系统，我们才能够仅仅取其真实的自由度为广义坐标，这时系统的广义坐标的数目等于其自由度数目 $f = 3N - k$. 对于非完整约束，这一点一般是做不到的，原因是非完整约束条件中往往包含广义速度，而且这些速度是无法消去的，因此，我们无法利用含有速度的约束条件消去多余的自由度. 所以，非完整约束的系统中广义坐标的数目一般大于系统的自由度的数目 f (见例 1.1). 为了说明各种约束 (特别是非完整约束) 对于力学问题的影响，我们考虑一个典型例子——在二维平面上做纯滚动 (无滑动的滚动) 的圆盘.

例 1.1 二维平面上垂直纯滚的均匀圆盘. 考虑一个半径为 a 的均匀圆盘，它在二维平面 (取为 x-y 平面) 上做无滑动的纯滚. 为了简单起见，假定圆盘

中心 (质心) C 点与圆盘和平面的接触点 A 之间的连线永远垂直于 x-y 平面, 如图 1.2 所示. 下面来分析它的力学自由度和约束的情况.

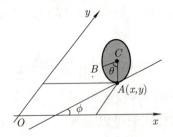

图 1.2　一个在二维平面上纯滚动 (无滑动的滚动) 的圆盘. 这是一个非完整约束的典型例子.

解　我们可以取 A 点的坐标 (x,y) 为两个广义坐标来描写圆盘质心的位置. 但是这还不足以完全确定圆盘的位置. 另外一个需要知道的物理量是圆盘平面在 x-y 平面的投影与 x 轴之间的夹角 ϕ. 除此以外, 我们如果选定圆盘上面一个固定的点 B, 圆盘中心与 B 的连线 (CB) 与圆盘中心到 x-y 平面的垂线 (也就是 CA) 之间的夹角 θ 也是要考虑的. 如果圆盘永远与 x-y 平面垂直运动, 那么显然给定了 x, y, ϕ, θ 之后, 整个圆盘的位置就唯一地确定了. 因此, 我们可以选取这 4 个参数为圆盘的 4 个广义坐标.

但是, 上面的讨论还没有考虑到纯滚的条件. 如果圆盘不能够在平面上滑动, 那么显然上述几个广义坐标所对应的广义速度之间是有联系的. 这个条件可以表述为

$$\dot{x} = a\dot{\theta}\cos\phi, \quad \dot{y} = a\dot{\theta}\sin\phi,$$

或者等价地写为

$$\mathrm{d}x = a\mathrm{d}\theta\cos\phi, \quad \mathrm{d}y = a\mathrm{d}\theta\sin\phi. \tag{1.7}$$

也就是说, 广义坐标 x 和 y 的微分完全由广义坐标 θ 的微分以及另外一个广义坐标 ϕ 确定, 它们并不是独立的. 于是, 在这个力学系统中, 尽管我们可以选取 4 个广义坐标, 它的独立的自由度数目只是 $4-2=2$ 个. 最为糟糕的是, (1.7) 式所体现的约束无法积分出来. 也就是说, 它无法转换成仅仅包含坐标的约束, 这个约束中势必包含广义速度. 这也就是我们前面提到的非完整约束. 因此, 对于圆盘系统, 尽管其自由度数目是 2, 但我们无法仅取两个广义坐标, 而必须选取 4 个广义坐标, 因为两个约束条件 (1.7) 之中含有广义速

度 (非完整约束). 应当说, 这个例子中讨论的仍然是非完整约束中比较好处理的一类. 事实上, 这个问题是可以利用拉格朗日方程和推广的最小作用量原理来处理的 (参见第 12 节的讨论, 那里我们会给出这个力学问题的完全解). 实际的应用中可能还会出现更加复杂的约束, 例如由不等式描写的约束.

如果我们令 ϕ 永远只能取常数, 则约束条件 (1.7) 可以积分出来, 使之变为完整约束. 这时, 圆盘实际上只是在一条一维的直线上纯滚, 它的自由度数目是 1. 实际上我们也可以只取一个广义坐标. 在另一个极端情况下, 如果圆盘可以发生滑动, 那么上面讨论的约束条件根本不存在, 系统变成完全没有约束的力学系统, 其自由度数目是 4. 而讨论真正的纯滚, 只好为自由度为 2 的圆盘取 4 个广义坐标 x, y, ϕ, θ.

这里仅仅以这个例子说明广义坐标、自由度、完整约束、非完整约束的概念, 并没有完全解出这个力学问题. 这个例子的完全解我们会在后面给出, 参见第 12 节中的例 2.1.

3　虚功原理和达朗贝尔原理

前一节对于有约束的力学系统及广义坐标的引入做了简要的介绍. 本节将利用虚功原理和达朗贝尔原理 (d'Alembert's principle) 来导出完整约束系统的拉格朗日方程. 上节的例子告诉我们, 约束除了造成 $3N$ 个位置矢量坐标不独立之外, 还会引入未知的约束力. 要处理未知的约束力, 我们可以应用本节讨论的虚功原理. 它的推广版本, 即达朗贝尔原理, 则可以导出广义坐标所满足的运动方程, 即拉格朗日方程.

为此, 我们考虑一个处于力学平衡的, 有约束的力学系统. 考虑在某个时刻 t 系统坐标的一个微小的, 与运动方程和约束条件都兼容的虚拟位移 $\delta \boldsymbol{x}_i$. 这称为该力学系统的一个虚位移. 记作用在质点 i 上的力为 $\boldsymbol{F}_i$. 由于每一个质点都处于力学平衡, 显然 $\boldsymbol{F}_i = 0$, 因此有

$$\sum_i \boldsymbol{F}_i \cdot \delta \boldsymbol{x}_i = 0. \tag{1.8}$$

现在将作用于粒子 i 上的力 $\boldsymbol{F}_i$ 分为两个部分: $\boldsymbol{F}_i = \boldsymbol{F}_i^{\mathrm{a}} + \boldsymbol{F}_i^{\mathrm{c}}$, 其中 $\boldsymbol{F}_i^{\mathrm{a}}$ 是所谓的主动力, 也就是除去约束引起的力之外的所有的力, $\boldsymbol{F}_i^{\mathrm{c}}$ 称为约束力, 完

全是由于约束条件引起的力. 于是有

$$\sum_i \boldsymbol{F}_i^{\mathrm{a}} \cdot \delta \boldsymbol{x}_i + \sum_i \boldsymbol{F}_i^{\mathrm{c}} \cdot \delta \boldsymbol{x}_i = 0.$$

现在我们假设约束永远满足

$$\sum_i \boldsymbol{F}_i^{\mathrm{c}} \cdot \delta \boldsymbol{x}_i = 0, \tag{1.9}$$

也就是说约束力的虚功之和为零. 条件 (1.9) 包含了相当多的一类完整约束. 例如, 如果粒子只能在一个曲面上运动, 那么约束力一定沿曲面法线方向 (假定没有滑动摩擦力), 而虚位移一定沿切向, 因而其虚功为零. 在此条件下我们得到

$$\sum_i \boldsymbol{F}_i^{\mathrm{a}} \cdot \delta \boldsymbol{x}_i = 0, \tag{1.10}$$

即所有主动力的虚功之和也为零. 这个结论被称为静力学中的虚功原理. 注意, 由于所有的虚位移 $\delta \boldsymbol{x}_i$ 不再是独立的 (有约束), 因此我们并不能由此得出所有的主动力都为零. 虚功原理的用处在于, 它仅仅涉及主动力 (已知的) 的虚功, 而不涉及未知的约束力. 因此, 这个原理可以方便地运用到有约束的静力学问题中.

如果我们考察的力学系统并不处于力学平衡, 那么可以将力学系统的运动方程 $\boldsymbol{F}_i = 0$ 替换为牛顿方程 $\boldsymbol{F}_i - \dot{\boldsymbol{p}}_i = 0$, 于是虚功原理推广为

$$\sum_i (\boldsymbol{F}_i^{\mathrm{a}} - \dot{\boldsymbol{p}}_i) \cdot \delta \boldsymbol{x}_i = 0. \tag{1.11}$$

这个公式通常被称为达朗贝尔原理. 这个原理可以看成分析力学的一个基本原理, 从物理上与牛顿定律等价.

现在假定我们仅仅考虑完整约束的力学系统. 正如我们前面提到的, 对这类力学系统我们可以选取独立的广义坐标 q_i, 其数目恰好等于系统的自由度数目, 即 (1.5) 式成立. 利用 (1.5) 式进行换元, 我们可以将达朗贝尔原理中的虚位移用广义坐标 q 的变分写出:

$$\delta \boldsymbol{x}_i = \frac{\partial \boldsymbol{x}_i}{\partial q_j} \delta q_j, \tag{1.12}$$

其中用了爱因斯坦求和规则，即重复的指标意味着求和. 于是主动力的虚功为

$$\boldsymbol{F}_i^{\mathrm{a}} \cdot \delta \boldsymbol{x}_i = \boldsymbol{F}_i^{\mathrm{a}} \cdot \frac{\partial \boldsymbol{x}_i}{\partial q_j} \delta q_j = Q_j \delta q_j, \tag{1.13}$$

其中我们定义了广义力

$$Q_j = \boldsymbol{F}_i^{\mathrm{a}} \cdot \frac{\partial \boldsymbol{x}_i}{\partial q_j}. \tag{1.14}$$

达朗贝尔原理中的另外一项涉及动量的时间导数，我们也将它换为广义坐标及其时间导数表达：

$$\dot{\boldsymbol{p}}_i \cdot \delta \boldsymbol{x}_i = m_i \ddot{\boldsymbol{x}}_i \cdot \frac{\partial \boldsymbol{x}_i}{\partial q_j} \delta q_j. \tag{1.15}$$

现在注意到

$$m_i \ddot{\boldsymbol{x}}_i \cdot \frac{\partial \boldsymbol{x}_i}{\partial q_j} = \frac{\mathrm{d}}{\mathrm{d}t}\left(m_i \dot{\boldsymbol{x}}_i \cdot \frac{\partial \boldsymbol{x}_i}{\partial q_j}\right) - m_i \dot{\boldsymbol{x}}_i \cdot \frac{\mathrm{d}}{\mathrm{d}t}\left(\frac{\partial \boldsymbol{x}_i}{\partial q_j}\right). \tag{1.16}$$

另一方面，

$$\boldsymbol{v}_i = \frac{\mathrm{d}\boldsymbol{x}_i}{\mathrm{d}t} = \frac{\partial \boldsymbol{x}_i}{\partial q_j}\dot{q}_j + \frac{\partial \boldsymbol{x}_i}{\partial t}, \tag{1.17}$$

从而有

$$\frac{\partial \boldsymbol{v}_i}{\partial \dot{q}_j} = \frac{\partial \boldsymbol{x}_i}{\partial q_j}. \tag{1.18}$$

将 (1.18) 式代入 (1.16) 式中，并考虑 (1.13)，(1.15) 式，达朗贝尔原理可以写为

$$\left[\frac{\mathrm{d}}{\mathrm{d}t}\frac{\partial T}{\partial \dot{q}_j} - \frac{\partial T}{\partial q_j} - Q_j\right]\delta q_j = 0. \tag{1.19}$$

对于完整约束，由于我们取的各个 q_j 是独立的变量，因此达朗贝尔原理要求

$$\frac{\mathrm{d}}{\mathrm{d}t}\frac{\partial T}{\partial \dot{q}_j} - \frac{\partial T}{\partial q_j} = Q_j. \tag{1.20}$$

这就是著名的欧拉 – 拉格朗日方程 (的一种形式). 如果主动力是由一个不依赖于速度的势能 V 给出的，即

$$\boldsymbol{F}_i^{\mathrm{a}} = -\frac{\partial V}{\partial \boldsymbol{x}_i}, \tag{1.21}$$

其中 V 只是各个坐标的函数，那么 (1.14) 式中定义的广义力可以写为

$$Q_j = -\frac{\partial V}{\partial q_j}. \tag{1.22}$$

于是前面给出的欧拉–拉格朗日方程 (1.20) 可以写为

$$\frac{\mathrm{d}}{\mathrm{d}t}\frac{\partial L}{\partial \dot{q}_j} - \frac{\partial L}{\partial q_j} = 0, \tag{1.23}$$

其中我们定义的系统的拉格朗日量 L 为系统的动能与势能的差：

$$L = T - V. \tag{1.24}$$

这部分回答了前面提及的事情，对一个保守系统，它的拉格朗日量可以取为动能减去势能 (参见第 1 节). 于是我们看到，只要得到了系统的拉格朗日量 L，就可以直接写出系统的所有真实自由度的运动方程 (1.23).

4　弱耗散系统的运动方程

上一节的讨论中假设了约束力 $\boldsymbol{F}_i^c$ 的虚功之和为零，这对应于没有耗散的系统. 实际上由微观粒子构成的系统都是无耗散的，或者说耗散是一个宏观的热力学过程. 在力学问题中，无耗散系统大体可以分为两类：一类是所谓的保守系统 (封闭系统). 这类系统的能量 (在纯力学范畴中就是机械能) 是守恒的，时间反演也是对称的. 另一类无耗散的系统是在完全给定的外力作用下的力学系统 (典型的例子是受迫振动的振子). 这类系统的能量虽然不守恒，但是它随时间的变化完全是给定的时间的函数，不是系统本身的耗散. 当然，本书中偶尔还会遇到所谓耗散系统. 这类系统会通过耗散 (例如摩擦力) 损失能量. 一般来说，一个有耗散的系统的问题已经不是一个纯粹的力学问题了，因为耗散往往使这些机械能转化为系统的内能 (热力学问题). 如果这种耗散并不是非常剧烈 (何谓剧烈往往很难普遍地定义，而必须依赖于具体系统的力学和热力学性质)，那么我们可以在力学的范畴之内唯象地来讨论它，其代价是需要引入另一个特性函数.

考虑最为简单的一个单质点在介质中运动的耗散情况. 如果质点所受到的耗散不是很剧烈，那么它可以用一个与质点速度成正比的摩擦力 (或者说黏滞力) $\boldsymbol{F}^{\mathrm{D}} = (F_1^{\mathrm{D}}, F_2^{\mathrm{D}}, F_3^{\mathrm{D}})$ 来描写：

$$F_i^{\mathrm{D}} = -k_i v_i, \quad i = 1, 2, 3, \tag{1.25}$$

或者可以将它写为

$$\boldsymbol{F}^{\mathrm{D}} = -\frac{\partial \mathcal{F}}{\partial \boldsymbol{v}}, \tag{1.26}$$

其中函数 $\mathcal{F} = (1/2)(k_1 v_1^2 + k_2 v_2^2 + k_3 v_3^2)$ 被称为该质点的瑞利 (Rayleigh) 耗散函数. 如果我们有 N 个质点，那么整个系统的瑞利耗散函数为

$$\mathcal{F} = \sum_{i=1}^{N} \frac{1}{2} \left(k_1 v_{i1}^2 + k_2 v_{i2}^2 + k_3 v_{i3}^2 \right). \tag{1.27}$$

瑞利耗散函数的物理意义十分明显：在 $\mathrm{d}t$ 时间内力学系统抵抗耗散力所做的功为

$$\mathrm{d}W = -\boldsymbol{F}^{\mathrm{D}} \cdot \mathrm{d}\boldsymbol{x} = 2\mathcal{F}\mathrm{d}t. \tag{1.28}$$

当耗散存在的时候，我们在前一节推导的公式 (1.22) 将不再成立. 广义力 Q_j 这时应当包含两个部分：一部分是来自纯力学势的力，这一部分可以吸收到拉格朗日量的定义中；另一部分则来自耗散力，它可以用瑞利耗散函数表达为

$$Q_j = \sum_i \boldsymbol{F}_i^{\mathrm{D}} \cdot \frac{\partial \boldsymbol{x}_i}{\partial q_j} = -\frac{\partial \mathcal{F}}{\partial \dot{q}_j}. \tag{1.29}$$

从而有耗散的系统的拉格朗日方程可以写为

$$\frac{\mathrm{d}}{\mathrm{d}t} \frac{\partial L}{\partial \dot{q}_j} - \frac{\partial L}{\partial q_j} + \frac{\partial \mathcal{F}}{\partial \dot{q}_j} = 0. \tag{1.30}$$

因此，对于一个有耗散的系统，我们必须知道拉格朗日量和瑞利耗散函数这两个特性函数，才能够完全确定它的运动方程. 这也是为什么我们说，有耗散的系统原则上讲已经不是一个纯粹的力学系统，仅仅知道拉格朗日量已经不足以确定其运动行为了. 最后我们还应指出，能够利用瑞利耗散函数来描写的系统仅仅是有耗散系统中的一小部分，还有许多系统的耗散是不能用一个简单的耗散函数来确定的，只不过本书不会涉及罢了.

　　本章中我们按照历史的顺序，大致回顾了与分析力学密切相关的一系列概念的起源，简要说明了它与传统的牛顿矢量力学的关系，同时介绍了弱耗散系统的描述. 下一章将用另外一种方法来导出分析力学的基本方程：我们将从狭义相对论的时空观出发，根据对称性直接给出系统的作用量，进而利用变分法得到系统的运动方程. 这样处理的优势是可以清晰地表明，分析力学的基本原理的确可以远远超出传统的牛顿力学的范畴，也可以更确凿地说明它对于物理学其他分支的重要影响.

相关的阅读

　　历史上最早的讨论力学的书大概是亚里士多德 (Aristotle) 的《物理学》，尽管其中有不少错误的物理，但是毕竟是第一部物理书. 关于力学的历史，有兴趣的读者可以阅读参考书 [5]. 从对称性和最小作用量原理出发讨论经典力学问题最有影响的著作是朗道 (Landau) 的《力学》[1]. 本书与其的区别主要在于，本书选择了直接从相对论性的作用量出发，而朗道的书则是从非相对论性的时空观出发. 本书构架的优势是可以直接讨论相对论性的动力学，而非相对论性的动力学只要取一个非相对论性 (低速) 极限即可. 考虑到多数大学的普通物理力学中都会涉及对狭义相对论的介绍，本书的选择应当是可行的. 本章的第 3 节中对拉格朗日方程的讨论也可以在多数工科理论力学教科书关于分析力学的讲述中找到.

习　　题

1. 曲柄连杆构件. 汽车发动机中的曲柄连杆构件（见图 1.3）由两个杆构成，是带动汽车的重要构件. 与发动机直接相连的杆 OA（长度为 l_1）可以绕原点 O 自由地转动. 另一个杆 AB（长度为 l_2）的一端与第一个杆在点 A 连接，另一端 B 则可以沿水平方向 (x 轴) 运动. 当然，为了保证整个系统可以工作，我们要求 $l_2 > 2l_1$. 忽略所有连杆的质量并假定所有构件之间都没有摩擦. 设在点 B 处的水平方向的力 P 与点 A 处垂直方向的力 Q 恰好使系统达到平衡. 选择点 A 与原点 O 之间的夹角 θ 为广义坐标.

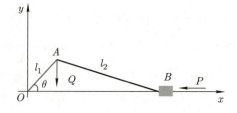

图 1.3　曲柄连杆构件的示意图.

(1) 写出点 A 的坐标 (x_A, y_A) 以及点 B 的坐标 x_B（显然 $y_B = 0$），用广义坐标 θ 以及题目给出的各个长度表达.

(2) 利用虚功原理 (1.10) 求比值 Q/P.

2. **虚功原理.** 考虑一个弹性介质构成的绳圈，其自然长度为 l_0，弹性系数为 k. 绳圈的质量分布均匀，单位长度的质量记为 σ. 现在考虑重力场中一个实心、光滑的半径为 R 的球面. 假定 $2\pi R > l_0$. 将弹性绳圈套在该光滑球面的正上方并由绳圈重力使其下滑以达到平衡. 假定平衡位置与球心连线和向上方向的夹角为 θ. 利用第 3 节中的虚功原理 (1.10) 求出平衡时的 θ.

第二章　力学系统的作用量与运动方程

上一章我们简要介绍了分析力学的源起以及相关概念的发展，本章将讨论分析力学最基本的原理——最小作用量原理 (又称哈密顿原理)，以及由此导出的欧拉–拉格朗日方程. 导出的过程将借助于变分法，因此最小作用量原理又称为经典力学的变分原理. 有了这一基本原理，获得力学系统的运动方程就简单归结为两个步骤：第一，写下相应系统的作用量 (拉格朗日量)；第二，从作用量出发通过变分得出欧拉–拉格朗日方程. 其中第一步是关键，第二步只是直接的数学推论而已. 力学系统的作用量的建立依赖于时空观. 本书中采用了与狭义相对论兼容的闵可夫斯基 (Minkowski，简称闵氏) 时空观. 通常的非相对论性的力学则可以通过取非相对论极限获得. 这个方法的优势在于可以处理更为广泛的物理系统，例如经典的相对论性粒子在外场中的运动、经典场的运动规律等. 这些经典的规律经过量子推广后则可以处理目前已知的相互作用的粒子以及量子场的问题. 本章将完整建立起拉格朗日力学的理论框架. 后续的章节将具体讨论该理论框架的一系列重要应用.

5　狭义相对论时空观

力学与时空观是密切联系在一起的. 如果我们不考虑爱因斯坦的广义相对论，那么一个力学系统的运动规律是在一个时空背景上加以描述的. 这个时空背景就被称为参照系. 物理的规律虽然是基于某个具体的参照系来描述的，但是规律本身实际上是不依赖于相互做匀速直线运动的不同惯性参照系的选取的，这就是伽利略 (Galileo) 提出的相对性原理. 以牛顿力学为例，它的力学规律是建立在所谓的伽利略时空观基础上的. 而所谓的相对论力学则是以狭义相对论的时空观为基础的. 在不同的参照系之间，同一个物理量的数值并不一定相同，但是体现物理量之间关系的基本物理规律应当是共同的. 这一原理在伽利略时空观和狭义相对论时空观中同样成立. 这一节中，我们简要复习一下狭义相对论的基本要点. 这将是我们后面引入相对论性分析力学的基础.

爱因斯坦的狭义相对论时空观是建立在相对性原理和光速不变原理基础上的①. 在这种时空观中，时间和空间不可分割地统一在一起，构成了所谓的闵氏时空 (也称为闵氏空间). 不同参照系之间时空坐标的变换，也就是著名的洛伦兹 (Lorentz) 变换，可以看成闵氏时空中坐标系 (参照系) 之间的变换 (或者说 "转动").

在洛伦兹变换下具有 "确定" 变换规则的物理量统称为张量. 张量可以按照其独立指标个数的多少 (这又被称为张量的阶) 分为不同阶数的张量. 最简单的张量，也就是零阶张量，在洛伦兹变换下不变，又被称为洛伦兹标量. 例如，两点 (或者说两个事件) 之间的不变间隔的平方 Δs^2 就是一个洛伦兹标量②.

在狭义相对论时空观中，空间和时间坐标一起构成了洛伦兹四矢量，也就是一阶张量. 与通常的三维欧几里得 (Euclid, 简称欧氏) 空间不同的是，在四

---

①相应地，伽利略时空观是建立在相对性原理和信号传递最大速度是无穷大的基础上的.

②这实际上是光速不变原理的直接要求.

维闵氏空间中我们将区别两种不同变换规则的洛伦兹四矢量③. 我们将闵氏空间中的时空坐标用一个四维空间的矢量来标记, 具体地说, 记

$$x^0 = ct,\ x^1 = x,\ x^2 = y,\ x^3 = z. \tag{2.1}$$

我们将使用 x^μ 来统一标记 (x^0, x^1, x^2, x^3), 称它为一个逆变四矢量 (或逆变矢量). 用它的时间分量与空间分量表达, 一个逆变四矢量可以写成

$$x^\mu = (x^0, \boldsymbol{x}). \tag{2.2}$$

我们约定: 一个逆变四矢量的指标出现在代表它的符号的右上角. 这些在物理量右上角的张量指标因此也被称为逆变指标或者上标. 与逆变四矢量相对应, 我们称

$$x_\mu = (x^0, -\boldsymbol{x}) \tag{2.3}$$

为一个协变四矢量. 一个协变四矢量的指标是在其符号的右下角. 它和相应的逆变四矢量的时间分量相同, 空间分量相差一个负号. 这些处于物理量符号的右下角的张量指标因此被称为协变指标或者下标.

从形式上讲, 一个逆变四矢量 x^μ 和与其相应的协变四矢量 x_μ 之间可以通过升高或降低指标的操作来相互转换④:

$$x_\mu = \eta_{\mu\nu} x^\nu,\quad x^\mu = \eta^{\mu\nu} x_\nu, \tag{2.4}$$

其中 $\eta_{\mu\nu}$ 称为闵氏空间的度规张量, 而 $\eta^{\mu\nu}$ 为度规张量的逆, 也就是说它们满足

$$\eta^{\mu\beta} \eta_{\beta\nu} = \delta^\mu_\nu. \tag{2.5}$$

δ^μ_ν 为克罗内克符号 (Kronecker symbol), 它在两个指标 μ, ν 相同时为 1, 不同时为零. 在狭义相对论的闵氏时空中, 度规张量 $\eta_{\mu\nu}$ 和它的逆 $\eta^{\mu\nu}$ 的每一个

---

③从原则上讲, 在狭义相对论中也可以在所有四矢量的零 (时间) 分量中引入纯虚数单位 i. 这样一来可以不再区分协变四矢量和逆变四矢量, 也不必引入度规张量 $\eta_{\mu\nu}$. 不过, 虽然对于狭义相对论来说这也许比较方便, 但对于广义相对论来说, 引入度规是不可避免的. 所以我们采用了引入度规和两种四矢量的讲述方法.

④这里我们再次运用爱因斯坦求和规则, 即对于重复的指标求和.

分量其实都相等, 也就是说这时 $\eta_{\mu\nu}$ 自己就是自己的逆. 它们的表达式为[⑤]:

$$\eta_{00} = \eta^{00} = 1; \quad \eta_{ii} = \eta^{ii} = -1, \ i = 1, 2, 3; \tag{2.6}$$

其余分量皆为零. 不难验证, (2.4) 式其实与我们前面给出的逆变、协变四矢量的定义是完全一致的, 只不过换了一种更为 "文明" 的写法而已.

在 (2.4) 式中, 我们将度规张量 $\eta_{\mu\nu}$ 中的一个协变指标与逆变四矢量 x^ν 的逆变指标取为相同并且 (按照爱因斯坦求和规则) 求和, 这样的操作被称为指标的缩并 (contraction). 需要指出的是, 在引入了协变矢量和逆变矢量后, 所有的缩并一定是在一个协变指标和一个逆变指标之间进行的. 也就是说, 总是一个上标和一个下标缩并, 而绝不会有两个上标或两个下标之间的缩并. 被缩并的一对指标由于已经被求和掉了, 因此它们实际上已经不再具有矢量指标的含义了. 正因为如此, 它们也被称为傀标. 一对傀标原则上可以随意换成任意的字母, 只要仍然是重复的指标 (即保持被求和的状态) 就可以了.

指标缩并的一大优势是可以用来构造洛伦兹标量. 例如, 利用度规张量、逆变四矢量以及它相应的协变四矢量, 闵氏空间中的两个无限接近的点 (事件) 之间的不变间隔平方 $\mathrm{d}s^2$ 可以写成下列等价形式中的任何一种:

$$\mathrm{d}s^2 = \mathrm{d}x^\mu \mathrm{d}x_\mu = \eta_{\mu\nu}\mathrm{d}x^\mu \mathrm{d}x^\nu = \eta^{\mu\nu}\mathrm{d}x_\mu \mathrm{d}x_\nu. \tag{2.7}$$

它在任意的洛伦兹变换下都是不变的标量. 它可以看成闵氏空间中无穷接近的两点 (两个事件) 之间的 "距离" 的平方, 只不过这种距离是以 $\eta_{\mu\nu}$ 为度规的, 因此距离的平方并不一定总是正的.

将任意一个协变四矢量 A_μ 与任意一个逆变四矢量 B^μ 相乘并且缩并它们的指标, 也得到一个洛伦兹标量, 它被称为这两个四矢量的内积, 记为 $A \cdot B$:

$$A \cdot B = A_\mu B^\mu = A^\mu B_\mu. \tag{2.8}$$

我们前面提到的不变间隔的平方 (2.7) 就是坐标间隔四矢量 $\mathrm{d}x$ 与它自己的内积. 因此从数学上讲, 逆变四矢量的矢量空间与协变四矢量的矢量空间实际上构成了相互对偶的矢量空间. 用逆变指标和协变指标的语言来说, 只要将一个

[⑤]闵氏时空中度规的定义并不统一, 有的书中采用的 $\eta_{\mu\nu}$ 的定义与我们这里的定义正好相差一个负号.

逆变指标和一个协变指标缩并，假定该物理量中再没有其他指标，就一定得到一个洛伦兹标量. 一般来说，将一个任意多个指标的张量的一个上标与一个下标缩并，我们就得到了一个阶数减少 2 的张量.

前面已经提到，狭义相对论中的四矢量具有明确的变换规则. 以 x^μ 为例，在不同参照系之间的洛伦兹变换下，有

$$x'^\mu = \Lambda^\mu{}_\nu x^\nu, \tag{2.9}$$

其中 $\Lambda^\mu{}_\nu$ 是洛伦兹变换的矩阵[⑥]. 一个任意的洛伦兹变换十分类似于一个"四维空间"中的广义转动. 它可以分解为六种基本"转动"的合成. 这六种"转动"分别对应于在 0-1, 0-2, 0-3 平面内的转动 [它们又被称为在相应方向的推促 (boost)] 和在 1-2, 1-3, 2-3 平面内的转动[⑦]. 后三种转动其实就构成了普通三维空间内的转动.

事实上，我们可以将变换规则 (2.9) 视为 (逆变) 四矢量的定义. 换句话说，凡是在两个参照系中按照洛伦兹变换的形式变换的量就可以称为 (逆变) 四矢量. 利用度规张量降低指标，我们可以得到其相应的协变四矢量 (x_μ) 的变换规则. 类似地，一个具有任意个上标或下标的张量在洛伦兹变换下的变换规则就是它的每一个上标 (下标) 都按照相应的逆变 (协变) 四矢量的变换规则来变. 例如，一个张量 $A^{\mu\nu}{}_{\rho\sigma\kappa}$ 具有两个上标和三个下标，那么它在洛伦兹变换下的规则应当是

$$A'^{\mu'\nu'}{}_{\rho'\sigma'\kappa'} = \Lambda^{\mu'}{}_\mu \Lambda^{\nu'}{}_\nu \Lambda_{\rho'}{}^\rho \Lambda_{\sigma'}{}^\sigma \Lambda_{\kappa'}{}^\kappa A^{\mu\nu}{}_{\rho\sigma\kappa}. \tag{2.11}$$

[⑥]请注意洛伦兹变换矩阵 $\Lambda^\mu{}_\nu$ 的两个指标的安排. 我特别注意将上下两个指标错开，不要排在一列上 (如 Λ^μ_ν). 当然，我们可以利用 $\eta_{\mu\nu}$ 或 $\eta^{\mu\nu}$ 将第一或第二个指标进行升降 (例如 $\Lambda_{\mu\nu}$ 或 $\Lambda^{\mu\nu}$)，但是由于一般 $\Lambda^{\mu\nu} \neq \Lambda^{\nu\mu}$，因此两个指标的前后是有意义的.

[⑦]对于读者所熟悉的 x'^μ 参照系相对于 x^ν 参照系沿 x 轴方向以匀速 v 运动的情况 (也即沿着 x 轴的一个推促)，其洛伦兹变换矩阵 $\Lambda^\mu{}_\nu$ 具有十分简单的形式：

$$\begin{pmatrix} x'^0 \\ x'^1 \\ x'^2 \\ x'^3 \end{pmatrix} = \begin{pmatrix} \gamma & -\beta\gamma & 0 & 0 \\ -\beta\gamma & \gamma & 0 & 0 \\ 0 & 0 & 1 & 0 \\ 0 & 0 & 0 & 1 \end{pmatrix} \begin{pmatrix} x^0 \\ x^1 \\ x^2 \\ x^3 \end{pmatrix}, \tag{2.10}$$

其中 $\beta = v/c$, $\gamma = 1/\sqrt{1-\beta^2}$. 这也就是读者在普通物理的力学课程中见到的形式.

请读者特别注意这个式子中的上下标安排，它符合我们前面所说的，一定是一个上标和一个下标缩并. 同样，这个式子实际上可以视为形如 $A^{\mu\nu}{}_{\rho\sigma\kappa}$ 的张量的定义.

前面提到的任意两个四矢量的内积都在洛伦兹变换下不变的事实对于洛伦兹变换矩阵 Λ 有所限制. 这个限制的数学描述就是

$$\Lambda_{\mu\alpha}\Lambda^{\mu\beta} = \delta_\alpha^\beta. \tag{2.12}$$

事实上，所有满足这个条件的变换矩阵构成一个群，称为洛伦兹群.

如果一个物理量是时空点 x 的函数，则称为场. 场按照其在洛伦兹变换下的变换性质又可以分为标量场 $\Phi(x)$、矢量场 $A^\mu(x)$、张量场 $F^{\mu\nu}(x)$ 等等. 一个非常重要的性质就是对于时空的偏微商算符可以作用在场上，构成多一个指标 (协变或逆变) 的场. 例如，利用偏微商的锁链法则和洛伦兹变换所满足的性质 (2.12) 很容易证明:

$$\partial_\mu \equiv \frac{\partial}{\partial x^\mu} \tag{2.13}$$

实际上是一个具有协变指标 (下标) 的微分算符. 因此，如果我们有一个标量场 $\Phi(x)$，那么对它的时空梯度 $\partial_\mu\Phi(x)$ 就是一个协变四矢量场. 当然，我们可以利用度规张量升高指标得到具有逆变指标的微分算符: $\partial^\mu = \eta^{\mu\nu}\partial_\nu = \partial/\partial x_\mu$，它与矢量场可以进行点乘缩并、叉乘和并矢的运算. 更多关于场的时空微分的讨论，读者可参考电动力学的相关教材，如参考书 [6].

6　最小作用量原理

前一节实际上只是涉及了狭义相对论时空的几何学，现在我们来讨论狭义相对论时空下的动力学. 在经典力学的范畴中，如果一个力学系统的位形可以完全由一系列变量 $q_1, q_2, \cdots, q_f$ 来唯一地描述，则称这一组变量为该力学系统的广义坐标，称 f 为该力学系统的自由度数目[⑧]. 一般来说，如果给出了一个力学系统在某个时刻的广义坐标，同时，我们又知道这些广义坐标对于"时间"的微商，那么这个力学系统在任何时刻的位形就可以完全确定了. 为了简化记号，我们将用 $q = (q_1, q_2, \cdots, q_f)$ 来统一标记一个力学系统的一系列

[⑧]本节我们假定系统是完整约束系统. 非完整约束系统将在第 12 节讨论.

广义坐标. 各个广义坐标对于时间的微商 $\dot{q} = (\dot{q}_1, \dot{q}_2, \cdots, \dot{q}_f)$ 也被称为广义速度[9].

一个力学系统的所有广义坐标构成一个"空间", 称为该力学系统的位形空间. 这个空间的维数就等于其独立广义坐标的个数, 如果仅仅考虑完整约束的情形, 也就是系统的自由度数目 f. 需要特别强调的一点是, 力学系统的位形空间一般都不是一个平直的线性矢量空间, 而且它的拓扑结构也往往不是平庸的. 一个简单的例子就是在球面上运动的质点, 它的位形空间是一个二维空间, 但是这个二维空间不是一个平直的二维欧氏空间, 而是一个二维球面. 在数学上说, 这种"空间"往往被称为微分流形 (differentiable manifold)[10]. 所以一个在二维球面上运动的质点的位形空间是一个具有球面拓扑结构的二维微分流形. 因此, 在一些教科书中改称位形空间为"位形流形" (configuration manifold). 这实际上是更精确的称呼, 本书将混用这两种"等价的"称呼.

一个力学系统的广义速度 $\dot{q}$ 实际上也构成了一个"空间". 最为重要的一点是, 这个空间原则上是与该力学系统的位形空间不同的空间. 例如, 上面提到的在一个二维球面上运动的粒子, 它的位形空间是一个二维球面, 但它的广义速度对应的空间实际上是在球面上各点的切平面, 而不是原先广义坐标的流形 (二维球面). 这两种东西结合起来构成的一个数学结构称为力学系统位形空间 (流形) 的切丛 (tangent bundle). 当然, 如果我们仅仅考虑一个在三维平直空间中的粒子, 它的广义坐标 (如果取为其直角坐标的话) 所在位形空间和其广义速度的空间完全一样, 都是三维的欧氏空间.

现在我们将叙述经典力学中最为重要的力学原理. 经典力学系统的运动规律可以完全概括在下面这个无限重要的原理中, 这就是所谓的最小作用量原理, 又称为哈密顿原理. 这个原理与欧拉、拉格朗日、莫佩尔蒂 (Maupertuis) 和哈密顿的工作都有关系. 最小作用量原理在经典力学乃至整个物理学中的重要地位怎么强调都不为过.

---

[9]这里需要特别强调指出, 本节的广义坐标以及广义速度的下标并不代表洛伦兹四矢量的下标. 事实上, 系统的广义坐标完全可以不是直角坐标, 因此它们原则上并不一定构成洛伦兹矢量 (或张量).

[10]我们这里不想严格地去定义流形, 只是给一个大概的概念. 如果要求数学上严格定义, 一个微分流形必须满足一系列的基本公理, 见如参考书 [4].

最小作用量原理   力学系统具有一个与其运动相关的物理量，称为作用量，记作 S. 它是一个洛伦兹标量. 如果一个力学系统在给定的时刻 t_1 和 t_2 分别由给定的广义坐标 $q^{(1)}$ 和 $q^{(2)}$ 描写[①]，那么该力学系统的作用量 S 可以表达为联结这两个位形之间的各种可能轨道的泛函：

$$S = \int_{t_1}^{t_2} L(q, \dot{q}, t) \mathrm{d}t. \tag{2.14}$$

这里的函数 $L(q, \dot{q}, t)$ 称为系统的拉格朗日量，该力学系统在时刻 t_1 和 t_2 之间联结广义坐标 $q^{(1)}$ 和 $q^{(2)}$ 的真实运动轨道是使得系统的作用量 S 取极小值的轨道[②].

最小作用量原理是分析力学 (乃至整个理论物理) 最重要的原理之一. 因此，我们有必要将它的含义更为详细地阐述一下，参见图 2.1. 这个原理实际包含了以下三重含义：

(1) 对于任何一个力学系统都可以写出它的一个作用量 S，它是一个洛伦兹标量. 这个条件实际上是与后面提到的力学系统的真实运动一定使得作用量取极小相一致的. 经典力学中，力学系统的真实运动是唯一的 (决定论). 因此，在一个参照系中得到的力学系统的真实运动轨道，变换到另一个参照系中考察应当也是真实运动轨道. 要保证这一点的最简单的选择就是作用量本身在洛伦兹变换下是一个不变的标量. 这个假设使得由最小作用量原理导出的经典力学运动方程自动地与狭义相对论兼容.

(2) 在初始和终止时刻 t_1, t_2 和位形空间中的位置 $q^{(1)}$ 和 $q^{(2)}$ 给定的情形下，系统的作用量是系统各种可能轨道 $q(t)$ 的泛函，它是系统的拉格朗日量对时间的积分. 由于时间在狭义相对论中并不是洛伦兹标量，因此一个力学系统的拉格朗日量本身也不是洛伦兹标量. 但是，在非相对论极限下，时间与空间分离，这时系统的作用量和拉格朗日量都是 (三维意义下的) 标量. 值得指出的是，系统的拉格朗日量只依赖于广义坐标和广义速度，不依赖于广义

[①]这里我们用 q 和 $\dot{q}$ 来代表力学系统所有的广义坐标和广义速度. 如果需要写出每一个具体的自由度，我们将用 q_i 和 $\dot{q}_i$ 来表示，其中 $i = 1, 2, \cdots, f$, f 是力学系统的自由度数目 (我们这里首先讨论的是完整约束的力学系统).

[②]事实上，仅仅就导出运动方程而言，我们只需要它是一个极值点. 但是为了保证至少在自由粒子情形下的质量为正值，这才要求该极值是极小值而不是极大值.

坐标的更高阶的时间微商，这一点实际上是沿袭了牛顿力学的思想：给定力学系统的初始位置、初始速度，就足以确定一个力学系统以后的运动.

(3) 在起始点和终止点都固定的情况下，系统真实的运动轨道 $q_c(t)$ 与其他所有可能的轨道相比，一定是使得系统的作用量 S 取极小值的轨道. 下面将进行的变分法的计算和讨论告诉我们，这个轨道一般是唯一的，这正是经典力学决定论的体现.

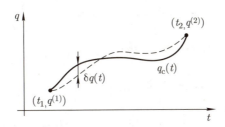

图 2.1　最小作用量原理示意图. 对于给定系统在位形空间的起始点和终止点，系统真实的 (也就是运动方程所描述的) 轨道 $q_c(t)$ (图中实线轨道) 一定使得作用量取极小值. 也就是说，如果我们考虑真实轨道 $q_c(t)$ 附近的一个无穷小变分 $\delta q(t)$，作用量对于轨道的一阶变分为零.

要获得一个特定力学系统的作用量（拉氏量），最主要的方法是从系统的对称性出发，构建出相应的洛伦兹标量. 当然，如果相关的问题还有额外的一些影响因素，也应当一并考虑在内. 本章后面的几节将讨论一些重要的例子.

从最小作用量原理出发，利用变分法就可以求出力学系统的运动方程. 为此我们将力学系统的真实运动轨道记为 $q_c(t)$. 显然，$q_c(t_1) = q^{(1)}$，$q_c(t_2) = q^{(2)}$. 我们考虑力学系统的一个对于真实轨道的假想的微小偏离：$q(t) = q_c(t) + \delta q(t)$. 由于该力学系统的初始和终止位形已经确定，我们考虑的微小偏离满足 $\delta q(t_1) = \delta q(t_2) = 0$. 力学系统的轨道对于给定的真实轨道的微小偏离 $\delta q(t)$ 在数学上称为对真实轨道的变分. 它不同于微分之处在于它本身是时间的任意函数.

如果系统对于其真实轨道的变分 $\delta q(t)$ 是一个 (一阶) 无穷小，那么最小作用量原理要求，这种变分所带来的系统的作用量的 (一阶) 变化必定为零，也就是说，真实轨道对于系统的轨道的一阶变分来说是极值点 (extremum)：

$$\delta S \equiv \int_{t_1}^{t_2} L(q_c + \delta q, \dot{q}_c + \delta \dot{q}, t)\mathrm{d}t - \int_{t_1}^{t_2} L(q_c, \dot{q}_c, t)\mathrm{d}t = 0. \tag{2.15}$$

当 δq 为无穷小量时，有[⑬]

$$\delta S = \int_{t_1}^{t_2} dt \left(\frac{\partial L}{\partial \dot{q}_i} \delta \dot{q}_i + \frac{\partial L}{\partial q_i} \delta q_i \right).$$

这里拉格朗日量被看成 q 和 $\dot{q}$ 的函数，因此上式中的偏微分也应当在此意义下来理解. 同时，由于我们考虑的是系统在其真实轨道附近的变分，因此上面公式中的偏微商应当取其真实轨道 $q_c(t)$ 处的值. 现在注意到

$$\frac{\partial L}{\partial \dot{q}_i} \delta \dot{q}_i = \frac{d}{dt}\left(\frac{\partial L}{\partial \dot{q}_i} \delta q_i \right) - \left[\frac{d}{dt}\left(\frac{\partial L}{\partial \dot{q}_i} \right) \right] \delta q_i,$$

代入后第一项的完全微分变为在边界点的函数值之差：

$$\delta S = \frac{\partial L}{\partial \dot{q}_i} \delta q_i \Big|_{t_1}^{t_2} + \int_{t_1}^{t_2} dt \left(\frac{\partial L}{\partial q_i} - \frac{d}{dt}\frac{\partial L}{\partial \dot{q}_i} \right) \delta q_i = 0. \tag{2.16}$$

在端点处由于我们要求 $\delta q(t_1) = \delta q(t_2) = 0$，因此上式中第一项的贡献为零. 由于第二项必须对于任意的 $\delta q_i(t)$ 都等于零，又因为各个 $\delta q_i(t)$ 是完全独立的变分，唯一的可能是上式括号中的量 (对每一个 i) 都恒等于零[⑭]，于是我们就得到了力学系统的真实运动轨道所满足的方程：

$$\frac{\partial L}{\partial q_i} - \frac{d}{dt}\frac{\partial L}{\partial \dot{q}_i} = 0, \qquad i = 1, 2, \cdots, f. \tag{2.17}$$

这就是著名的欧拉–拉格朗日方程. 它是一个经典力学系统的广义坐标所满足的二阶常微分方程. 因此，当初始的广义坐标和广义速度给定后，经典力学系统的运动就完全由其运动方程 (欧拉–拉格朗日方程) 确定了.

最小作用量原理和变分法告诉我们，一旦给定了一个力学系统的拉格朗日量 (作用量)，系统的运动就由欧拉–拉格朗日方程决定. 因此，我们可以说经典力学系统的性质完全由其拉格朗日量 (作用量) 确定. 正是在此意义下我们说一个经典力学系统的拉格朗日量 (作用量) 集成了该力学系统的所有重要力学信息.

现在我们定义该力学系统中与某个广义坐标 q_i 共轭的广义动量，它又称为正则动量：

$$p_i = \frac{\partial L}{\partial \dot{q}_i}. \tag{2.18}$$

[⑬]这里我们再次运用了爱因斯坦求和规则，即所有重复的指标隐含着求和. 因此，下面这个公式中的指标 i 要对系统所有自由度求和.

[⑭]这个事实在数学上被称为变分学基本引理.

注意，与一个广义坐标 q_i 共轭的广义动量 p_i 恰好就是在变分计算时边界项中 δq_i 前面的系数，参见 (2.16) 式. 利用定义的广义动量，力学系统的运动方程也可以写成

$$\frac{\mathrm{d}p_i}{\mathrm{d}t} = \frac{\partial L}{\partial q_i}. \tag{2.19}$$

由于这个式子与通常的牛顿力学方程的类似性，方程的右边，即 $\partial L / \partial q_i$，又被称为相应的广义力.

在经典力学中，所有的物理都体现在系统的经典运动方程中. 也就是说，即使系统的拉格朗日量或作用量改变了，只要系统的经典运动方程仍然保持不变，经典的物理就没有改变[⑮]. 这个事实意味着一个经典力学系统的拉格朗日量本身的数值并没有什么绝对的意义，只是由它导出的经典运动方程，即欧拉－拉格朗日方程 (2.17) 才有意义. 例如，我们完全可以在拉格朗日量上加上一个给定函数对于时间的全微分：

$$L'(q, \dot{q}, t) = L(q, \dot{q}, t) + \frac{\mathrm{d}f(q, t)}{\mathrm{d}t}. \tag{2.20}$$

显然，对于 L' 来说，其作用量比 L 的作用量多出 $f(q, t)$ 在终止和初始时刻的差. 但是由于我们考虑的变分 $\delta q(t)$ 在端点处为零，因此加入 $\mathrm{d}f/\mathrm{d}t$ 并不会改变最小作用量原理所确定的力学系统的运动方程. 也就是说，L' 与 L 所确定的运动方程是完全一样的，两者在经典力学范畴内是完全等价的. 这个事实我们在后面 (见第 8 节) 还会多次用到.

7　相对论性自由粒子的作用量

前两节我们讨论了狭义相对论的时空观，同时又讨论了经典力学中具有普遍性的最小作用量原理. 现在我们将这两者结合起来，简单讨论一下相对论性的力学问题. 从最小作用量原理出发来讨论经典力学的最大优势是：将最小作用量原理与洛伦兹不变性相结合，再加上其他的一些对称性考虑，我们几乎可以唯一地确定出一个相对论性自由粒子的作用量 (拉格朗日量).

在相对论时空观中，一个粒子运动的轨道被称为世界线. 一个世界线可以

[⑮] 我们之所以强调这点是因为它在量子系统中并不一定正确.

用 (四个) 参数方程 $x^\mu = x^\mu(\tau)$ 来给出[16]. 这里 x^μ 是粒子坐标的四矢量, τ 是描写世界线的一个参数 (一个洛伦兹标量)[17]. 对称性的考虑告诉我们, 它只可能具有下列形式:

$$S = -mc \int \mathrm{d}s = -mc \int \mathrm{d}\tau \left(\frac{\mathrm{d}x^\mu}{\mathrm{d}\tau} \frac{\mathrm{d}x_\mu}{\mathrm{d}\tau} \right)^{1/2}, \qquad (2.21)$$

其中 $\mathrm{d}s = (\mathrm{d}x^\mu \mathrm{d}x_\mu)^{1/2}$ 为该粒子的不变间隔. 它也可以写成对世界线参数 τ 的微分形式. 另外一种说法是, 自由粒子的作用量正比于它的世界线的 "长度"[18]. 一个自由粒子的作用量必定具有这种形式的原因是: 时空平移不变性 (自由粒子) 要求拉格朗日量不能依赖于时空坐标, 洛伦兹标量表明几乎我们必须选择 $\mathrm{d}s$, 因为这是一个自由粒子唯一具有的标量. 前面的因子 mc 完全是为了使得作用量具有约定俗成的量纲[19]. 这里 c 代表真空中的光速 (洛伦兹标量), 它是一个与狭义相对论时空观相关的常数. 参数 m 必须也是一个洛伦兹标量, 它是一个与所考虑的粒子的性质有关的物理量. 就其力学性质而言, 一个自由的相对论性的点粒子所具有的标量物理量一定与它的静止质量有关. 我们马上会说明它实际上就是该粒子的静止质量, 它的大小体现了该粒子的惯性的大小. 我们随后还会说明它一定不是负的.

下面我们来考察作用量 (2.21) 所给出的相对论性自由粒子的运动方程. 这个运动方程可以由两种方式来获得: 一种方法是采用三维的形式, 首先写出拉格朗日量, 然后利用普遍的欧拉 – 拉格朗日方程 (2.17) 直接写出; 另一种方法是采用四维协变的形式, 直接对作用量 (2.21) 取变分. 为了让读者能够熟悉这两种方法, 下面我们将分别利用这两种方法来推导相对论性自由粒子的运动方程.

首先利用三维形式的拉格朗日量来讨论. 注意到 $\mathrm{d}s = \sqrt{c^2 \mathrm{d}t^2 - \mathrm{d}\boldsymbol{x}^2} = $

---

[16]如果你愿意, 可以从 $x^0 = ct = x^0(\tau)$ 中将 τ 反解出来代入 $x^i(\tau)$ 中, 就给出了粒子的三维坐标作为时间的轨道方程. 但是在相对论中, 实际上运用四维参数形式的世界线方程更为方便, 因为在相对论的情形下时间并不是洛伦兹标量.

[17]这里 τ 可以取为粒子的 "固有时" $\mathrm{d}\tau = \mathrm{d}s/c$, 但也可以是任何其他的世界线参量.

[18]这里的长度是在闵氏空间中以 $\eta_{\mu\nu}$ 为度规的长度.

[19]具体来说, 作用量具有能量乘以时间的量纲, 因此拉格朗日量具有能量的量纲.

$cdt\sqrt{1-\boldsymbol{v}^2/c^2}$，因此我们得到一个相对论性自由粒子的拉格朗日量为

$$L(\boldsymbol{v}) = -mc^2\sqrt{1-\frac{\boldsymbol{v}^2}{c^2}}. \tag{2.22}$$

由此我们立刻得到粒子的广义动量为

$$\boldsymbol{p} = \frac{\partial L}{\partial \boldsymbol{v}} = \frac{m\boldsymbol{v}}{\sqrt{1-\dfrac{\boldsymbol{v}^2}{c^2}}}. \tag{2.23}$$

这正是期待中的一个相对论性粒子的动量. 于是，粒子的运动方程为

$$\frac{\mathrm{d}\boldsymbol{p}}{\mathrm{d}t} = 0. \tag{2.24}$$

它的解实际上就是匀速直线运动. 很容易证明，代表匀速直线运动的轨道的确使得系统的作用量取极小值，只要参数 $m > 0$[20]. 也就是说，粒子的静止质量一定是非负的[21].

下面我们利用四维协变的形式来讨论运动方程. 利用变分法，有

$$\begin{aligned}
\delta S &= -mc\int \delta\sqrt{\mathrm{d}x_\mu \mathrm{d}x^\mu} \\
&= -mc\int \frac{(\mathrm{d}\delta x_\mu \mathrm{d}x^\mu)}{\sqrt{\mathrm{d}x_\mu \mathrm{d}x^\mu}} \\
&= mc\int \mathrm{d}s\,\delta x_\mu \frac{\mathrm{d}}{\mathrm{d}s}\frac{\mathrm{d}x^\mu}{\mathrm{d}s} = 0,
\end{aligned}$$

其中我们在分部积分时已经扔掉了边界项. 由于 δx_μ 是任意的变分，因此我们得到粒子的运动方程的四维协变形式为

$$\frac{\mathrm{d}^2 x^\mu}{\mathrm{d}s^2} = 0. \tag{2.25}$$

请读者验证，这个形式实际上与 (2.24) 式是完全一致的. 利用四维协变形式的变分法，我们还可以得到一个相对论性粒子的四动量，它是四维广义坐标 x_μ 所对应的四维广义动量 p^μ. 正如对 (2.16) 式的讨论中提到的，这可从分部积分的边界项中 δx^μ 前的系数得到：

$$p^\mu = mc\frac{\mathrm{d}x^\mu}{\mathrm{d}s} = \left(\frac{E}{c}, \boldsymbol{p}\right), \tag{2.26}$$

---

[20] 如果 $m < 0$，那么运动方程给出的匀速直线运动的轨道则变成对应极大值了.

[21] 零质量的粒子原则上是允许的，它们永远以光速运动. 当然，要利用最小作用量原理讨论零质量粒子，我们不能直接利用 (2.21) 式，而是需要另外的等价形式. 有兴趣的读者可以参考 [6] 中的讨论.

其中的空间分量就是前面 (2.23) 式得到的粒子的相对论性动量 $\boldsymbol{p}$. 它的零分量是该粒子的相对论性能量 E 除以光速（请读者证明）：

$$E = \frac{mc^2}{\sqrt{1 - \dfrac{\boldsymbol{v}^2}{c^2}}}. \tag{2.27}$$

正因为如此，粒子的四动量又被称为能量–动量四矢量. 显然，它们构成了具有确定变换规则的四矢量[22]. 一个静止质量是 m 的粒子的四动量 p^μ 与自身的内积是一个洛伦兹标量. 简单的计算告诉我们，这个标量就是爱因斯坦给出的能动量关系：

$$p^\mu p_\mu = (E/c)^2 - \boldsymbol{p}^2 = m^2 c^2. \tag{2.28}$$

以上的讨论限于一个自由粒子的情形. 下面我们考虑多个自由粒子组成的系统的作用量. 所谓多个自由粒子，是指这些粒子之间的运动完全是独立的. 也就是说，每一个粒子的运动方程中应当完全不包含其他粒子的广义坐标或广义速度. 要实现这一点最简单的选择就是假定无相互作用的粒子系统的作用量是各个粒子作用量的简单相加：

$$S = -\sum_i m_i c \int \sqrt{\eta_{\mu\nu} \mathrm{d}x_i^\mu \mathrm{d}x_i^\nu}, \tag{2.29}$$

其中下标 "i" 标记不同的自由粒子. 这样一来，每个粒子的运动方程都是我们前面得到的自由粒子运动方程的形式.

8   粒子与外场的相互作用

现在我们来考虑一个相对论性粒子与外场的相互作用. 这时，我们需要区分外场在洛伦兹变换下的性质. 如果外场本身是一个洛伦兹标量 (这样的外场被称为标量场)，那么一个相对论性的粒子与它的相互作用可以写成

$$S = -mc \int \mathrm{d}s\, \mathrm{e}^{\Phi(x)}, \tag{2.30}$$

---

[22]由于也是四矢量，因此能量–动量四矢量的变换规则与时间–坐标四矢量的变换规则完全相同，也是按照我们所熟悉的洛伦兹变换 (2.9) 来变.

其中积分是沿着粒子的世界线 $x^\mu(s)$，$\Phi(x)$ 是一个外加的无量纲的标量场[23]。我们现在运用变分法，就可以得到粒子的运动方程（请读者证明）：

$$\frac{\mathrm{d}^2 x^\mu}{\mathrm{d}s^2} + \frac{\partial \Phi}{\partial x^\nu} \frac{\mathrm{d}x^\nu}{\mathrm{d}s} \frac{\mathrm{d}x^\mu}{\mathrm{d}s} = \frac{\partial \Phi(x)}{\partial x_\mu}. \tag{2.31}$$

显然，如果外场 $\Phi(x)$ 恒等于零，我们就回到自由粒子的情况 [(2.25) 式]。在一般的标量场情形下，我们得到的系统的拉格朗日量为

$$L = -mc^2 \sqrt{1 - \frac{\boldsymbol{v}^2}{c^2}}\, \mathrm{e}^{\Phi(\boldsymbol{x},t)}. \tag{2.32}$$

从这个拉格朗日量出发，也可以得到与四维形式的粒子运动方程 (2.31) 等价的三维形式的粒子运动方程。

如果我们加上的外场不是标量场，而是一个四矢量场，那么为了得到洛伦兹标量，我们可以写下如下形式的作用量：

$$S = -mc \int \mathrm{d}s - \frac{e}{c} \int A_\mu(x)\mathrm{d}x^\mu, \tag{2.33}$$

这里 e 代表了粒子与矢量场的耦合强度，$A_\mu(x)$ 是外加的一个矢量场。最著名的矢量场的实例就是我们知道的电磁场，带电粒子在电磁场中的作用量就具有 (2.33) 式的形式[24]。因此，我们姑且把常数 e 称为该粒子所带的电量，并要求它是一个洛伦兹标量，但是对它的符号则没有限制[25]。代表矢量场 (电磁场) 的四矢量 $A_\mu(x)$ 称为电磁场的四矢量势。由于四矢量势是一个四矢量，因此它可以用时空分量的形式写成

$$A^\mu(x) = (\Phi(x), \boldsymbol{A}(x)), \tag{2.34}$$

其中的时间分量 $\Phi(x)$ 称为电磁场的标量势 (标势)，而空间分量 $\boldsymbol{A}(x)$ 称为电磁场的矢量势 (矢势)。如果把作用量表达式 (2.33) 中的积分用对时间的积分表达，我们就可以写出电磁场中一个相对论性粒子的拉格朗日量：

$$L = -mc^2 \sqrt{1 - \frac{\boldsymbol{v}^2}{c^2}} + \frac{e}{c} \boldsymbol{v} \cdot \boldsymbol{A} - e\Phi. \tag{2.35}$$

---

[23]具体的标量场的实例如高能物理中的希格斯 (Higgs) 场。

[24]这是高斯 (Gauss) 单位制中带电粒子与外场相互作用的形式。在国际单位制中，需要将式中第二项的系数 $1/c$ 去掉，同时下面的 (2.34) 式中势的定义应换为 $A^\mu(x) = (\Phi(x)/c, \boldsymbol{A}(x))$。更多细节可见参考书 [6] 的附录。

[25]相应于参数 e 的符号，我们称该粒子带正电或带负电。

它与自由粒子拉格朗日量的区别就在于加上了与外电磁场的相互作用项. 得到了带电粒子的拉格朗日量, 我们立刻可以写出粒子的广义动量 (又被称为正则动量)

$$P = \frac{mv}{\sqrt{1 - v^2/c^2}} + \frac{e}{c}A = p + \frac{e}{c}A. \tag{2.36}$$

需要注意的是, 系统的正则动量 P 并不是粒子的相对论性动量 p (又称为机械动量), 两者之间差一个与矢势成正比的项.

在外电磁场中, 一个相对论性粒子的运动方程可以写成三维形式或者四维协变形式. 它的推导与推导自由粒子的方法没有本质区别, 只不过其过程更为复杂一些. 我们这里直接给出结果. 四维协变形式的运动方程具有如下的形式:

$$mc\frac{\mathrm{d}^2 x_\mu}{\mathrm{d}s^2} = \frac{e}{c}F_{\mu\nu}\frac{\mathrm{d}x^\nu}{\mathrm{d}s}, \tag{2.37}$$

其中我们引入了电磁场场强的二阶 (反对称) 张量 $F_{\mu\nu}$, 它的定义为

$$F_{\mu\nu} = \partial_\mu A_\nu - \partial_\nu A_\mu. \tag{2.38}$$

四维协变形式的运动方程 (2.37) 也可以表达成三维的形式. 另外一种得到三维形式的运动方程的方法是直接从粒子的拉格朗日量 (2.35) 出发写出其欧拉–拉格朗日方程. 经过一些颇为复杂的矢量微分演算, 我们得到

$$\frac{\mathrm{d}p}{\mathrm{d}t} = eE + \frac{e}{c}v \times B. \tag{2.39}$$

读者应当可以认出, (2.39) 式就是一个 (相对论性的) 带电粒子在电磁场中所受到的洛伦兹力的公式. 这里 p 是粒子的相对论性动量, 而 E 和 B 分别称为电磁场的电场强度和磁感应强度, 它们与电磁势的具体关系是

$$E = -\nabla\Phi - \frac{1}{c}\frac{\partial A}{\partial t}, \quad B = \nabla \times A. \tag{2.40}$$

这个电磁场与电磁势之间的关系实际上就是四维形式 (2.38) 的三维对应物[29].

---

[29]具体来说有: $F_{0i} = E_i$, $F_{ij} = \epsilon_{ijk}B_k$.

方程 (2.37) 和 (2.39) 告诉我们，影响粒子运动方程的并不是电磁势 A_μ 本身，而是由此派生出来的电磁场场强张量 $F_{\mu\nu}$，或者等价地用三维形式表达的电场强度 $\boldsymbol{E}$ 和磁感应强度 $\boldsymbol{B}$. 因此，在经典力学的水平上，$A_\mu(x)$ 并不具有直接可测量的物理效果，因为带电粒子直接感受到 (测量到) 的是场强张量 (电场强度和磁感应强度). 对这一点更为明确的表述就是电磁相互作用具有所谓的规范不变性. 这种对称性在分析力学系统中体现得特别直接而简洁. 前面强调过 (见第 6 节末尾)，系统的拉格朗日量中可以加上一个任意函数对时间的全微分而不改变运动方程. 因此我们可以将粒子与电磁场相互作用的作用量变为

$$S_{\text{int}} = -\frac{e}{c} \int \left(A_\mu(x) + \frac{\partial \Lambda}{\partial x^\mu} \right) \mathrm{d}x^\mu, \tag{2.41}$$

其中第二项是一个标量场 Λ 的全微分，积分后会变为边界项从而对粒子的运动方程没有任何影响. 因此，从粒子的运动方程来看，这个作用量与我们前面给出的作用量完全等价. 也就是说，外场 $A_\mu(x)$ 做变换

$$A_\mu(x) \to A_\mu(x) + \partial_\mu \Lambda(x) \tag{2.42}$$

时，粒子的运动方程并不会改变，其中 $\Lambda(x)$ 是任意一个给定的标量场. 这种对称性称为电磁场的规范对称性. 上面的电磁势的变换称为规范变换. 将变换 (2.42) 代入场强张量的定义 (2.38) 之中，很容易验证场强张量 $F_{\mu\nu}$ 在规范变换下是不变的.

通过以上简单的讨论我们看到，相对论性粒子在标量场和电磁场 (矢量场) 中的运动方程可以十分简洁地从基本原理 (最小作用量原理、作用量的洛伦兹不变性等) 导出. 事实上，不光电磁场中的带电粒子的运动可以这样得到，就连电磁场本身所满足的运动方程 (就是著名的麦克斯韦方程组) 也可以从这些基本原理导出. 不过，这些内容不是理论力学课程的主题，它们会在电动力学课程中详细地加以讨论. 这里顺便提一下，如果我们讨论一个相对论性粒子与一个二阶张量场耦合，同时加上张量场本身的运动，实际上就会得到广义相对论 (这也是其他课程的内容). 我们这里只是希望指出：最小作用量原理是一个十分基本的原理，将它与其他重要的物理原理结合，就可以得到经典力学系统以及其他物理系统的运动规律.

9   非相对论极限

虽然我们是从相对论性的时空观出发的，但实际上本书后续主体内容所涉及的是粒子在低速运动下的动力学问题，这被称为非相对论极限[27]. 粗略地说，在上一节得到的相对论性的公式中，如果令 $v^2/c^2 \to 0$，就可以得到非相对论极限下的相应公式. 在我们这样做之前，先从时空观的角度来分析一下非相对论极限的特点是有益的.

在非相对论极限下，闵氏时空蜕变为传统的伽利略时空. 在伽利略时空中，时间具有绝对的意义 (同时的绝对性)，换句话说，时间与空间发生了完全的分离. 相应地，所有在洛伦兹变换下具有确定变换规则的张量的时间分量与空间分量也都会发生分离. 以四矢量 V_μ 为例，它的时间分量 V_0 在三维空间下变为三维的标量，而空间分量 V_i, $i = 1, 2, 3$ 则变为三维空间的三矢量. 由于四矢量的三个空间分量具有完全相同的变换规则并且与时间分量分离，因此也没有必要再区分矢量的上标和下标. 为了方便起见，我们统一将时间指标和空间指标都写为下标. 类似的讨论可以扩展到更高阶的张量. 例如一个二阶张量 $D_{\mu\nu}$ 在非相对论极限下可以分解为：D_{00}，这是一个三维空间的标量；D_{0i} (或者 D_{i0})，这是一个三维空间的矢量；D_{ij}，这是一个三维空间的二阶张量.

洛伦兹变换在非相对论极限下也发生退化. 具体来说，时间根本不变，而一个三维矢量的三个分量则按照三维空间旋转的矩阵来变换：

$$x'_i = A_{ij}x_j. \tag{2.43}$$

这里 x_i 和 x'_i 分别表示变换前后的一个三维矢量的分量，A_{ij} 是一个三维转动所对应的正交矩阵 (用张量的语言来说就是二阶张量)，满足 $A_{ij}A_{kj} = \delta_{ik}$. 由此变换规则不难得到更高阶三维张量的变换规则. 对于一般的三维转动矩阵，我们在后面讨论刚体的运动 (见第五章的第 23 节) 时会更多更详细地涉及.

现在我们来考虑力学系统的拉格朗日量. 在非相对论极限下，拉格朗日量本身是伽利略意义下的标量，即三维空间的标量. 例如，在非相对论极限下，由 (2.22) 式做低速展开可以得到一个自由粒子的拉格朗日量：

---

[27]相对论性粒子的动力学问题将主要在电动力学课程中进行处理.

$$L = \frac{1}{2}m\boldsymbol{v}^2. \tag{2.44}$$

这里我们略去了常数 $-mc^2$. 这个拉格朗日量也可以直接从空间平移不变 (要求拉格朗日量不依赖于空间坐标) 和各向同性 (要求拉格朗日量不依赖速度的方向) 直接得到. 它说明一个非相对论性的自由粒子的拉格朗日量可以取为其动能. 容易验证，要使得相应的作用量取极小值而不是极大值，我们要求粒子的惯性质量参数 $m > 0$.

如果一个粒子与标量外场相互作用，其相互作用能量记为 $V(\boldsymbol{x}, t)$，那么我们可以在 (2.30) 式中取 $\Phi(\boldsymbol{x}, t) = V(\boldsymbol{x}, t)/(mc^2)$. 由于在非相对论极限下，一切能量都远远小于粒子的静止能量 mc^2，因此

$$\mathrm{e}^{\Phi(\boldsymbol{x}, t)} = \mathrm{e}^{V(\boldsymbol{x}, t)/mc^2} \approx 1 + \frac{V(\boldsymbol{x}, t)}{mc^2},$$

(2.32) 式中的拉格朗日量可以低速展开为

$$L = \frac{1}{2}m\boldsymbol{v}^2 - V(\boldsymbol{x}, t). \tag{2.45}$$

这里 $V(\boldsymbol{x}, t)$ 被称为势能 (具有能量量纲). 也就是说，我们可以取一个外场中的粒子的拉格朗日量为它的动能减去势能[23]. 它所对应的运动方程为

$$\frac{\mathrm{d}}{\mathrm{d}t}(m\boldsymbol{v}) = -\frac{\partial V(\boldsymbol{x}, t)}{\partial \boldsymbol{x}}. \tag{2.46}$$

这就是一个质点在外势场 $V(\boldsymbol{x}, t)$ 中的牛顿方程.

对于一个与矢量场 (电磁场) 耦合的非相对论性粒子，它的拉格朗日量可以取为

$$L = \frac{1}{2}m\boldsymbol{v}^2 + \frac{e}{c}\boldsymbol{v} \cdot \boldsymbol{A}(\boldsymbol{x}, t) - e\Phi(\boldsymbol{x}, t). \tag{2.47}$$

这个拉格朗日量对应的运动方程就是一个非相对论性粒子在洛伦兹力作用下的牛顿方程 [(2.39) 式]. 特别需要指出的是，如果外磁场为零，那么一个粒子与矢量场的标量势相互作用的拉格朗日量与一个粒子与标量场相互作用的拉格朗日量在形式上没有区别. 这一点并不奇怪，因为正如本节开始所说的，在非相对论极限下一个四矢量的时间分量 (标量势) 的确变成了一个三维空间的标量.

---

[23]从这个讨论我们看到，力学中所谓的势能的概念仅仅在非相对论极限下才有意义.

在非相对论极限下，N 个具有相互作用的粒子组的拉格朗日量可以取为

$$L = \sum_i \frac{1}{2} m_i \boldsymbol{v}_i^2 - V(\boldsymbol{x}_1, \boldsymbol{x}_2, \cdots, \boldsymbol{x}_N, t), \tag{2.48}$$

其中的第一项就是各个粒子的动能之和，第二项的函数 $V(\boldsymbol{x}_1, \boldsymbol{x}_2, \cdots, \boldsymbol{x}_N, t)$ 称为这一组粒子的势能. 由于取了非相对论极限，因此我们假定势能中的所有与粒子速度相关的项都可以略去. 如果系统具有时间平移不变性，那么势能不能显含时间. 这样的系统称为保守系统. 保守系统的一个重要性质就是其能量守恒，这一点我们在下一节会更为细致地讨论. 一个保守系统的运动方程可以写成

$$m_i \frac{\mathrm{d}\boldsymbol{v}_i}{\mathrm{d}t} = -\frac{\partial V(\boldsymbol{x}_1, \cdots, \boldsymbol{x}_N)}{\partial \boldsymbol{x}_i}. \tag{2.49}$$

拉格朗日量 (2.48) 是利用直角坐标表达的. 有的时候我们需要更为普遍的广义坐标. 由于广义坐标与直角坐标之间的函数关系仅仅依赖于各个坐标而不依赖于速度，而且我们假定势能中也不包含速度，因此经过这个变换以后拉格朗日量一定可以写为

$$L = \sum_{ij} \frac{1}{2} a_{ij}(q) \dot{q}_i \dot{q}_j - V(q_1, q_2, \cdots, q_f). \tag{2.50}$$

这里的 $a_{ij}(q)$ 可以依赖于所有的广义坐标 q_i，但是它一定是一个对称、正定的矩阵. 势能 $V(q_1, \cdots, q_f)$ 则仅仅依赖于所有的广义坐标.

现在我们总结一下目前已经得到的结论. 从最小作用量原理和基本的洛伦兹不变性出发，我们得到了相对论性粒子的拉格朗日量，这包括自由粒子的情形和与外场相互作用的情形. 我们简单讨论了相对论性粒子的运动方程. 在非相对论极限下，我们可以得到非相对论性系统的拉格朗日量. 我们看到，这时力学系统的运动方程与我们通常熟悉的牛顿方程是完全一致的. 这就是我们在前一章所提到的：在纯力学的非相对论系统中，拉格朗日力学提供了一种与牛顿力学完全等价的描述. 但是我们同时也看到，以最小作用量原理为出发点的拉格朗日力学具有更加广泛的适用性. 我们这里简单地讨论了相对论性的力学，这些结果在高速极限下是与牛顿力学不同的. 我们还说明了，拉格朗日力学可以直接处理（甚至是相对论性的）电磁问题，这也是传统的牛顿力学所无法胜任的. 因此，最小作用量原理虽然历史上脱胎于经典的非相对论性的

牛顿力学，但是它已经成为可以处理相对论力学、粒子与场的相互作用，甚至量子力学和量子场论等复杂问题的更为普遍的物理学原理，而非相对论性的牛顿力学仅仅是它的低速极限. 当然，在本书中非相对论性的纯力学系统仍然是我们讨论的主要对象. 因此，除了在个别的章节我们会再次考虑相对论性的问题之外，本书以后涉及的绝大多数问题都将是非相对论性的纯力学问题[29]. 除非特殊声明，我们都假设无须再考虑相对论效应.

10　对称性与守恒律

从微分方程的角度来看，一个具有 f 个自由度的力学系统的拉格朗日方程一般具有 $2f$ 个独立的初积分（例如，这 $2f$ 个常数可以取为系统的初始位置和速度）. 也就是说，这些初积分都是力学系统的守恒量. 但是并不是每一个初积分都具有重要的物理意义. 力学系统的初积分中只有少数几个是与时空的对称性密切联系着的，这些守恒量也是物理上最为重要的. 这一节中，我们将主要讨论时间平移不变性（蕴涵能量守恒）、空间平移不变性（蕴涵动量守恒）、空间转动不变性（蕴涵角动量守恒）和尺度变换对称性. 上述对称性又可以概括在所谓的诺特 (Noether) 定理之中. 另一方面，空间反射和时间反演这两种分立对称性在力学中扮演着重要的角色，我们也一并加以讨论.

10.1　时间平移不变性与能量守恒

一个力学系统，如果它的拉格朗日量不显含时间，则系统的运动方程在任何时刻都是相同的. 我们称该力学系统具有时间平移不变性. 这时，系统的拉格朗日量对于时间的变化率为

$$\frac{\mathrm{d}L}{\mathrm{d}t} = \frac{\partial L}{\partial q_i}\dot{q}_i + \frac{\partial L}{\partial \dot{q}_i}\ddot{q}_i. \tag{2.51}$$

同时，让我们考虑 $p_i\dot{q}_i$ 的时间变化率，其中 p_i 是与 q_i 共轭的广义动量：

$$\frac{\mathrm{d}(p_i\dot{q}_i)}{\mathrm{d}t} = \frac{\mathrm{d}p_i}{\mathrm{d}t}\dot{q}_i + p_i\frac{\mathrm{d}\dot{q}_i}{\mathrm{d}t}. \tag{2.52}$$

[29]一个例外是第 17 节中讨论的行星近日点的进动问题.

按照拉格朗日方程，这两个表达式的右边实际上是完全相同的. 因此，如果我们定义

$$E = p_i \dot{q}_i - L, \tag{2.53}$$

那么会发现：E 是力学系统的守恒量. 这个守恒量是直接与系统的时间平移不变性联系起来的. 它就是这个系统的能量. 例如，对于前面提到的保守系统，

$$E = \sum_i \frac{1}{2} m_i \boldsymbol{v}_i^2 + V(\boldsymbol{x}_1, \boldsymbol{x}_2, \cdots, \boldsymbol{x}_N). \tag{2.54}$$

(2.54) 式第一项是各个粒子的动能之和，第二项则是粒子之间相互作用的势能. 也就是说，系统的总能量可以写成动能与势能之和. 这个结论直接来自动能是速度的二次齐次函数的事实.

10.2   空间平移不变性与动量守恒

下面考察直角坐标中的空间平移不变性. 这个对称性要求在变换

$$\boldsymbol{x}_i \to \boldsymbol{x}_i + \boldsymbol{x}_0 \tag{2.55}$$

下系统的拉格朗日量不变，因此我们得到

$$\sum_i \frac{\partial L}{\partial \boldsymbol{x}_i} = 0.$$

利用拉格朗日方程，我们得到

$$\frac{\mathrm{d}\boldsymbol{P}}{\mathrm{d}t} = 0, \quad \boldsymbol{P} \equiv \sum_i \frac{\partial L}{\partial \boldsymbol{v}_i} = \sum_i \boldsymbol{p}_i. \tag{2.56}$$

也就是说，空间平移不变性要求系统的总动量守恒.

对于一个总动量守恒的系统，我们总是可以利用伽利略不变性来进行一个参照系变换，使得在新的参照系中系统的总动量恒等于零. 假定在某个参照系中系统的总动量为 $\boldsymbol{P}$，它是一个守恒的矢量. 我们选取一个相对于这个参照系以速度 $\boldsymbol{V} = \boldsymbol{P} / \sum_i m_i$ 运动的新的参照系. 读者很容易验证，在新的参照系中，原来力学系统的总动量等于零. 这样的一个参照系称为该力学系统的质心系. 在原参照系中，

$$\boldsymbol{R} = \frac{\sum_i m_i \boldsymbol{x}_i}{\sum_i m_i} \tag{2.57}$$

称为系统的质心坐标. 显然利用质心坐标可以将系统的总动量写为 $P = \sum_i m_i \dot{R}$. 换句话说，系统的总动量好像是所有质量都集中在其质心，速度是其质心坐标变化率的一个质点的动量.

上面关于空间平移不变性的讨论是在直角坐标中进行的. 我们看到，如果系统的拉格朗日量在直角坐标中具有空间平移不变性，那么该力学系统的平动动量是守恒的. 类似的讨论实际上可以推广到任意的广义坐标. 如果一个力学系统的拉格朗日量 $L(q, \dot{q}, t)$ 不显含某一个广义坐标 q_1，那么与 q_1 所对应的广义动量 $p_1 = \partial L / \partial \dot{q}_1$ 一定守恒. 力学系统的拉格朗日量中不出现的广义坐标被称为循环坐标. 因此我们可以说，力学系统的循环坐标所对应的广义动量都是守恒的.

10.3 空间转动与角动量守恒

我们再来考察直角坐标中系统的转动不变性. 对于一个固定的原点，我们绕通过原点的一个轴进行一个无穷小的转动 $\delta\phi$. 这里的轴矢量 $\delta\phi$ 指向右手法则所确定的转轴方向，大小等于转动的角度 $\delta\phi$. 在这样一个无穷小的转动下，原来每个粒子的位置、速度等都相应地发生一个无穷小的变化. 简单的几何考虑告诉我们：

$$\delta\boldsymbol{x}_i = \delta\boldsymbol{\phi} \times \boldsymbol{x}_i, \quad \delta\boldsymbol{v}_i = \delta\boldsymbol{\phi} \times \boldsymbol{v}_i. \tag{2.58}$$

于是系统的拉格朗日量不变导致

$$\frac{\mathrm{d}\boldsymbol{L}}{\mathrm{d}t} = 0, \quad \boldsymbol{L} = \sum_i \boldsymbol{x}_i \times \boldsymbol{p}_i, \tag{2.59}$$

即系统的总角动量守恒.

一个系统的角动量一般来说依赖于坐标原点的选取. 如果我们将坐标原点平移一个常矢量 $\boldsymbol{x}_0$，新的坐标系中所有位置矢量都相应平移 $\boldsymbol{x}' = \boldsymbol{x} + \boldsymbol{x}_0$，那么一个系统的总角动量变化为

$$\boldsymbol{L}' = \boldsymbol{L} + \boldsymbol{x}_0 \times \boldsymbol{P}, \tag{2.60}$$

其中 $\boldsymbol{P}$ 是系统的总动量. 一个特例是在系统的质心系中，这时系统的总动量 $\boldsymbol{P} = 0$，因而系统的总角动量不依赖于坐标原点的选取.

同样，我们还可以讨论一个系统的总角动量在伽利略参照系变换下的性质. 如果考虑一个相对于参照系 K 以速度 $\boldsymbol{v}_0$ 平动的另一个参照系 K', 这时构成系统的每个质点的平动速度有一个平移 $\boldsymbol{v} = \boldsymbol{v}' + \boldsymbol{v}_0$, 于是系统的总角动量变为

$$\boldsymbol{L} = \boldsymbol{L}' + \left(\sum_i m_i\right) \boldsymbol{R} \times \boldsymbol{v}_0, \tag{2.61}$$

其中 $\boldsymbol{R}$ 是系统质心的位置. 进一步如果 K' 正好是系统的质心系, 那么 $\left(\sum_i m_i\right) \boldsymbol{v}_0$ 就是系统在 K 系中的总动量.

10.4 尺度变换

这一小节我们讨论一下在物理学中具有重要意义的尺度变换. 在这种变换中, 空间的坐标被乘以一个常数因子 λ_1: $\boldsymbol{x} \to \boldsymbol{x}' = \lambda_1 \boldsymbol{x}$. 这相当于用不同的尺子来度量长度. 因子 λ_1 称为该尺度变换的变换因子. 类似地, 我们可以将时间变换一个因子: $t \to \lambda_2 t$.

在时间和空间的尺度变换下, 有一类函数具有特别重要的意义, 这就是所谓的齐次函数. 齐次函数在尺度变换下只是乘以变换因子的某个幂次. 例如, 对于一个多个粒子组成的闭合系统, 在上述尺度变换下, 每一个粒子的速度一定乘以一个因子 λ_1/λ_2, 因而系统的动能乘以一个因子 $(\lambda_1/\lambda_2)^2$. 如果该系统的势能正好是各个粒子坐标的 k 次齐次函数, 也就是说它满足

$$U(\lambda_1 \boldsymbol{x}_1, \lambda_1 \boldsymbol{x}_2, \cdots, \lambda_1 \boldsymbol{x}_N) = \lambda_1^k U(\boldsymbol{x}_1, \boldsymbol{x}_2, \cdots, \boldsymbol{x}_N), \tag{2.62}$$

那么, 我们可以选取适当的 $\lambda_2 = \lambda_1^{1-k/2}$, 从而系统的拉格朗日量在尺度变换下正好乘以一个因子. 由于拉格朗日量乘以一个常数因子并不改变系统的运动方程, 因此变换以后的系统的运动方程仍然形式上与原先的系统相同. 这意味着这个系统具有几何上类似的轨道, 在这些轨道上运行的特征时间与轨道尺度之间的比例也是固定的. 具体来说, 有

$$\frac{t'}{t} = \left(\frac{l'}{l}\right)^{1-k/2}, \tag{2.63}$$

其中 t', l' 和 t, l 分别是两个相似轨道上的特征时间和特征尺度. 这个公式的一个重要例子就是开普勒 (Kepler) 的第三定律. 在太阳系行星的周期运动中,

势能恰好是坐标的齐次函数 $(k = -1)$，因此，上面的结论就是行星周期的平方之比等于其轨道尺寸的立方之比，这就是著名的开普勒第三定律.

尺度变换的另外一个重要例子是所谓的位力定理. 这个定理在统计力学中也会用到. 我们考虑一个多粒子力学系统并且假定系统局限在有限的空间范围内运动 (例如太阳系中行星的运动、容器中空气分子的运动等等). 由于系统的动能是速度的二次齐次函数，有

$$2T = \sum_i \boldsymbol{v}_i \cdot \boldsymbol{p}_i = \frac{\mathrm{d}}{\mathrm{d}t} \left(\sum_i \boldsymbol{p}_i \cdot \boldsymbol{x}_i \right) - \sum_i \boldsymbol{x}_i \cdot \dot{\boldsymbol{p}}_i. \tag{2.64}$$

现在我们将 (2.64) 式中的两边在很长的时间间隔中平均. 右边的第一项是时间的全微商，因此时间平均化为圆括号中的量在两个时间之间的差再除以时间间隔. 由于系统局限在有限的区域运动，因此这个平均在长时间极限下为零：

$$\lim_{\tau \to \infty} \frac{1}{\tau} \int_o^\tau \frac{\mathrm{d}}{\mathrm{d}t} \left(\sum_i \boldsymbol{p}_i \cdot \boldsymbol{x}_i \right) = 0.$$

于是，我们得到了重要的位力定理：

$$2\langle T \rangle = \left\langle \sum_i \boldsymbol{x}_i \cdot \frac{\partial U}{\partial \boldsymbol{x}_i} \right\rangle, \tag{2.65}$$

其中我们用 $\langle \cdot \rangle$ 来表示对力学量的长时间平均值. 如果系统的势能是其坐标的 k 次齐次函数，按照著名的欧拉定理，有

$$2\langle T \rangle = k\langle U \rangle, \tag{2.66}$$

也就是说，系统的动能的平均与势能的平均有着简单的比例关系. 这个关系的两个重要例子是有心力场中的开普勒问题 $(k = -1)$ 和谐振子 $(k = 2)$. 对于开普勒问题，动能平均是势能平均 (负的) 的一半，从而总能量也是势能平均的一半. 对于谐振子，动能平均与势能平均相等.

10.5　诺特定理

前面几个小节的对称变换可以概括在所谓的诺特定理之中. 诺特定理是德国数学家诺特在 20 世纪初 (1918 年) 总结出的关于连续对称性的定理. 考虑

一个由拉格朗日量 $L(q, \dot{q}, t)$ 所描写的经典力学系统，其中 $q = (q_1, \cdots, q_f)$ 为广义坐标. 我们对系统的广义坐标做一个由连续参数 ξ 所刻画的变换

$$q_i \to q_i' = \tilde{q}_i(q, \xi), \qquad \tilde{q}_i(q, 0) \equiv q_i, \quad i = 1, \cdots, f, \qquad (2.67)$$

如果在此变换下，系统的拉格朗日量不变，

$$L(q, \dot{q}, t) \to L'(\tilde{q}, \dot{\tilde{q}}, t) = L(q, \dot{q}, t), \qquad (2.68)$$

则称变换 (2.67) 为该力学系统的一个对称性. 与这个对称性相对应的，必然会存在一个守恒的物理量，这就是诺特定理的内容. 需要注意的是，对称性变换并不需要对于广义坐标是线性的，是复杂的非线性变换也没有关系，只需要保证在连续变换参数 $\xi = 0$ 时回到不变的情形就可以了. 诺特定理指出，对于每一个连续变换的参量 ξ 而言，都有一个守恒的物理量 Q 存在.

这个定理的证明其实也很直接. 按照上述 L 的不变性，我们一定有

$$0 = \left. \frac{\mathrm{d}}{\mathrm{d}\xi} \right|_{\xi=0} L(\tilde{q}, \dot{\tilde{q}}, t). \qquad (2.69)$$

另一方面，直接的计算则给出

$$\begin{aligned}
\left. \frac{\mathrm{d}}{\mathrm{d}\xi} \right|_{\xi=0} L(\tilde{q}, \dot{\tilde{q}}, t) &= \frac{\partial L}{\partial q_i} \left. \frac{\partial \tilde{q}_i}{\partial \xi} \right|_{\xi=0} + \frac{\partial L}{\partial \dot{q}_i} \left. \frac{\partial \dot{\tilde{q}}_i}{\partial \xi} \right|_{\xi=0} \\
&= \frac{\mathrm{d}}{\mathrm{d}t} \left(\frac{\partial L}{\partial \dot{q}_i} \right) \cdot \left. \frac{\partial \tilde{q}_i}{\partial \xi} \right|_{\xi=0} + \frac{\partial L}{\partial \dot{q}_i} \cdot \frac{\mathrm{d}}{\mathrm{d}t} \left. \left(\frac{\partial \tilde{q}_i}{\partial \xi} \right) \right|_{\xi=0} \\
&= \frac{\mathrm{d}}{\mathrm{d}t} \left[\frac{\partial L}{\partial \dot{q}_i} \left. \frac{\partial \tilde{q}_i}{\partial \xi} \right|_{\xi=0} \right],
\end{aligned} \qquad (2.70)$$

其中在第二行的第一项中我们运用了系统的欧拉–拉格朗日方程，在第二项中则是将对时间的微商与对 ξ 的偏微商交换了一下次序. 于是我们发现 (2.70) 式实际上就是下列物理量的完全时间微商：

$$Q = \frac{\partial L}{\partial \dot{q}_i} \left. \frac{\partial \tilde{q}_i}{\partial \xi} \right|_{\xi=0},$$

再由 (2.69) 式即得

$$\frac{\mathrm{d}Q}{\mathrm{d}t} = 0. \qquad (2.71)$$

这就是我们需要证明的内容, 守恒量 Q 又被称为诺特守恒荷. 读者不难验证, 我们前几小节讨论的空间平移、空间转动、尺度变化等等都可以视为诺特定理的特例. 三维空间平移存在三个独立的连续变换参量, 因此就导致三维的平动动量守恒; 三维的转动不变性导致角动量的三个分量守恒; 等等.

10.6 分立对称性

分立对称性在物理学中也起着十分重要的作用. 我们这里主要讨论空间反射变换 (又称为宇称变换) 和时间反演变换.

空间反射变换代表了如下的操作:

$$\boldsymbol{x} \to -\boldsymbol{x}. \tag{2.72}$$

显然, 两次空间反射变换等效于没有变换, 因此物理量在空间反射变换下往往只能不变或者变一个符号. 我们称前一类物理量为具有正宇称的物理量, 称后一类物理量为具有负宇称的物理量. 如果结合（三维）空间转动下物理量的变换规则, 我们可以将各种物理量按照其变换的行为分为几类: 标量是在空间转动和空间反射下都不变的物理量; 赝标量是在空间转动下不变但在空间反射下变号的物理量; 矢量是在空间转动下按照直角坐标一样变换, 在空间反射下变号的物理量; 轴矢量 (又称赝矢量) 是在空间转动下与矢量一样变换但是在空间反射下不变的物理量.

一个力学系统的拉格朗日量 (作用量) 一般来说一定是一个标量. 对于一个多粒子组成的闭合系统, 它的动能和势能都是标量, 其运动方程显然在空间反射变换下保持同样的形式 (两边都变号). 矢量的例子如坐标、速度、动量等等. 轴矢量的例子如角速度、角动量、磁场强度等等. 例如, 从角动量的定义可以看出, 在空间反射下位置矢量和动量矢量都变号, 因此两者的叉乘不变, 也就是说角动量矢量是一个轴矢量. 如果我们取一个轴矢量与一个矢量点乘, 就可以得到一个赝标量.

下面我们讨论时间反演变换. 时间反演变换是指将时间 t 变为 $-t$ 的变换. 也就是说, 在时间反演变换下, 时间的走向发生反转. 一个力学系统, 在时间反演变换下, 它的所有广义速度都变号, 因此它的拉格朗日量的变化行为是

$$L(q, \dot{q}, t) \to L(q, -\dot{q}, -t). \tag{2.73}$$

如果系统的拉格朗日量满足

$$L(q, \dot{q}, t) = L(q, -\dot{q}, -t), \tag{2.74}$$

那么，考察拉格朗日方程我们会发现，系统的运动方程在时间反演变换下形式不变. 最为常见的形式是拉格朗日量本身并不显含时间，同时拉格朗日量中只包含广义速度的偶数次幂 (二次幂). 时间反演对称性意味着力学系统的运动完全是可逆的. 如果某个系统的拉格朗日量中含有广义速度的一次幂，那么这个系统的运动方程在时间反演下不是不变的. 这意味着时间有着一个确定的走向. 一个典型的例子就是阻尼振子.

最后，在结束这一节时我们简要总结一下这节中讨论的对称性. 本节所讨论的时空对称性可以分为连续对称性和分立对称性. 连续对称性的对称变换是由若干个连续变量描写的 (例如平移的矢量、尺度变换的因子等等)，而分立对称性由分立的对称操作构成. 事实上，本节中讨论的这些对称性 (连续的和分立的)，再加上其他一些特殊的对称操作，可以构成时空变换的一个群，称为共形群 (conformal group). 我们这里只是列举了共形群的对称变换中比较常见的几个. 共形群的对称性在讨论低维量子场论问题时会起十分重要的作用.

11　非惯性系的力学

我们首先讨论一个质点在非惯性系中的运动方程. 在一个惯性系 K_0 中，一个质点的拉格朗日量可以写为

$$L_0 = \frac{1}{2} m \boldsymbol{v}_0^2 - V, \tag{2.75}$$

其中的势能 V 仅依赖于坐标. 现在我们假定有另外一个参照系 K'(不一定是惯性系)，它相对于惯性参照系 K_0 以速度 $\boldsymbol{V}(t)$ 平动，于是有

$$\boldsymbol{v}_0 = \boldsymbol{v}' + \boldsymbol{V}(t), \tag{2.76}$$

其中 $\boldsymbol{v}'$ 是粒子在参照系 K' 中的速度，而 $\boldsymbol{V}(t)$ 是一个给定的时间的函数. 于是，质点的拉格朗日量可以写为

$$L' = \frac{1}{2} m \boldsymbol{v}'^2 + m \boldsymbol{v}' \cdot \boldsymbol{V}(t) + \frac{1}{2} m \boldsymbol{V}^2 - V.$$

这个式子中的 $\frac{1}{2}m\boldsymbol{V}^2$ 是个给定的时间的函数的时间微商, 可以从拉格朗日量中剔除. 类似地, 我们可以将 $m\boldsymbol{V}\cdot\boldsymbol{v}'$ 换成 $-m\dot{\boldsymbol{V}}\cdot\boldsymbol{x}'$. 于是, 在参照系 K' 中一个质点的拉格朗日量可以等价地写为

$$L' = \frac{1}{2}m\boldsymbol{v}'^2 - m\frac{\mathrm{d}\boldsymbol{V}(t)}{\mathrm{d}t}\cdot\boldsymbol{x}' - V. \tag{2.77}$$

这个拉格朗日量给出的运动方程为

$$m\frac{\mathrm{d}\boldsymbol{v}'}{\mathrm{d}t} = -\frac{\partial V}{\partial\boldsymbol{x}'} - m\frac{\mathrm{d}\boldsymbol{V}(t)}{\mathrm{d}t}. \tag{2.78}$$

这个方程的右边的第二项 $-m\dot{\boldsymbol{V}}$ 称为惯性力.

现在我们考察另一个参照系 K, 它的原点与参照系 K' 重合, 但是相对于参照系 K' 以给定的角速度 $\boldsymbol{\Omega}(t)$ 转动. 因此, 参照系 K' 中质点的速度可以写为 $\boldsymbol{v}' = \boldsymbol{v} + \boldsymbol{\Omega}\times\boldsymbol{x}$, 其中 $\boldsymbol{x}$ 和 $\boldsymbol{v}$ 分别是该质点在参照系 K 中的位置和速度矢量 (注意, 参照系 K 和 K' 的位置矢量是重合的, 因为我们假定两个参照系原点重合). 于是, 质点的拉格朗日量变为

$$L = \frac{1}{2}m\boldsymbol{v}^2 + m\boldsymbol{v}\cdot(\boldsymbol{\Omega}\times\boldsymbol{x}) + \frac{1}{2}m(\boldsymbol{\Omega}\times\boldsymbol{x})^2 - m\dot{\boldsymbol{V}}\cdot\boldsymbol{x} - V. \tag{2.79}$$

这就是任意参照系中一个质点的拉格朗日量. 分别计算 $(\partial L/\partial\boldsymbol{v})$ 和 $(\partial L/\partial\boldsymbol{x})$ 并代入拉格朗日方程, 我们就得到了任意参照系中的一个质点的运动方程:

$$m\frac{\mathrm{d}\boldsymbol{v}}{\mathrm{d}t} = -\frac{\partial V}{\partial\boldsymbol{x}} - m\dot{\boldsymbol{V}} + m\boldsymbol{x}\times\dot{\boldsymbol{\Omega}} + 2m\boldsymbol{v}\times\boldsymbol{\Omega} + m\boldsymbol{\Omega}\times(\boldsymbol{x}\times\boldsymbol{\Omega}). \tag{2.80}$$

与惯性系中的运动方程比较我们发现, 这个运动方程中多出了四项惯性力: 第一项 $-m\dot{\boldsymbol{V}}$ 是由非匀速的平动造成的; 第二项 $m\boldsymbol{x}\times\dot{\boldsymbol{\Omega}}$ 是由非匀速的转动引起的惯性力; 第三项 $2m\boldsymbol{v}\times\boldsymbol{\Omega}$ 是著名的科里奥利 (Coriolis) 力[20]; 第四项 $m\boldsymbol{\Omega}\times(\boldsymbol{x}\times\boldsymbol{\Omega})$ 是惯性离心力.

现在让我们考察一个相对于惯性系没有平动, 只有均匀转动的参照系. 这时的拉格朗日量简化为

$$L = \frac{1}{2}m\boldsymbol{v}^2 + m\boldsymbol{v}\cdot(\boldsymbol{\Omega}\times\boldsymbol{x}) + \frac{1}{2}m(\boldsymbol{\Omega}\times\boldsymbol{x})^2 - V.$$

---

[20]地球上许多大尺度现象 (例如台风、洋流、季风等) 的形成都受到了科里奥利力的影响. 但一些小尺度现象, 特别值得一提的是家中浴盆、马桶等下水的旋转方向, 其实并不是科里奥利力主导的结果.

粒子的广义动量为

$$\boldsymbol{p} = \frac{\partial L}{\partial \boldsymbol{v}} = m\boldsymbol{v} + m\boldsymbol{\Omega} \times \boldsymbol{x}, \qquad (2.81)$$

于是粒子的能量为

$$E = \boldsymbol{p} \cdot \boldsymbol{v} - L = \frac{1}{2}mv^2 - \frac{1}{2}m(\boldsymbol{\Omega} \times \boldsymbol{x})^2 + V. \qquad (2.82)$$

这里的第二项能量 $-\dfrac{1}{2}m(\boldsymbol{\Omega} \times \boldsymbol{x})^2$ 被称为离心势能. 这个能量表达式还可以表达为

$$E = E_0 - \boldsymbol{L} \cdot \boldsymbol{\Omega}, \qquad (2.83)$$

其中 E_0 是粒子在惯性系 K_0 中的能量, 而 $\boldsymbol{L}$ 则是粒子的角动量 (两个系中相同). 这个表达式也可以推广到多个粒子组成的系统. 这个能量的表达式将在讨论转动物体的统计力学中用到.

12   非完整约束系统的最小作用量原理

到目前为止, 本章的所有讨论实际上都仅仅涉及完整约束的系统, 即 $3N$ 个坐标和时间之间有 k 个固定的函数关系来进行约束 [(1.4) 式]. 因为我们假定描写一个力学系统的所有广义坐标都是独立的自由度, 这一点只对于完整约束系统才成立. 这一节中, 我们试图将前面讨论的最小作用量原理推广到具有非完整约束的力学系统.

并不是所有的非完整约束系统都可以用最小作用量原理来加以描述. 我们将只讨论一类特殊的非完整约束系统, 即系统的广义坐标 (假定有 s 个) 和时间的微分存在着一系列线性关系:

$$a_{lj}\mathrm{d}q_j + a_{lt}\mathrm{d}t = 0, \ \ l = 1, 2, \cdots, m, \quad j = 1, 2, \cdots, s, \qquad (2.84)$$

其中 a_{lj} 和 a_{lt} 都可以是坐标 q_j 和时间的给定函数, m 代表了这类约束的个数, s 是系统的广义坐标的个数. 需要注意的是, 由于是非完整约束, 因此广义坐标的个数 s 一般大于系统真正的自由度数目 f. 这时, 系统的自由度数目是 $s - m$. 显然, 所有的完整约束都可以表达成这种形式 (只不过 $m = 0$). 另外, 一些非完整约束也可以写成这种形式. 读者也许还记得, 我们在第 2 节介绍约束时讨论的圆盘问题 (例 1.1) 的约束 (一个非完整约束) 就是这种形式，参见 (1.7) 式.

现在我们给每个广义坐标一个变分 δq_j，并且要求它们满足

$$a_{lj}\delta q_j = 0, \quad l = 1, 2, \cdots, m. \tag{2.85}$$

这些约束可以利用拉格朗日乘子的方法加以考虑. 因而，我们利用带有拉格朗日乘子的变分法得到

$$\int dt \left(\frac{\partial L}{\partial q_j} - \frac{d}{dt}\frac{\partial L}{\partial \dot{q}_j} + \lambda_l a_{lj} \right) \delta q_j = 0, \tag{2.86}$$

其中 λ_l，$l = 1, 2, \cdots, m$ 是 m 个拉格朗日乘子. 在引入了拉格朗日乘子之后，各个 δq_j 可以看成是独立变动的. 于是我们得到系统的运动方程

$$\frac{d}{dt}\frac{\partial L}{\partial \dot{q}_j} - \frac{\partial L}{\partial q_j} = \lambda_l a_{lj}. \tag{2.87}$$

这些方程，与约束方程 (2.84) 一道 (一共 $s+m$ 个方程) 可以解出所有的广义坐标 (s 个) 和拉格朗日乘子 (m 个). 为了说明这种方法如何运用，我们来继续求解第 2 节中讨论了一半的圆盘问题.

例 2.1 二维平面上垂直纯滚的均匀圆盘（续）. 利用本节的方法讨论具有非完整约束的圆盘问题，如图 1.2 所示.

解 广义坐标 (x, y, θ, ϕ) 的选取与例 1.1 中的相同，它们满足的约束条件为

$$\dot{x} = a\cos\phi\,\dot{\theta}, \quad \dot{y} = a\sin\phi\,\dot{\theta}. \tag{2.88}$$

显然，圆盘的势能永远保持是常数，因此，我们可以将圆盘的拉格朗日量就取为它的动能. 为此，我们可以得到

$$L = \frac{1}{2}M(\dot{x}^2 + \dot{y}^2) + \frac{1}{4}Ma^2\dot{\theta}^2 + \frac{1}{8}Ma^2\dot{\phi}^2. \tag{2.89}$$

现在我们可以按照普遍的方程 (2.87) 写出系统的四个广义坐标的运动方程：

$$\begin{aligned}
\ddot{x} &= \lambda_1, \\
\ddot{y} &= \lambda_2, \\
a\ddot{\theta} &= -2\lambda_1\cos\phi - 2\lambda_2\sin\phi, \\
\ddot{\phi} &= 0.
\end{aligned} \tag{2.90}$$

将前面约束的式子 (2.88) 对时间再取一次导数, 得到

$$\ddot{x} = a\ddot{\theta}\cos\phi - \sin\phi(a\dot{\theta})\dot{\phi}, \tag{2.91}$$

$$\ddot{y} = a\ddot{\theta}\sin\phi + \cos\phi(a\dot{\theta})\dot{\phi}. \tag{2.92}$$

将 (2.86), (2.87) 式代入运动方程 (2.85) 的前两式并与其第三式比较, 得

$$\ddot{\theta} = 0. \tag{2.93}$$

另一方面, (2.90) 式第四式指出: $\ddot{\phi} = 0$. 因此, 我们得到了一个相当平庸的解 (然而却是正确的解): 所有角度广义坐标的加速度为零, 或者说 θ, ϕ 都随时间线性变化. 将这个结果代入约束方程 (2.88) 并对时间积分, 我们就得到了广义坐标 x 和 y 对时间的依赖关系. 显然, 这个关系预示着圆盘的质心做匀速圆周运动, 因为 $\dot{x}^2 + \dot{y}^2 = a^2\dot{\theta}^2$ 为常数.

 **相关的阅读**

这一章是本书中最重要的一章. 本章讨论了分析力学的最基本的原理——最小作用量原理, 又称哈密顿原理. 这个原理在经典牛顿力学的范畴内变得流行始于莫佩尔蒂 1744 年的工作, 尽管在他之前和之后莱布尼茨 (Leibniz, 1705 年)、欧拉 (1744 年)、拉格朗日 (1760 年) 以及哈密顿 (1834 年) 等人都曾讨论过类似的问题.

与通常理论力学教材的讨论不同的是, 本书的出发点是狭义相对论时空观而不是伽利略时空观. 当然, 后者可以作为前者的近似 (非相对论极限). 这样讨论的最大好处是突出了最小作用量原理是一个与狭义相对论完全兼容的基本原理. 它不仅适用于低速的纯力学系统, 也适用于相对论系统; 它不仅适用于粒子, 也适用于场系统, 以及粒子和场的相互作用. 虽然我们的讨论起源于狭义相对论, 但是并不要求读者熟练掌握狭义相对论的动力学, 这应当是电动力学课程的主要任务. 但是了解它的基本描述至少是有益的. 对于狭义相对论十分不熟悉的读者, 可以参考相关的教科书, 如参考书 [6].

如果读者实在对于这种从相对论出发的理论框架不习惯，这里我简单说明一下一般的 (非相对论性) 理论框架. 在这个纯粹非相对论性的框架中，使用时空分离，或者说时间绝对流逝的伽利略时空观. 于是，分析力学的起始点可以从本书的第 6 节开始，然后直接跳到第 9 节. 利用空间平移不变性、空间各向同性可以直接建立一个非相对论性自由粒子的拉格朗日量 (2.44). 这样后面的所有讨论，都可以按照本书的顺序进行了. 事实上，朗道的书[1] 基本上就是按照这个顺序来讲述的. 本书的第 5 节、第 7 节、第 8 节的内容往往是放在电动力学课程中讲述.

从具体内容来说，第 5 节的内容可以参见参考书 [6] 的第六章. 第 6 节的内容可以在任何分析力学的书籍中找到，例如朗道书[1] 的 §2. 这一节中有关力学系统的位形空间 (流形) 和切空间、切丛的讨论可以参见参考书 [3] 的 2.4 节，或者参考更加数学化的经典著作 [4]. 第 7 节和第 8 节的内容可以参见参考书 [7] 中的 §8, §9, §15, §16, §17, §18, 参考书 [2] 的第七章的 7-8, 7-9 两节，或者参考书 [6] 的第七章. 第 10 节的主要内容可以参考朗道书[1] 的 §6 到 §10 几节，尽管关于宇称和时间反演的讨论那里并没有. 第 11 节的内容可以参考朗道书[1] 的 §39. 第 12 节关于非完整约束的讨论内容可见参考书 [2] 的第二章的 2-4 节.

习　题

1. 最速降线 (brachistochrone curve) 问题. 考虑历史上非常著名的最速降线问题: 在均匀引力场中，某个固定高度处的粒子沿怎样的曲线下降到不在它正下方的另一个固定点的时间是最短的? 首先写出总的时间作为运动曲线的泛函，然后利用变分法给出该曲线满足的微分方程. 最后，证明一般来说这个解是一条摆线 (又称旋轮线)①.

2. 悬垂线问题. 考虑所谓的悬垂线问题. 在均匀引力场中，一根长度为 L 的均匀绳子的两端悬挂在距离为 b 的等高的两点上. 假设 $L > b$. 绳子的总质量为 M, 并且单位长度的质量 $\lambda = M/L$ 为常数. 试确定绳子平衡时构成的曲线的形状.

3. 自由相对论性粒子的运动方程. 从自由粒子的作用量 (2.21) 出发，导出其三维和

---

①据说中国的大屋顶的形状类似于摆线的最优解，但是我并没有仔细考察过是否真的如此.

四维形式的运动方程, 即 (2.24) 和 (2.25) 式, 并验证它们都给出同样的运动模式, 即匀速直线运动.

4. 自由相对论性粒子的四动量. 验证一个自由的相对论性粒子的四动量形式, 即 (2.26) 和 (2.27) 式.

5. 相对论性粒子与标量场的相互作用. 仿照相对论性自由粒子运动方程的推导, 给出一个相对论性粒子与标量外场相互作用的运动方程 (2.31), 并根据拉格朗日量 (2.32) 推导等价的三维形式的粒子运动方程.

6. 相对论性粒子与矢量场的相互作用的四维协变形式. 仿照相对论性自由粒子运动方程的推导, 给出一个相对论性粒子与矢量外场 $A_\mu(x)$ 相互作用的四维协变形式的运动方程 (2.37), 并验证四维场强张量的表达式 (2.38).

7. 相对论性粒子与矢量场的相互作用的三维形式. 给出一个相对论性粒子与矢量外场 $A_\mu(x)$ 相互作用的三维形式的运动方程 (2.39), 并验证其中的电场强度 $\boldsymbol{E}$ 和磁感应强度 $\boldsymbol{B}$ 的确由 (2.40) 式给出 (如果对矢量的运算有困难, 可以阅读参考书 [6] 中的相应附录).

8. 弯曲时空中粒子的测地线. 按照广义相对论的观点, 一个外加引力场可以用一个时空依赖的度规张量场 $g_{\mu\nu}(x)$ 来刻画. 这时一个相对论性粒子在其中的作用量仍然可以由 (2.21) 式给出, 只不过其中 $\mathrm{d}s^2 = g_{\mu\nu}(x)\mathrm{d}x^\mu\mathrm{d}x^\nu$. 该粒子的运动方程仍然可以由最小作用量原理给出. 试给出这个协变形式的运动方程 [注意: 由于现在度规张量 $g_{\mu\nu}(x)$ 不再是平直时空中的简单形式 $\eta_{\mu\nu} = (+---)$, 因此它的逆 $g^{\mu\nu}(x)$ 也不再简单, 而且也不等于 $g_{\mu\nu}(x)$. 最终的方程中将包含度规张量的各种导数, 即所谓的克氏符号 (Christoffel symbol)].

9. 旋转的光滑圆环. 如图 2.2 所示. 一半径为 R 的无质量圆环绕自身对称轴 (沿 z 轴) 匀速转动, 转动的角速度为 (常数) Ω. 圆环上有一质量为 m 的质点可以沿圆环无摩擦地滑动. 整个系统处于均匀重力场 (重力加速度为 g) 中 (沿 z 轴向下).

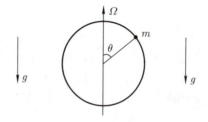

图 2.2   重力场中旋转的光滑圆环.

(1) 选择质点与垂直向下方向 (也就是转动轴方向) 的夹角 θ 为广义坐标, 写出系统的动能 T、势能 V, 从而给出拉格朗日量 $L = T - V$.

(2) 写出 θ 满足的运动方程, 讨论可能的 θ 的平衡点 (即 $\ddot{\theta} = 0$ 的点).

(3) 利用 $p_\theta = \partial L / \partial \dot{\theta}$, 求与 θ 共轭的正则动量 p_θ, 并给出系统的哈密顿量 $H = \dot{\theta} p_\theta - L$.

(4) 哈密顿量的数值是守恒量吗？它等于系统的机械能（即 $T + V$）吗？

10. 斯托末问题[32]. 考虑带电粒子与一个恒定的、位于原点的磁偶极子相互作用的经典力学问题（这个问题可以看成地球周围带电粒子受地磁场影响的一个不错的模型）. 已知一个（非相对论性的）带电粒子在静磁场中的拉格朗日量为 $L = (1/2)mv^2 + e\boldsymbol{v} \cdot \boldsymbol{A}$，其中 $\boldsymbol{A}$ 为磁偶极子（磁矩为 $\boldsymbol{M}$）的磁矢势：$\boldsymbol{A} = \boldsymbol{M} \times \boldsymbol{r}/r^3$. 为方便起见，选取柱坐标 (ρ, ϕ, z)，将磁偶极子放在原点并且将其磁偶极矩沿 z 轴（从而 $\boldsymbol{M} = M\hat{\boldsymbol{z}}$，$M$ 为其大小）.

(1) 选取柱坐标 (ρ, ϕ, z)，写出粒子的拉格朗日量 $L(\rho, \phi, z; \dot{\rho}, \dot{\phi}, \dot{z})$（请先在柱坐标中写出矢势 $\boldsymbol{A}$）.

(2) 上问写出的拉格朗日量应当不显含 ϕ，从而与之对应的共轭动量 p_ϕ 是守恒量. 另外，由于磁场不做功，粒子的动能 $E = (1/2)mv^2$ 也是守恒量. 给出 p_ϕ 和 E 的表达式，用各个广义坐标和广义速度表达.

(3) 写出粒子的运动方程（坐标 ρ 和 z 的）. 假设粒子的初始条件满足 $z = \dot{z} = 0$，根据你写出的运动方程说明在此初始条件下，粒子的坐标将永远保持在 $z = 0$ 的平面内. 这时的运动被称为斯托末问题的"赤道极限".

(4) 仅考虑斯托末问题的赤道极限. 利用前面的结果，给出粒子的径向坐标 ρ 的方程，说明它可以由一个等效的一维粒子拉格朗日量 $L_{\text{eff}} = (1/2)m\dot{\rho}^2 - V_{\text{eff}}(\rho)$ 给出，进而写出等效势能 $V_{\text{eff}}(\rho)$ 的表达式.

(5) 根据你得到的 $V_{\text{eff}}(\rho)$ 表达式，定性讨论在不同的参数情况下 (但仍然保持赤道极限) 粒子的坐标 $\rho(t)$ 的运动情况.

11. 地球表面一般的抛物问题. 将地球看作一个匀速旋转的非惯性系，其角速度 $\boldsymbol{\Omega}$ 从地心指向地理的北极. 按照 (2.80) 式所示，考虑地球表面一个最一般的 (所在位置的纬度、速度方向等都是任意的) 小尺度抛物问题. 你可以假设问题的尺度远远小于地球的半径 (同时初始速度远远小于第一宇宙速度).

---

[32]Fredrik Carl Mülertz Störmer (1874—1957), 著名的挪威数学家和天体物理学家. 他由于受极光的吸引，开始研究带电粒子在地球偶极磁场中的运动问题.

第三章　中心力场中粒子的运动

本 章 提 要

上一章中我们从狭义相对论的时空观和最小作用量原理出发讨论了力学系统的经典运动方程，以及对称性与守恒律的关系. 这一章我们将着重讨论中心力场 (central force) 中的经典动力学问题. 特别重要的是所谓开普勒问题，也就是两个质点之间由万有引力相互作用的力学问题. 这个问题一直伴随着力学的成长并不断发展. 我们将首先讨论最为一般的两体问题，说明它如何分解为质心的运动和相对运动. 随后我们会具体讨论开普勒问题. 随后我们将展开一系列对经典开普勒问题的拓展讨论. 这包括几个不同的因素的影响，例如潮汐问题和相对论效应对于行星近日点进动的修正等. 同时我们还将讨论所谓的受限三体问题. 这主要指在两个靠引力维系并做圆轨道运动的双星系统中，在其共动的参照系中一个小质量质点的运动. 这类问题广泛地出现在人类的各种航天应用中.

13   中 心 力 场

考虑两个质量分别为 m_1 和 m_2 的粒子通过一个有心势相互作用的力学系统. 所谓有心势是指两者相互作用的势能仅仅是两个粒子之间距离的函数, 相应的保守力构成一个中心力场, 又称有心力场. 因此, 系统的拉格朗日量可以写为

$$L = \frac{1}{2}m_1\boldsymbol{v}_1^2 + \frac{1}{2}m_2\boldsymbol{v}_2^2 - V(|\boldsymbol{x}_1 - \boldsymbol{x}_2|), \tag{3.1}$$

其中 $\boldsymbol{v}_1$, $\boldsymbol{v}_2$ 分别是两个粒子的速度, $\boldsymbol{x}_1$, $\boldsymbol{x}_2$ 则是两个粒子的位置, $V(r)$ $(r = |\boldsymbol{x}_1 - \boldsymbol{x}_2|)$ 是两个粒子之间的势能. 这样的一个两体问题可以完全分解为两个单体问题. 由于这个力学系统的总动量是守恒的, 因此两个粒子组成的系统的质心的速度是常矢量. 为了方便, 我们取一个特定的惯性系使得两个粒子组成的系统的质心速度为零. 这样的参照系称为质心系, 并且质心就位于坐标架的原点. 同时, 我们引入两者的相对坐标 $\boldsymbol{x} = \boldsymbol{x}_1 - \boldsymbol{x}_2$, 于是

$$\boldsymbol{x}_1 = m_2\boldsymbol{x}/(m_1 + m_2), \quad \boldsymbol{x}_2 = -m_1\boldsymbol{x}/(m_1 + m_2). \tag{3.2}$$

因此, 只要求出了 $\boldsymbol{x}(t)$ 我们就可以分别求出两个粒子的运动轨道. 利用相对坐标 $\boldsymbol{x}$, 拉格朗日量 (3.1) 变为一个等效的单粒子运动的形式:

$$L = \frac{1}{2}m\dot{\boldsymbol{x}}^2 - V(r), \tag{3.3}$$

其中 $m = m_1m_2/(m_1 + m_2)$ 为两个粒子的约化质量 (也称为折合质量), r 为两个粒子的相对距离. 我们看到, 这个两体问题在质心的运动与相对运动完全分离之后变为一个匀速运动的质心加一个等效质量为 m 的单粒子在中心力场中的运动问题.

拉格朗日量的转动不变性决定了在这样的一个中心力场中粒子的角动量一定是守恒的. 因此, 我们可以将粒子的角动量取为沿 z 轴的方向. 这样一来, 粒子的运动轨道将完全处在 x-y 平面内. 采用更为方便的极坐标 (r, ϕ), 粒子的拉格朗日量可以写为

$$L = \frac{1}{2}m(\dot{r}^2 + r^2\dot{\phi}^2) - V(r). \tag{3.4}$$

这个拉格朗日量不显含坐标 ϕ, 因此与 ϕ 相应的广义动量守恒, 它实际上就是粒子沿 z 方向的角动量的大小:

$$J = \frac{\partial L}{\partial \dot{\phi}} = mr^2\dot{\phi} = const..$$ (3.5)

这其实就是著名的开普勒第二定律: 行星与太阳之间的连线在单位时间内扫过的面积是常数. 我们看到, 这个定律实际上并不依赖于相互作用势 $V(r)$ 的具体函数形式, 只要是有心势 (角动量守恒) 就可以了.

拉格朗日量 (3.4) 的时间平移对称性导致的另外一个守恒量是粒子的机械能:

$$E = \frac{1}{2}m(\dot{r}^2 + r^2\dot{\phi}^2) + V(r) = \frac{1}{2}m\dot{r}^2 + \frac{J^2}{2mr^2} + V(r).$$ (3.6)

于是我们得到

$$\frac{\mathrm{d}r}{\mathrm{d}t} = \sqrt{\frac{2}{m}[E - V(r)] - \frac{J^2}{m^2r^2}}.$$ (3.7)

另一方面, 角动量的方程 (3.5) 可以写成

$$\frac{\mathrm{d}\phi}{\mathrm{d}t} = \frac{J}{mr^2}.$$ (3.8)

如果将上面两个方程相除消去时间的微分 $\mathrm{d}t$, 可以得到一个 $\mathrm{d}\phi/\mathrm{d}r$ 的方程, 再通过积分原则上就可以得到粒子的轨道 $r(\phi)$:

$$\phi = \phi_0 + \int^r \mathrm{d}r' \frac{(J/r'^2)}{\sqrt{2m[E - V(r')] - \frac{J^2}{r'^2}}},$$ (3.9)

其中 ϕ_0 为一个常数. 关于径向运动的微分方程 (3.7) 看上去很像一个粒子在一维空间的运动, 只不过粒子感受到的有效势能为

$$V_{\mathrm{eff}}(r) = V(r) + \frac{J^2}{2mr^2}.$$ (3.10)

这里的第二项正是所谓的离心势能.

14   开普勒问题

如果有心势中势的形式是反比于距离的, 即为著名的 $1/r$ 势, 这时的力学问题称为开普勒问题. 这类力学系统出现在以万有引力相互作用的行星与太

阳之间，也出现在有库仑相互作用的两个点电荷之间. 我们首先来讨论相互吸引的情形，这时系统的有效势能的形式为

$$V_{\text{eff}}(r) = -\frac{\alpha}{r} + \frac{J^2}{2mr^2}, \tag{3.11}$$

其中 $\alpha > 0$ 为一个正的常数. 这个有效势能的特点是在 $r \to 0$ 时趋于正的无穷，在 $r \to \infty$ 时从负的值趋于零. 在区间 $(0, \infty)$ 中间，有效势能有一个极小值点. 因此，粒子的径向运动可以分为三种情况：如果粒子的能量 $E > 0$，那么粒子可以跑向无穷远，也就是说粒子的运动并不是束缚在力心周围有限的空间内. 对于严格的 $1/r$ 势，这时粒子的轨道是双曲线的一支. 如果粒子的能量 $E < 0$，那么粒子的径向距离一定局限在一个有限的区间 $[r_{\min}, r_{\max}]$ 之内，这时粒子的运动一定被束缚在力心周围的一个有限区域内，不可能逃逸到无穷远. 对于 $1/r$ 型的势，我们下面可以证明粒子的轨道是一个闭合的椭圆. 如果粒子能量 $E = 0$，这时粒子的运动仍然可以逃逸到无穷，但运动轨道是一条抛物线.

要得到开普勒问题中粒子运动的轨道方程，可以从能量守恒 (3.7) 式和角动量守恒 (3.8) 式中消去 $\mathrm{d}t$ 并积分 [(3.9) 式]，得到的结果是

$$\frac{l_0}{r} = 1 + e \cos \phi, \tag{3.12}$$

其中参数 l_0 和 e 由下式给出：

$$l_0 = \frac{J^2}{m\alpha}, \quad e = \sqrt{1 + \frac{2EJ^2}{m\alpha^2}}. \tag{3.13}$$

方程 (3.12) 是极坐标中标准的圆锥曲线的方程，极坐标的原点位于圆锥曲线的焦点 (focus). 这里我们选取了积分常数使得距离原点最近的点对应于 $\phi = 0$. 这个点在天文学中称为近日点 (perihelion). 参数 $2l_0$ 称为正焦弦 (latus rectum)，e 称为离心率. 平面解析几何的知识告诉我们：当 $e > 1$ 时，轨道为双曲线；当 $e = 1$ 时，轨道为抛物线；当 $0 < e < 1$ 时，轨道为椭圆；当 $e = 0$ 时，轨道是正圆[①].

[①]如果我们在轨道方程 (3.12) 中令 $\phi \to \pi + \phi$ (这等价于重新选择极轴) 就可以改变轨道方程中 e 前面的符号. 因此，不失一般性，我们总可以假定 $e \geqslant 0$.

在吸引势中，$E < 0$ 的椭圆形的轨道的结果正是开普勒第一定律. 椭圆的半长轴 a 和半短轴 b 的值分别为

$$a = \frac{l_0}{(1-e^2)} = \frac{\alpha}{2|E|}, \quad b = \frac{l_0}{\sqrt{1-e^2}} = \frac{J}{\sqrt{2m|E|}}. \tag{3.14}$$

椭圆轨道的近日点距离 $r_{\min}$ 和远日点距离 $r_{\max}$ 分别为

$$r_{\min} = \frac{l_0}{1+e} = a(1-e), \quad r_{\max} = \frac{l_0}{1-e} = a(1+e). \tag{3.15}$$

椭圆形轨道的周期可以用椭圆的面积除以掠面速度 (即 $r^2\dot{\phi}/2$, 它正比于粒子的角动量 J) 来加以确定:

$$T = \frac{\pi a b}{r^2\dot{\phi}/2} = 2\pi a^{3/2}\sqrt{m/\alpha}. \tag{3.16}$$

正如第 10.4 小节中通过分析对称性得到的结论一样，行星周期的平方之比等于其相应半长轴立方之比. 这就是著名的开普勒第三定律[②].

在吸引势中，对于 $E \geqslant 0$，粒子的 r 可以是无穷的，其中 $E > 0$ 时轨道为双曲线的一支，力心位于该支双曲线的内焦点. 其近日点的距离 $r_{\min}$ 和双曲线的半长轴 a 分别为

$$r_{\min} = \frac{l_0}{e+1} = a(e-1), \quad a = \frac{l_0}{e^2-1} = \frac{\alpha}{2E}. \tag{3.17}$$

对于 $E = 0$ 的情形，离心率恒等于 1，轨道为抛物线，其近日点 $r_{\min} = l_0/2$.

对于排斥的势 $V(r) = \alpha/r$，其中 $\alpha > 0$，我们得到的轨道永远是双曲线. 与吸引势不同的是，现在力心位于双曲线一支的外焦点上. 类似于前面的公式，我们有

$$\frac{l_0}{r} = -1 + e\cos\phi, \tag{3.18}$$

其中参数 l_0 和 e 仍然由 (3.13) 式给出. 排斥势中轨道近日点的表达式为

$$r_{\min} = \frac{l_0}{e-1} = a(e+1). \tag{3.19}$$

最后，我们简单讨论一下开普勒问题的特殊性. 对于形如 $1/r$ 的吸引势，如果粒子的运动是局限在有限区域的 (也就是说粒子的总能量小于零)，那么

[②]注意 m 是行星与太阳系统的折合质量，而 $\alpha = Gm_1m_2$，因此在太阳与行星质量之比是无穷大的极限下，参数 m/α 是与行星质量无关的常数.

它的轨道一定是闭合的椭圆. 这种轨道的闭合性并不是对于所有的有心势都成立的, 它实际上是开普勒问题所特有的. 另外一个已知的能够构成闭合轨道的有心势是三维谐振子势③. 对于绝大多数的有心势, 即使粒子的能量小于零, 粒子的运动局限在有限的区域, 它的轨道也不一定是闭合的. 这种不闭合性的标志就是其近日点的进动. 如果有心势只是稍微偏离 $1/r$ 的形式, 那么 $E<0$ 的粒子的轨道几乎是闭合的, 只是其近日点有微小的进动.

开普勒问题中轨道的闭合性实际上意味着 $1/r$ 有心势具有更高的对称性. 这种对称性并不是由时空基本对称性而是由势能的特殊形式造成的, 因此被称为动力学对称性. 动力学对称性存在的直接后果就是有多余的守恒量. 我们定义

$$M = p \times L + m\alpha \frac{x}{r}, \tag{3.20}$$

其中 p 是粒子的动量, 它感受到的有心势为 $V(r) = \alpha/r$, α 可以大于零或小于零. 我们下面会直接验证, (3.20) 定义的矢量实际上是一个守恒量, 它被称为拉普拉斯–龙格–楞次矢量 (Laplace-Runge-Lenz vector), 它的方向是沿着力心到近日点的方向. 矢量 M 是常矢量意味着力心到近日点的矢量的方向是不变的, 也就是说, 没有近日点的进动. 这直接联系着轨道的闭合性.

要验证这一点, 直接取以下的时间微商, 因为角动量 $L = x \times m\dot{x}$ 是守恒的, 所以有

$$\frac{\mathrm{d}}{\mathrm{d}t}(p \times L) = \dot{p} \times L = \frac{m\alpha}{r^3}[x \times (x \times \dot{x})] = \frac{m\alpha}{r^3}[x(x \cdot \dot{x}) - r^2\dot{x}] = \frac{\mathrm{d}}{\mathrm{d}t}\left(-m\alpha \frac{x}{r}\right),$$

其中第二步我们运用了粒子的运动方程 $\dot{p} = F = (\alpha/r^3)x$, 第四步我们运用了 $x \cdot \dot{x} = r\dot{r}$. 所以根据上式一定有 $\mathrm{d}M/\mathrm{d}t = 0$, 即 M 是一个守恒的矢量.

例 3.1　利用拉普拉斯–龙格–楞次矢量求轨道. 利用上面给出的拉普拉斯–龙格–楞次矢量求出开普勒问题中轨道的形状.

解　上面已经证明, M 是一个守恒的矢量. 我们将其取为极坐标中极轴的方向, 有

$$x \cdot M = rM\cos\phi, \tag{3.21}$$

---

③这个结论又被称为贝特朗 (Bertrand) 定理. 详细的讨论和证明可参见参考书 [2] 中的附录.

其中 $M = |\boldsymbol{M}|$ 是该矢量的大小，ϕ 是 $\boldsymbol{x}$ 与 $\boldsymbol{M}$ 之间的夹角. 另一方面, 将 $\boldsymbol{x}$ 直接点乘 $\boldsymbol{M}$ 的定义式 (3.20), 并注意到角动量 $\boldsymbol{L} = \boldsymbol{x} \times \boldsymbol{p}$, 我们得到

$$\boldsymbol{x} \cdot \boldsymbol{M} = \boldsymbol{x} \cdot (\boldsymbol{p} \times \boldsymbol{L}) + m\alpha r = J^2 + m\alpha r. \tag{3.22}$$

原则上将上述两式联立就可以获得轨道. 例如, 对于吸引的问题, $\alpha = -|\alpha|$, 有

$$r \left(1 + \frac{M}{m|\alpha|} \cos\phi \right) = \frac{J^2}{m|\alpha|}. \tag{3.23}$$

换句话说, 我们发现 $l_0 = J^2/(m|\alpha|)$ 以及离心率满足 $e = M/(m|\alpha|)$, 这与 (3.12) 式以及 (3.13) 式一致. 同样, 对于排斥势, $\alpha > 0$, 我们得到的轨道方程为

$$r \left(-1 + \frac{M}{m\alpha} \cos\phi \right) = \frac{J^2}{m\alpha}, \tag{3.24}$$

这与 (3.18) 式一致.

例 3.2 近日点的进动. 如果中心势偏离开普勒形式很小, 找出近日点进动的表达式.

解 这个问题中我们假定

$$V(r) = -\frac{\alpha}{r} + \delta V(r), \tag{3.25}$$

其中 $\delta V(r)$ 是一个很小的势能修正. 正如我们前面提到的, 只要势能偏离了 $1/r$ 的形式, 行星的轨道一般就不是闭合的. 我们希望求出轨道近日点的进动, 用 $\delta V(r)$ 来表达.

出发点是上一节的 (3.9) 式. 对于一个一般的势能, 行星从近日点运行一周又回到近日点时的进动角度 $\Delta\phi$ 为

$$\Delta\phi = 2 \int_{r_{\min}}^{r_{\max}} \frac{\mathrm{d}r(J/r^2)}{\sqrt{2m\left[E - V(r)\right] - \dfrac{J^2}{r^2}}}. \tag{3.26}$$

如果 $\delta V(r) = 0$, 那么可以证明上面的这个公式正好给出 2π. 这意味着轨道是闭合的, 而且系统的两个自由度 ϕ 和 r 的周期完全一致. 现在, 假定 $\delta V(r)$ 是小量, 我们可以对它进行泰勒 (Taylor) 展开, 仅仅保留到一阶得到

$\Delta\phi = 2\pi + \delta\phi$，其中的 2π 就是 $1/r$ 势的贡献. 我们关心的是 $\delta\phi$，它是由 $\delta V(r)$ 引起的近日点进动:

$$\delta\phi = 2m\frac{\partial}{\partial J}\int_{r_{\min}}^{r_{\max}} \frac{\mathrm{d}r\,\delta V(r)}{\sqrt{2m\left[E+\dfrac{\alpha}{r}\right]-\dfrac{J^2}{r^2}}}. \tag{3.27}$$

只要给出了具体的 $\delta V(r)$ 的形式，这个表达式就可以给出行星一个周期中近日点的进动数值. 需要注意的是，由于我们仅仅关心准确到 δV 一阶的修正，因此上面这个公式中的积分上下限都可以用 $\delta V = 0$ 时候的值代入. 如果愿意，上式也可以利用对角度 ϕ 的积分表达出来:

$$\delta\phi = \frac{\partial}{\partial J}\left(\frac{2m}{J}\int_0^\pi r^2\delta V(r)\,\mathrm{d}\phi\right), \tag{3.28}$$

其中被积函数中的 r 必须用星体的开普勒轨道 (3.12) 来代入. 这些就是考虑近开普勒问题中近日点进动的公式.

在下面的例子中，我们首先考虑其他行星对水星近日点进动的影响. 在第 17 节中，我们会考虑狭义相对论对于近日点进动的修正.

例 3.3   水外行星势造成的水星近日点进动. 简单估计水外行星的运动对水星近日点进动的影响.

解   我们知道水星近日点的进动号称是对广义相对论的经典检验之一. 其实，相对论的修正 (包括狭义相对论和广义相对论) 只是水星近日点进动的一小部分而已. 要正确地理解水星近日点进动的问题，首先必须计算出水外行星 (其实就是太阳系中其他所有行星，因为水星是距离太阳最近的行星) 对水星近日点进动的贡献. 本题中我们就来近似地估计一下这个贡献.

初看起来这是个不可能完成的任务，因为它实际上涉及多体之间的引力相互作用. 但是作为一个简单的估计，我们首先假设太阳的引力作用仍然是主导的 (这在太阳系这个地方总是大体正确的吧). 因此，所有的行星在零级近似下仍然按照开普勒规律运动. 其次，由于水星的进动十分微小，实际测量的都是很长时间内的平均值，因此我们将假定它感受到的其他行星对它的作用是一个平均的效果. 具体来说，我们将假设另一个质量是 M，距离太阳为 a 的水外行星的所有质量都均匀地分布在其轨道之上. 同时，为了简化计算，我们假定其他所有行星 (除了水星以外) 的轨道都是圆轨道并且都在同一个平面之内④. 换句话说, 我们将假定水星感受到的 (除了太阳引力之外) 实际上是一个质量均匀分布的圆环对它的引力作用.

一个等价的轨道半径为 a、总质量为 M 的均匀分布的圆环, 在其内部距离圆心为 r 的点所产生的引力势可以直接计算出来:

$$\Phi(r) = -\frac{GM}{2\pi a} \int_{-\pi}^{\pi} \frac{a\mathrm{d}\theta}{\sqrt{a^2 + r^2 - 2ar\cos\theta}}. \tag{3.29}$$

如果我们假定 $a \gg r$, 那么这个积分可以近似地积出结果:

$$\Phi(r) = -\frac{GM}{a}\left(1 + \frac{1}{4}\frac{r^2}{a^2} + \cdots\right). \tag{3.30}$$

因此除了一个常数之外我们得到的对开普勒问题中势能的偏离为

$$\delta V(r) = -\frac{GMm}{4a^3}r^2. \tag{3.31}$$

将这个表达式代入我们前面例题中的一般表达式 (3.27), 得到

$$\delta\phi = -\frac{GMm}{2a^3}\sqrt{\frac{m}{2|E|}}\frac{\partial}{\partial J}\int_{r_{\min}}^{r_{\max}} \frac{r^3\mathrm{d}r}{\sqrt{(r - r_{\min})(r_{\max} - r)}}. \tag{3.32}$$

类似地, 再令 $r = 1/u$ 之后这个积分可以化为复的 u 平面上的一个围道积分:

$$I \equiv \int_{r_{\min}}^{r_{\max}} \frac{r^3\mathrm{d}r}{\sqrt{(r - r_{\min})(r_{\max} - r)}} = \frac{1}{2}\sqrt{u_1 u_2}\oint \frac{\mathrm{d}u}{u^4\sqrt{(u - u_2)(u_1 - u)}},$$

其中 $u_1 = 1/r_{\min} \equiv 1/r_1$, $u_2 = 1/r_{\max} \equiv 1/r_2$. 现在我们可以将积分化为绕 u 复平面原点的积分 (或者等价地说, 计算其在原点的留数), 结果得到

$$I = \frac{5\pi}{16}(r_1 + r_2)^3 - \frac{3\pi}{4}(r_1 + r_2)r_1 r_2. \tag{3.33}$$

在代入前面给出的开普勒轨道的近日点和远日点表达式 $r_1 = r_{\min}$, $r_2 = r_{\max}$ 与能量、角动量等的关系后 [(3.15) 式, (3.14) 和 (3.13) 式], 经过整理我们可以计算出这个贡献:

$$\delta\phi = \frac{3\pi}{2}\sqrt{1 - e_{\zeta}^2}\left(\frac{M}{M_{\odot}}\right)\left(\frac{a_{\zeta}}{a}\right)^3, \tag{3.34}$$

④对于圆轨道近似, 原来说的九大行星中, 只有水星和冥王星的轨道比较明显地偏离圆轨道. 这两个行星的离心率分别为 0.21 和 0.25. 其余行星的离心率都小于 0.1, 因此基本上是圆轨道. 同样, 也只有水星和冥王星运行的轨道平面与地球轨道平面的夹角最大, 分别为 7° 和 17°. 考虑到冥王星已经被 "开除" 出 "大" 行星行列, 它对水星近日点的进动的影响很小, 因此我们下面的近似应当说是不错的.

其中 a 和 M 表示我们所考虑的行星的轨道半径和质量，$M_\odot$ 表示太阳的质量，$a_\text{☿}$ 和 $e_\text{☿}$ 则代表水星轨道的半长轴和离心率. 这个结果其实并不奇怪. 我们前面看到，水外行星对水星近日点进动的影响是通过比值 M/a^3 进入本问题的. 将这个比值无量纲化 (因为 $\delta\phi$ 是个无量纲的数)，我们知道结果一定正比于 $(M/M_\odot)(a_\text{☿}/a)^3$. 当然，要计算出前面的系数仅仅靠量纲分析是不够的.

现在我们可以来分析各个行星的影响了. 在表 3.1 中我们列出了有重要贡献的行星的相关数据以及按照 (3.34) 式计算出的进动值. 其余未在列的行星的贡献基本都可以忽略. 特别需要说明的是，我们这里的计算基于一个模型假设，即行星的所有质量均匀分布在其轨道之上. 这个假定对于距离水星比较近的行星 (特别是金星) 并不太适合. 这导致按照这个假定计算出的金星的数据比实际的 ($278''$/世纪) 要小. 将所有行星的贡献相加，我们发现水外行星对水星近日点进动的贡献大约在 $530''$/世纪. 相对论的修正一般比这个还要小大约一个量级. 例如，著名的广义相对论给出的修正大约为 $43''$/世纪. 我们在后面会利用狭义相对论来计算水星近日点的进动 (参见第 17 节)，结果只是广义相对论的 1/6.

表 3.1   各行星对于水星近日点进动的影响

	水星 (☿)	金星 (♀)	地球 (♁)	火星 (♂)	木星 (♃)	土星 (♄)
质量 $M/M_\text{♁}$		0.815	1	0.107	317.8	95.152
半长轴 a/AU	0.387	0.723	1	1.52	5.20	9.58
$\delta\phi$/(弧秒/世纪)		151.2	70.2	2.1	158.3	7.6

表中仅仅列出了贡献最大的几个行星. 未列的行星贡献可以忽略. 第三行列出了按照 (3.34) 式计算的进动值. 为了得到这个数值，我们还利用了地球与太阳质量之比 $M_\text{♁}/M_\odot = 3 \times 10^{-6}$ 以及水星的周期 $T_\text{☿} = 0.24$ 年. AU 即天文单位 (astronomical unit)，1 AU$\approx 1.496 \times 10^8$ km.

15   潮 汐 现 象

这一节中我们讨论一下日常生活中会遇到的潮汐现象. 我们考虑两个球形的靠万有引力束缚在一起的星体，例如地球与太阳，或者地球与月亮. 这个两体问题可以将其质心的坐标运动分出，并且取质心系 (一个惯性系)，在这个参照系中两个星体系统的质心是静止的. 我们取坐标系的原点位于质心. 为了进一步简化讨论，我们假定两个星体的运动轨道是一个正圆 (这一点对于地日系统、地月系统差不多都是成立的). 设两个星体公转的角速度为 Ω. 现在我们取另外一个相对于质心系旋转的参照系, 其旋转的角速度正好等于 Ω. 在这个参照系 (非惯性系) 中, 两个星体是相对静止的. 公转的角速度满足

$$\Omega^2 = \frac{G(m_1 + m_2)}{R^3}, \tag{3.35}$$

其中 R 代表两个星体中心的距离, m_1, m_2 为两个星体的质量.

潮汐问题主要需要处理图 3.1 中星体 1 表面有液体的情形, 液体会受两星体间引力的影响而发生形状的变化. 处理该问题最方便的方法是利用第 11 节中给出的旋转参照系中能量的表达式 (2.82). 我们将考察第一个星体表面任意一点处单位质量的能量. 为此, 我们设第一个星体的表面任意一点相对于第一个星体的中心的位置矢量为 $\boldsymbol{x}$, 那么在两个星体以 Ω 角速度公转的非惯性系中, 位于点 $\boldsymbol{x}$ 处的单位质量的势能可以写为 [设液体已经达到能量最低的稳态, 故略去 (2.82) 式中的动能 $m\boldsymbol{v}^2/2$]

$$\Phi(\boldsymbol{x}) = -\frac{Gm_1}{r} - \frac{Gm_2}{|\boldsymbol{X} - \boldsymbol{x}|} - \frac{1}{2}\Omega^2(\boldsymbol{x}_1 + \boldsymbol{x})^2. \tag{3.36}$$

上式中前两项分别是两个星体的万有引力造成的势能, 其中 $\boldsymbol{X} \equiv \boldsymbol{x}_2 - \boldsymbol{x}_1$ 就是从第一个星体中心指向第二个星体中心的位置矢量, $r = |\boldsymbol{x}|$; 第三项是非惯性系中的离心势能, 其中 $\boldsymbol{x}_1 + \boldsymbol{x}$ 是从质心指向第一个星体表面任意一点

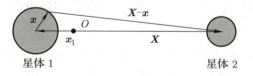

图 3.1   两个星体的潮汐问题, 公转角速度 $\boldsymbol{\Omega}$ 垂直于此平面, 质心 O 选为原点.

的位移矢量. 星体间位移矢量 $\boldsymbol{X}$ 的大小记为 $R = |\boldsymbol{X}|$. 利用这个矢量, 两个星体的位置矢量分别为

$$\boldsymbol{x}_1 = -\frac{\boldsymbol{X}m_2}{m_1 + m_2}, \quad \boldsymbol{x}_2 = \frac{\boldsymbol{X}m_1}{m_1 + m_2}. \tag{3.37}$$

现在我们假定 $R = |\boldsymbol{X}| \gg |\boldsymbol{x}|$, 于是可以将 (3.36) 式中的第二项展开:

$$\frac{1}{|\boldsymbol{X} - \boldsymbol{x}|} \approx \frac{1}{R}\left[1 + \frac{\hat{\boldsymbol{X}} \cdot \boldsymbol{x}}{R} - \frac{\boldsymbol{x}^2}{2R^2} + \frac{3}{2}\left(\frac{\hat{\boldsymbol{X}} \cdot \boldsymbol{x}}{R}\right)^2 + \cdots\right], \tag{3.38}$$

其中 $\hat{X} \equiv X/R$ 代表沿 X 方向的单位矢量. 将这个展开式代入 (3.36) 式中, 并且将 (3.37) 式代入, 经过一些计算我们得到

$$\Phi(x) = -\frac{Gm_1}{r} - \frac{Gm_2}{R} - \frac{1}{2}\Omega^2 x_1^2 - \frac{1}{2}\Omega^2 x^2 + \frac{Gm_2 x^2}{2R^3} - \frac{3}{2}\frac{Gm_2}{R}\left(\frac{\hat{X}\cdot x}{R}\right)^2.$$
(3.39)

得到这个公式的过程中, 我们还利用了关系 (3.35). 特别要提醒读者注意的是, 势能 (3.36) 的第二项和第三项进行展开时都会出现线性依赖于 $\hat{X}\cdot x/R$ 的项, 但是两者正好相消 [在利用了关系 (3.35) 后]. 因此, 最终的势能表达式中只剩下了平方项.

(3.39) 式中的前四项都不依赖于点 x 在第一个星体表面的位置 (x 的方向). 如果第一个星体表面是球体, 这些项都是恒定的. 但是, 最后一项却依赖于点 x 在球面的位置. 具体来说, 当 x 位于两个星体的连线与第一个星体表面的交点时 (也就是说矢量 x 与单位矢量 $\hat{X}$ 平行或反平行时), 这一项的贡献会取最小值 [势能 $\Phi(x)$ 最低]; 相反, 当 x 与连线方向 $\hat{X}$ 垂直时, (3.39) 式中的最后一项取最大值 (为零). 由于最后一项与前几项相比是小的, 因此, 如果不考虑最后一项的贡献, 势能在第一个星体表面的分布是均匀和各向同性的. 如果考虑到最后一项的修正, 那么势能在沿两个星体中心连线的方向会比其他方向更低一些. 因此, 如果第一个星体表面具有流动性的液体物质, 比如地球表面的海洋, 那么这些流动性的液体就会比较倾向于集中到沿两个星体中心连线的方向上去, 这就造成了潮汐. 与这一项势能相对应的力被称为引潮力. (3.39) 式告诉我们, 引潮力取决于第二个星体的质量 m_2(与之成正比) 以及它与第一个星体的距离 R(与其三次方成反比). 具体的分析表明, 太阳和月亮都会对地球上的潮汐造成影响, 但是由于月亮比较近, 因此月亮的影响反而更重要一些, 尽管它的质量远小于太阳的质量. (3.39) 式还告诉我们, 对地球上一个固定的地点来说, 由于地球的自转, 该地的引潮力一天之内会有两次 (而不是一次!) 相隔约半天时间的极大值 (x 与 $\hat{X}$ 平行或反平行). 这个当年困扰伽利略的潮汐理论的最主要的现象也获得了解释[5].

虽然液体的潮汐现象最为明显, 但实际上固体也受潮汐的影响. 这种影响

---

[5]伽利略为了推动日心说取代地心说, 提出了他的潮汐理论. 他认为潮汐是由于地球的运动造成的. 但是这无法很好解释一天之内潮汐一般会有两次高潮, 而不是一次.

在没有液体的星体表面就突显出来了. 例如, 构成月球表面的固体由于受到地球的引潮力的影响, 会使得月球正对着和背对着地球的一面的固体发生微小的突起, 这被称为固体潮. 这个效应的长期积累使得月球总是以同一面对着地球. 对地球来说, 由于我们表面有海洋, 因此这种效应仅仅造成潮汐现象, 对地球的自转的影响远没有地球对月球影响那么强烈[⑥].

16 受限三体问题与拉格朗日点

前面的讨论告诉我们, 经典引力影响下的两体问题已经完全获得解决. 系统的运动可以分解为质心的运动 (匀速直线运动) 和引力作用下星体的相对运动. 后者就是典型的开普勒问题, 其轨道可以由圆锥曲线描写. 在成功解决了两体问题后, 人们尝试求解类似的三体问题. 在经典牛顿力学的框架中, 所谓三体问题 (three-body problem), 是指任意质量的三个质点, 假定相互之间只有牛顿万有引力的相互作用, 该三体系统在任意初始条件下运动轨迹的求解问题. 这个问题实际上远比两体问题复杂, 对于一般的三体问题至今也没有完整的解析解[⑦].

一般的经典三体问题无法解析求解不意味着在一些特殊的构型下不可以求解. 下面我们就来讨论一大类非常有实际应用背景的情形, 即三个物体的质量, 分别记为 m_1, m_2 和 m, 有非常大的差别的情形, 其中两个物体的质量远大于第三个物体的质量:

$$m_1 \gg m, \quad m_2 \gg m. \tag{3.40}$$

在这种情形下, 最轻的质量所产生的引力场对于另外两个大质量物体的运动的影响完全可以忽略. 也就是说, 这个问题其实可以化简为两个大质量物体 m_1 和 m_2 的两体问题, 它们的轨道由前面讨论的开普勒问题的解给出, 而最轻的质量 m 只是在 m_1 和 m_2 所形成的固定的引力场之中运动而已. 这类问题中最典型的就是地球、月球和人造航天器之间的三体问题, 或者太阳、地

[⑥]其实也是有影响的, 只不过还不足以让地球自转被锁定罢了. 事实上, 地球也是越转越慢的. 据估算, 现在的一天比起 100 年前多了大约 1.7 ms.

[⑦]关于这一点的证明首先是数学家布伦斯 (Bruns) 和庞加莱 (Poincaré) 在 1887 年给出的.

球、人造航天器之间的三体问题. 无论是哪一类, 人造航天器的质量都比太阳、地球或月球要小很多, 因此它的存在并不会对日地或者地月的正常轨道有任何可观测的影响. 我们称这类问题为受限三体问题 (restricted three-body problem).

尽管对于 m_1 和 m_2 构成的两体系统来说, 任意的圆锥曲线的轨道都是可能的, 为了与实际更接近些, 我们还是加上两者实际上按照圆轨道运行的要求[8]. 这个假设不仅仅对于地月系统是正确的, 而且对于太阳系的各个行星与太阳构成的系统基本上也都是对的[9]. 这样我们基本上回到了上一节中讨论的情形, 即两个质量分别为 m_1 和 m_2 的星体相互之间靠万有引力吸引在圆轨道上运行, 参考图 3.1. 从上节的讨论我们知道, 选取一个与两个星体一同转动的非惯性系是方便的. 这个转动系的原点可以选择在两个星体的质心位置, 而转动的角速度由 (3.35) 式给出.

除了忽略掉质量 m 对 m_1 和 m_2 的运动的影响之外, 结合具体的情况我们还可以假设两个星体的质量也有比较大的差距. 本节中我们将约定

$$m_1 \gg m_2 \gg m. \tag{3.41}$$

注意, 这个假设虽然原则上并不是必需的, 但是它可以大大简化我们的计算过程, 而且实际的应用中往往都可以得到满足. 例如, 对于地月系统, 较小质量的月球和较大质量的地球的质量比为 $m_2/m_1 = M_{\leftmoon}/M_{\oplus} \approx 0.0123$. 对于日地系统来说, $m_2/m_1 = M_{\oplus}/M_{\odot} \approx 3.0 \times 10^{-6}$. 即便是对于质量最重的木星而言, 它与太阳的质量比也是非常小的一个数值: $m_2/m_1 = M_{\jupiter}/M_{\odot} \approx 10^{-3}$. 因此, 对于任何有实际应用的太阳系中的受限三体系统而言, 我们都可以令

$$\varepsilon = \frac{m_2}{m_1} \ll 1 \tag{3.42}$$

是一个小量, 这将极大地简化我们的计算. 本节将对这类特殊的三体问题做一个简要的介绍. 希望了解进一步细节的读者可以参考专门的书籍[10].

---

[8]无论是地球绕太阳的轨道, 还是月球绕地球的轨道都非常接近于圆轨道.

[9]除了水星之外, 其他行星的轨道都非常接近于圆轨道.

[10]可以参考马斯登 (Marsden) 等人的专著: Koon W S, Lo M W, Marsden J E, and Ross S D. Dynamical Systems, the Three-Body Problem and Space Mission Design. Springer, 2017.

16.1 拉格朗日点

选取两个星体的质心为坐标原点并假定两个星体的运动在 x-y 平面内. 现在我们转换到与两个星体一起均匀旋转的非惯性系之中. 为了简化讨论, 我们选择两个星体的连线为 x 轴, 第一、第二个星体的坐标分别为 $\boldsymbol{x}_1 = (r_1, 0, 0)$, $\boldsymbol{x}_2 = (-r_2, 0, 0)$, 显然,

$$r_1 = \frac{m_2}{m_1 + m_2} R, \quad r_2 = \frac{m_1}{m_1 + m_2} R,$$

其中 R 是两个星体之间的距离. 对于这个特殊的问题选取一个合适的单位制是方便的. 我们首先选取长度单位, 使得 $R = 1$. 换句话说, 所有的长度量都按照 R 来度量[①]. 我们同时还可以选择时间的度量单位, 使得公转角速度 $\Omega = 2\pi$[②]. 这样一来, 上面的 r_1 和 r_2 都变成了无量纲的量, 它们仅仅依赖于两个星体的质量比:

$$r_1 = \frac{m_2}{m_1 + m_2}, \quad r_2 = \frac{m_1}{m_1 + m_2}, \tag{3.43}$$

而 m_1 和 m_2 星体的公转角速度的关系 (3.35) 则变为

$$\Omega^2 = \frac{G(m_1 + m_2)}{R^3} = G(m_1 + m_2) = 4\pi^2. \tag{3.44}$$

由于考虑的是受两个星体引力影响的另一个质量为 m 的质点的运动, 我们可以方便地将该质点的质量取为质量单位, 即 $m = 1$. 这样一来我们就有了所有的力学单位设定. 下面出现的所有力学量都变为无量纲的了, 在需要恢复量纲的时候我们只需要将任何无量纲物理量乘以相应的量纲即可.

我们将进一步假定可以仅仅考虑该质点在如图 3.1 所示的两个星体的轨道平面内运动[③]. 记质点的坐标为 $\boldsymbol{x} = (x, y)$. 按照我们前面所讲的第 11 节的 (2.79) 式, 在旋转参照系中质点 m 的拉格朗日量应当写为 (其中已经设 $m = 1$)

$$\begin{aligned} L &= \frac{1}{2}\dot{\boldsymbol{x}}^2 + \dot{\boldsymbol{x}} \cdot (\boldsymbol{\Omega} \times \boldsymbol{x}) + \frac{1}{2}(\boldsymbol{\Omega} \times \boldsymbol{x})^2 - V(\boldsymbol{x}) \\ &= \frac{1}{2}\dot{\boldsymbol{x}}^2 + \dot{\boldsymbol{x}} \cdot (\boldsymbol{\Omega} \times \boldsymbol{x}) - V_{\text{eff}}(\boldsymbol{x}), \end{aligned} \tag{3.45}$$

[①]具体来说, 对于日地系而言, 这就是所谓的天文单位.

[②]对于日地系而言, 这就是以年为时间单位.

[③]这可以大大简化下面的讨论. 关于更加复杂的三维运动的讨论, 有兴趣的读者可以参考前面页下注 ⑩ 中引过的马斯登等人的专著.

其中 $V(\boldsymbol{x})$ 是质点感受到的来自两个星体的引力势能，$\boldsymbol{\Omega} = \Omega\hat{\boldsymbol{z}}$ 是随两个星体一同旋转的非惯性系公转角速度. 同时我们还定义了有效势能

$$V_{\text{eff}}(\boldsymbol{x}) = -\frac{1}{2}(\boldsymbol{\Omega} \times \boldsymbol{x})^2 + V(\boldsymbol{x}), \tag{3.46}$$

其中第一项是离心势能，第二项是引力势能. 粒子的拉格朗日运动方程可以从其拉格朗日函数 (3.45) 获得：

$$\ddot{\boldsymbol{x}} + 2\boldsymbol{\Omega} \times \dot{\boldsymbol{x}} = -\frac{\partial V_{\text{eff}}(\boldsymbol{x})}{\partial \boldsymbol{x}}, \tag{3.47}$$

其中 $2\boldsymbol{\Omega} \times \dot{\boldsymbol{x}}$ 的项是科里奥利力的贡献，$\partial V_{\text{eff}}(\boldsymbol{x})/\partial \boldsymbol{x}$ 的项则体现了有效势的贡献，它又包含惯性离心力和两个星体对质点的引力之和. 在有效势能的极值点处，$\partial V_{\text{eff}}(\boldsymbol{x})/\partial \boldsymbol{x} = 0$，因此，如果一个质点在某个时刻恰好静止于这些极值点处，那么它将永远停留在那里，因为在这些点处惯性离心力和引力刚好平衡相消，如果粒子初始没有速度，也不存在科里奥利力. 这些使得有效势能 $V_{\text{eff}}(\boldsymbol{x})$ 取极值的点被统称为拉格朗日点. 我们下面会更仔细地考察这些点.

将有效势能 (3.46) 用坐标 (x, y) 具体写出来，为

$$V_{\text{eff}}(x, y) = -\frac{1}{2}\Omega^2(x^2 + y^2) - \frac{Gm_1}{[(x - r_1)^2 + y^2]^{1/2}} - \frac{Gm_2}{[(x + r_2)^2 + y^2]^{1/2}}. \tag{3.48}$$

下面我们寻找有效势能 $V_{\text{eff}}(\boldsymbol{x})$ 的极值点，即拉格朗日点 $\boldsymbol{x}_L = (x_L, y_L)$ 所满足的方程. 对上面的有效势能求导数并令其为零，得到

$$\begin{aligned}
\Omega^2 x_L &= \frac{Gm_1(x_L - r_1)}{[(x_L - r_1)^2 + y_L^2]^{3/2}} + \frac{Gm_2(x_L + r_2)}{[(x_L + r_2)^2 + y_L^2]^{3/2}}, \\
\Omega^2 y_L &= \frac{Gm_1 y_L}{[(x_L - r_1)^2 + y_L^2]^{3/2}} + \frac{Gm_2 y_L}{[(x_L + r_2)^2 + y_L^2]^{3/2}}.
\end{aligned} \tag{3.49}$$

我们看到拉格朗日点大致可以分为两类：一类是位于两个星体连线 (即 x 轴) 上的，满足 $y_L = 0$；另一类则是不在两星体连线上的，即 $y_L \neq 0$.

首先看 $y_L = 0$ 的拉格朗日点. 这时候极值方程 (3.49) 的第二个方程自动得到满足. 第一个方程在令 $y_L = 0$ 后化简为

$$x_L = \left(\frac{Gm_1}{\Omega^2}\right) \frac{(x_L - r_1)}{|x_L - r_1|^3} + \left(\frac{Gm_2}{\Omega^2}\right) \frac{(x_L + r_2)}{|x_L + r_2|^3}. \tag{3.50}$$

现在注意到

$$\frac{Gm_1}{\Omega^2} = \frac{m_1}{m_1 + m_2} = r_2, \qquad \frac{Gm_2}{\Omega^2} = \frac{m_2}{m_1 + m_2} = r_1,$$

其中利用了 (3.43) 和 (3.44) 式. 如果我们定义一个函数

$$f(x) = r_2 \frac{(x - r_1)}{|x - r_1|^3} + r_1 \frac{(x + r_2)}{|x + r_2|^3}, \tag{3.51}$$

那么满足 $y_L = 0$ 的拉格朗日点满足的方程可以由下列非线性方程给出[14]：

$$x_L = f(x_L). \tag{3.52}$$

很容易验明函数 $f(x)$ 满足如下的性质：

$$f(-r_2 + 0^+) = +\infty, \quad f(+r_1 + 0^+) = +\infty,$$
$$f(-r_2 - 0^+) = -\infty, \quad f(+r_1 - 0^+) = -\infty, \tag{3.53}$$
$$f(\pm\infty) = 0,$$

而且它是关于 x 的减函数. 因此当求解 (3.52) 时，一定存在三个实数解：一个位于 $(-\infty, -r_2)$，一个位于 $(-r_2, +r_1)$，还有一个位于 $(+r_1, +\infty)$. 也就是说位于两个星体连线上的拉格朗日点共有三个，一个位于左边星体的左边，一个位于两个星体之间，一个位于右边星体的右边. 按照通常的约定，L_1 是位于两个星体之间的那个拉格朗日点，L_2 是在较小质量星体外侧的拉格朗日点，L_3 则是较大质量天体外侧的拉格朗日点.

在 $\varepsilon = m_2/m_1 \to 0$ 的极限下，我们可以近似地来求解前面给出的五次方程 (3.52). 这个时候对 r_1 和 r_2 有如下的展开：

$$r_1 = \frac{\varepsilon}{1 + \varepsilon} = \varepsilon - \varepsilon^2 + \cdots,$$
$$r_2 = \frac{1}{1 + \varepsilon} = 1 - \varepsilon + \varepsilon^2 - \cdots. \tag{3.54}$$

我们可以将相应的解表达为 ε 的级数. 事实上，对于 L_1 和 L_2 来说，它们满足的方程可以写为

$$x_L = -\frac{r_2}{(x_L - r_1)^2} \pm \frac{r_1}{(x_L + r_2)^2}, \tag{3.55}$$

其中 $+/-$ 分别对应于 $L_{1,2}$. 在零级近似下，$r_1 = 0$，$r_2 = 1$，这时候显然解为

$$x_L^{(0)} = -1. \tag{3.56}$$

[14]实际上这是一个关于 x_L 的 5 次方程. 它一定有三个实数根和一对互为复共轭的复根.

这是完全符合预期的，也就是说第一和第二拉格朗日点 L_1 和 L_2 在零级近似下都位于小星体 m_2 的位置 [即 $\boldsymbol{x}_2 = (-1, 0, 0)$]. 因为如果忽略小星体的质量，则质心位置基本与大星体位置重合，这点我们取为原点，小星体位于绕大星体距离为 1(在我们的特定的单位制中) 的圆轨道上. 现在我们将 ε 很小但不等于零时的完整解表达为

$$x_L = x_L^{(0)} + \delta x_L, \tag{3.57}$$

其中 δx_L 在 $\varepsilon \to 0$ 时也趋于零. 我们将假设对于小的 ε 来说，

$$\delta x_L \approx \varepsilon^\alpha, \tag{3.58}$$

其中 $\alpha > 0$ 是一个待定参数. 将这些假设代入 (3.55) 式并且只取领头阶的贡献，我们发现 $\alpha = 1/3$，而相应的 δx_L 为

$$\delta x_L = \pm \left(\frac{\varepsilon}{3}\right)^{1/3} \equiv \pm r_{\mathrm{H}}, \tag{3.59}$$

其中 $\pm$ 分别对应于 L_1 和 L_2. 也就是说第一和第二拉格朗日点 L_1 和 L_2 分别位于小质量星体的两侧大约相等的距离，该距离正比于质量比 ε 的 1/3 次幂.

如果恢复大小星体之间距离 R 的量纲，上面公式中出现的常数

$$r_{\mathrm{H}} = R\left(\frac{\varepsilon}{3}\right)^{1/3} = R\left(\frac{m_2}{3m_1}\right)^{1/3} \tag{3.60}$$

称为两个星体系统的希尔半径 (Hill radius). 由于我们都生活在太阳系之中，因此太阳的存在被认为是缺省设置，常常被默认为是大质量物体 m_1. 在这种情形下，我们又直接称 r_{H} 为小质量星体 m_2 的希尔半径. 以小质量星体的中心为原点，其希尔半径为半径的球体称为该小质量星体的希尔球 (Hill sphere). 粗略来说，希尔球刻画了太阳系中一个行星周围单独受其影响的引力作用范围. 也就是说在一个行星的希尔半径范围内，我们可以假设一个质点仅仅受这个行星的引力影响而不会受到太阳或者其他行星的引力影响. 以地球为例，它 (与太阳一起构成的双星系统) 的希尔半径大约是 0.01 AU. 这意味着在地球的希尔球体内的物体都将主要受到地球引力的影响. 月球距离地球的距离大约为 38 万千米，或者说 $0.00257\,\mathrm{AU} \approx 0.257 r_{\mathrm{H}}$，这远小于地球的希尔半径. 正因为如此，我们可以将月球视为地球的一个卫星，而不是另一颗绕太阳运行的小一些的行星.

　　由于所有行星的质量都远小于太阳，因此所有行星的希尔半径都远小于它到太阳的距离，以我们上面取的单位制来说，这意味着 $r_H \ll 1$. 到非平庸的第一阶，我们可以明确地写出 L_1，L_2 和 L_3 的位置如下：

$$x_{L_{1,2}} = -1 \pm r_H, \quad x_{L_3} \approx 1 + \frac{5}{12}\varepsilon. \tag{3.61}$$

对日地系统而言，$\varepsilon \approx 3.0 \times 10^{-6}$，因此 L_1 和 L_2 位于距离地球约 0.01 AU 的地方. 另外一个共线的拉格朗日点 L_3 基本上位于公转轨道上与地球隔着太阳相对的地方 (也就是地球半年之后或者半年之前所在的地方).

　　下面再考虑 $y_L \neq 0$ 的拉格朗日点. 方程 (3.49) 的第二个方程中可以两边消去一个 y_L 的因子. 由于剩下的方程的对称性，对任何的解 y_L 来说，$\pm y_L$ 都是解. 然后将第二个方程乘以 x_L 并与第一个方程相减就得到

$$\begin{aligned}
0 &= \frac{-r_1 r_2}{[(x_L - r_1)^2 + y_L^2]^{3/2}} + \frac{r_1 r_2}{[(x_L + r_2)^2 + y_L^2]^{3/2}}, \\
1 &= \frac{r_2}{[(x_L - r_1)^2 + y_L^2]^{3/2}} + \frac{r_1}{[(x_L + r_2)^2 + y_L^2]^{3/2}}.
\end{aligned} \tag{3.62}$$

这是关于分母上两个根号的线性方程组. 对其求解，我们发现 (x_L, y_L) 必定满足

$$\begin{aligned}
(x_L - r_1)^2 + y_L^2 &= 1, \\
(x_L + r_2)^2 + y_L^2 &= 1.
\end{aligned} \tag{3.63}$$

也就是说，这两个解的点与 m_1 和 m_2 所在的位置恰好构成等边三角形. 因此这是两个关于 x 轴对称的拉格朗日点，一般记为 L_4 和 L_5. 具体来说，如果考虑质量较小的星体绕质量较大的星体旋转，相位上大约领先较小星体 $60°$ 的拉格朗日点称为 L_4，另一个相位落后于较小星体大约 $60°$ 的则称为 L_5.

　　总结来看，对于两个相互做匀速圆周运动的星体而言，它们的轨道平面内一共存在五个拉格朗日点：三个位于两个星体的连线上 (说得更具体些，一个位于两者连线的内侧，另外两个则在两侧)；另外两个位于轨道平面内与两星体成等边三角形的对称位置上. 历史上拉格朗日点 L_1，L_2 和 L_3 首先是由欧拉发现的 (1765 年)，随后拉格朗日发现了 L_4 和 L_5 的存在 (1772 年). 不过现在它们都统称为拉格朗日点. L_1，L_2 和 L_3 由于位于两个星体的连线之上，因此又被称为共线的 (colinear) 拉格朗日点. L_4 和 L_5 则被称为不共线的拉格朗日点，又称为等边的 (equilateral) 拉格朗日点，因为它们与两个星体恰好构成等边三角形. 日地系统的五个拉格朗日点显示在图 3.2 之中.

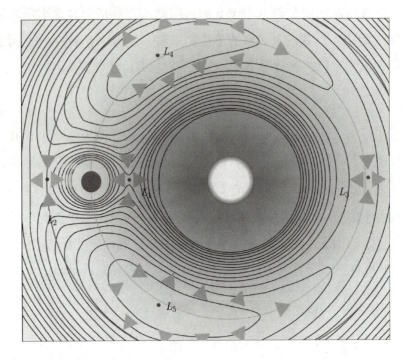

图 3.2　　日地系统中的五个拉格朗日点的示意图 (比例并不正确). 图中还显示了有效势能 $V_{\text{eff}}(\boldsymbol{x})$ 的等高线.

16.2　拉格朗日点附近的有效势能

　　上面讨论的五个拉格朗日点处都是系统有效势能 $V_{\text{eff}}(\boldsymbol{x})$ 的极值点. 在这些点处一个质量为 m 的质点感受到的有效力为零. 下面我们讨论这些点附近的运动的稳定性问题. 也就是说, 如果所考虑的质点 m 偏离这些拉格朗日点很小的位移, 该质点是会在其附近振荡还是会漂移走. 这个问题实际上是一个多自由度系统的小振动问题. 虽然通常的多自由度系统的小振动问题我们会在下一章才涉及 (具体说是第 20 节), 不过这里还是可以简单介绍一下其梗概, 以及一个质点在拉格朗日点附近运动与我们在第 20 节中将要系统讨论的, 一个通常的多自由度系统在其平衡位置附近小振动的异同.

　　对于一般的一个惯性系中的多自由度系统来说, 如果系统的拉格朗日量就是其动能减去势能, 那么在其势能的极值点处系统所受的广义力为零. 一般来说, 如果该极值点是一个极小值点, 也就是说其广义坐标偏离该点的任意无穷小位移都会使得势能上升, 那么一般来说系统会在该点附近按照一定的频率做小振动. 但是如果该极值点是一个鞍点, 即沿某些方向是极小, 沿另外一些方向是极大, 那么系统的运动一般会越来越偏离该平衡位置. 换句话说, 只有对应于势能极小值点的平衡点才是稳定的, 其他的情况一般都是不稳定的. 拉格朗日点附近的运动最大的不同在于, 除了有效的势能之外, 非惯性系的科里奥利力也会起作用. 我们将会看到, 恰恰由于有依赖于速度的科里奥利力的存在, 使得非惯性系中看似不稳定的点, 即势能 $V_{\text{eff}}(\boldsymbol{x})$ 的极大值点也可以是稳定的.

我们需要的是将有效势能 $V_{\text{eff}}(\boldsymbol{x})$ 在其极值点 $\boldsymbol{x}_L = (x_L, y_L)$ 附近展开到二阶. 首先我们需要其在任意一点的一阶导数:

$$
\begin{aligned}
\frac{1}{4\pi^2}\partial_x V_{\text{eff}} &= -x + \frac{r_2(x-r_1)}{[(x-r_1)^2+y^2]^{3/2}} + \frac{r_1(x+r_2)}{[(x+r_2)^2+y^2]^{3/2}}, \\
\frac{1}{4\pi^2}\partial_y V_{\text{eff}} &= -y + \frac{r_2 y}{[(x-r_1)^2+y^2]^{3/2}} + \frac{r_1 y}{[(x+r_2)^2+y^2]^{3/2}}.
\end{aligned}
\tag{3.64}
$$

如果令 $\partial_x V_{\text{eff}} = \partial_y V_{\text{eff}} = 0$, (3.64) 式就回到了拉格朗日点所满足的方程 (3.49). 我们现在需要的是对上述公式再次求导以获得其二阶导数 (矩阵). 对于混合偏微商, 结果是

$$
\frac{1}{4\pi^2}\partial_x\partial_y V_{\text{eff}} = -\frac{3r_2(x-r_1)y}{[(x-r_1)^2+y^2]^{5/2}} - \frac{3r_1(x+r_2)y}{[(x+r_2)^2+y^2]^{5/2}}.
\tag{3.65}
$$

类似地, 相应的二阶偏微商为

$$
\begin{aligned}
\frac{1}{4\pi^2}\partial_x^2 V_{\text{eff}} &= -1 + \frac{r_2[y^2-2(x-r_1)^2]}{[(x-r_1)^2+y^2]^{5/2}} + \frac{r_1[y^2-2(x+r_2)^2]}{[(x+r_2)^2+y^2]^{5/2}}, \\
\frac{1}{4\pi^2}\partial_y^2 V_{\text{eff}} &= -1 + \frac{r_2[(x-r_1)^2-2y^2]}{[(x-r_1)^2+y^2]^{5/2}} + \frac{r_1[(x+r_2)^2-2y^2]}{[(x+r_2)^2+y^2]^{5/2}}.
\end{aligned}
\tag{3.66}
$$

现在我们要根据上述二阶微商判定各个拉格朗日点是否稳定. 我们下面会发现, 三个共线的与两个不共线的拉格朗日点是有差别的, 需要分开讨论.

对于共线的三个拉格朗日点来说, 我们可以将 $y_L = 0$ 代入, 而 x_L 则需要满足方程 (3.52). 首先我们看到, 对三个共线的拉格朗日点来说, 其有效势能的二阶导数矩阵必定为对角的, 其中 x 方向的对角元为

$$
\frac{1}{4\pi^2}\partial_x^2 V_{\text{eff}} = -1 - \frac{2r_2}{|x_L-r_1|^3} - \frac{2r_1}{|x_L+r_2|^3} \equiv -\frac{\Omega_x^2}{4\pi^2} < 0,
\tag{3.67}
$$

必定是负的. 这意味着对于 x_L 在 x 方向的微小改变而言, 三个共线的拉格朗日点都是有效势能的极大值. 考察对于 y 方向的二阶偏微商, 我们发现

$$\frac{1}{4\pi^2}\partial_y^2 V_{\text{eff}} = -1 + \frac{r_2}{|x_L - r_1|^3} + \frac{r_1}{|x_L + r_2|^3} \equiv +\frac{\Omega_y^2}{4\pi^2}, \tag{3.68}$$

其正负需要利用 x_L 所满足的方程 (3.52) 来判断. (3.68) 式告诉我们,

$$\left[-1 + \frac{r_2}{|x_L - r_1|^3} + \frac{r_1}{|x_L + r_2|^3} \right] = \left(\frac{r_1 r_2}{x_L} \right)\left[\frac{1}{|x_L - r_1|^3} - \frac{1}{|x_L - r_2|^3} \right]. \tag{3.69}$$

可以证明, (3.69) 式的右边对于 L_1, L_2 或者 L_3 来说都是正的. 因此对于 x_L 在 y 方向的微小改变而言, 三个共线的拉格朗日点都对应有效势能的极小值. 因此, L_1, L_2, L_3 实际上都对应于有效势能鞍点的情形 (见图 3.2 中的箭头).

如果运用小 ε 近似, 我们可以对上述二阶导数的具体数值给出一个估计. 仍然是对于三个共线的拉格朗日点来说, 利用前面得到的估计,

$$x_{L_{1,2}} = -1 \pm r_{\text{H}}, \quad x_{L_3} = 1 + \frac{5}{12}\varepsilon. \tag{3.70}$$

我们可以得到如下的拉格朗日点附近二阶微分的估计:

$$\begin{aligned} &\left(\Omega_x^2\right)_{L_{1,2}} = 36\pi^2\left(1 \pm \frac{2}{3}r_{\text{H}}\right), \quad \left(\Omega_x^2\right)_{L_3} = 12\pi^2\left(1 + \frac{7}{12}\varepsilon\right); \\ &\left(\Omega_y^2\right)_{L_{1,2}} = 12\pi^2(1 \pm r_{\text{H}}), \quad \left(\Omega_y^2\right)_{L_3} = \frac{7\pi^2}{2}\varepsilon. \end{aligned} \tag{3.71}$$

对于两个不共线的拉格朗日点 L_4 和 L_5 来说, 其二阶导数矩阵并不是对角的. 我们需要不共线的拉格朗日点的坐标 (x_L, y_L):

$$x_L - r_1 = -\frac{1}{2}, \quad x_L + r_2 = \frac{1}{2}, \quad y_L = \pm\frac{\sqrt{3}}{2}. \tag{3.72}$$

于是位于拉格朗日点 L_4 和 L_5 处的二阶导数矩阵可以写为

$$\begin{bmatrix} \partial_x^2 V_{\text{eff}} & \partial_x\partial_y V_{\text{eff}} \\ \partial_x\partial_y V_{\text{eff}} & \partial_y^2 V_{\text{eff}} \end{bmatrix}\Bigg|_{x_L} = -3\pi^2 \begin{bmatrix} 1 & \pm\sqrt{3}\lambda \\ \pm\sqrt{3}\lambda & 3 \end{bmatrix}, \tag{3.73}$$

其中 $\pm$ 分别对应 L_4 和 L_5, 而

$$\lambda = \frac{m_1 - m_2}{m_1 + m_2} = \frac{1 - \varepsilon}{1 + \varepsilon} \tag{3.74}$$

是一个绝对值小于 1 的参数. 因此 (3.73) 式中的矩阵实际上是负定的, 也就是说不共线的两个拉格朗日点对于任何的偏离来说都对应于有效势能的极大值而不是极小值.

因此，如果我们令

$$x = x_L + X, \tag{3.75}$$

其中 x_L 是某个拉格朗日点的位移矢量，X 则是偏离拉格朗日点的位移，并要求 $|X| \ll |x_L|$，则在这些拉格朗日点附近有

$$V_{\text{eff}}(x) = V_{\text{eff}}(x_L) + \delta V_{\text{eff}}, \tag{3.76}$$

其中偏离拉格朗日点的有效势能的修正与二阶微分矩阵 [(3.73) 式] 有关：

$$
\begin{aligned}
\delta V_{\text{eff}} &= +\frac{1}{2} X^{\mathrm{T}} \cdot \begin{pmatrix} -\Omega_x^2 & 0 \\ 0 & +\Omega_y^2 \end{pmatrix} \cdot X, \\
\delta V_{\text{eff}} &= -\frac{3\pi^2}{2} X^{\mathrm{T}} \cdot \begin{pmatrix} 1 & \sqrt{3}\lambda \\ \sqrt{3}\lambda & 3 \end{pmatrix} \cdot X.
\end{aligned}
\tag{3.77}
$$

上式中前一个式子适用于三个共线的拉格朗日点 (L_1，L_2 和 L_3)，而后一个式子则适用于不共线的 L_4 和 L_5 [L_4 和 L_5 的区别是 $\lambda \leftrightarrow (-\lambda)$，但这不影响本征频率，见 (3.84) 式]. 这里的 Ω_x^2 和 Ω_y^2 都是正实数并且由 (3.71) 式给出.

16.3 拉格朗日点附近的运动模式

本小节中我们将讨论拉格朗日点附近质点的运动模式，这又将分为三个共线的拉格朗日点和两个不共线的拉格朗日点来分别进行处理.

在三个共线的拉格朗日点附近的运动方程可以写为

$$\ddot{X} + 4\pi\hat{z} \times \dot{X} + \begin{pmatrix} -\Omega_x^2 & 0 \\ 0 & +\Omega_y^2 \end{pmatrix} \cdot X = 0, \tag{3.78}$$

其中我们已经代入了 $\Omega = 2\pi\hat{z}$. 现在我们可以假定如下的尝试解

$$X(t) = V e^{\nu t}, \tag{3.79}$$

其中 V 是一个常矢量，ν 是待定的本征值，有

$$\begin{pmatrix} \nu^2 - \Omega_x^2 & 4\pi\nu \\ -4\pi\nu & \nu^2 + \Omega_y^2 \end{pmatrix} \cdot V = 0.$$

要求 V 有非零解，则上面矩阵的行列式必须为零，这给出

$$(\nu^2 - \Omega_x^2)(\nu^2 + \Omega_y^2) + 16\pi^2\nu^2 = 0, \tag{3.80}$$

或者等价地写为

$$(\nu^2)^2 + (\Omega_y^2 - \Omega_x^2 + 16\pi^2)\nu^2 - \Omega_x^2\Omega_y^2 = 0. \qquad (3.81)$$

这意味着我们可以解出 ν^2, 它一定是实的, 并且一定是一个正实数根, 一个负实数根, 因为两个根的乘积是小于零的. 如果取小质量星体的质量趋于零的极限, 即 $\varepsilon \to 0$, 那么这两个频率的平方的解为

$$\nu^2 \approx 4\pi^2(1 \pm \sqrt{28}). \qquad (3.82)$$

小于零的根会给出纯虚的指数因子, 因此是一个振荡解, 但是大于零的根会给出随时间指数增加的 (以及随时间指数衰减的) 解. 由于一般来说很难控制质点的初始条件使得它仅仅包含振荡的解, 因此质点的运动一般来说是不稳定的.

　　上面的讨论仅仅局限于质点在轨道平面内的运动. 事实上, 要更为全面地理解在三个共线的拉格朗日点附近的质点的运动, 需要将其垂直于轨道平面的运动也考虑进来. 在 1968 年的博士论文中, 美国人法夸尔 (Farquhar) 首先考虑了地月系 L_2 点附近的所谓晕轨道 (halo orbit)[15]. 这是一个在 L_2 点附近的三维周期轨道. 当时美国正在进行阿波罗登月计划, 法夸尔的研究是希望利用地月的 L_2 点来进行远程通信, 因为这个点可以同时连接地球和月球的背面, 这可以作为后续在月球背面着陆的先期准备. 不过这个计划后来并没有真正实施, 美国也没有再推进诸如在月球背面登月的计划. 2019 年初, 中国的嫦娥四号探测器利用类似的设计在月球背面成功着陆.

　　与晕轨道类似的另一类三维的轨道称为李萨如轨道 (Lissajous orbit). 与晕轨道不同的是, 这类轨道并不是严格周期的, 而只是准周期的. 该轨道在两个星体轨道平面内的投影按照所谓的李萨如图形进行, 因此得名. 总体来说, 在共线的拉格朗日点 L_2 附近, 一般需要飞行器进行少许轨道位置调整 (orbital station-keeping). 这类轨道已经多次运用在日地的拉格朗日点 L_2 附近. 最为著名的是欧洲航天局发射的 Planck 卫星. 其主要任务是探测宇宙微波背景辐射 (cosmic microwave background, CMB) 的各向异性. CMB 可以看成宇宙早期的一张照片, 为我们了解宇宙的起源提供了重要的信息.

---

[15]法夸尔后来成为美国宇航局 (NASA) 著名的任务设计师, 参与了多项空间探索计划.

总体来说，三个共线的拉格朗日点并不是稳定的，但是在它们的附近人造的星体只需要较小的能量消耗就可以回复到平衡点的附近. 同时，由于这些拉格朗日点距离地球比较近 (相较于不共线的两个拉格朗日点 L_4 和 L_5 而言)，因此也被广泛地运用在空间探索上. 例如我国的探月工程就运用了地月系统的拉格朗日点 L_2. 有关世界上各个国家正在开展或者拟开展的计划的信息，读者可以通过网络来了解.

在两个不共线的拉格朗日点 L_4 和 L_5 附近，质点的运动方程可以表达为

$$\ddot{\boldsymbol{X}} + 2\boldsymbol{\Omega} \times \dot{\boldsymbol{X}} - 3\pi^2 \begin{bmatrix} 1 & \sqrt{3}\lambda \\ \sqrt{3}\lambda & 3 \end{bmatrix} \cdot \boldsymbol{X} = 0. \tag{3.83}$$

我们假定解具有指数形式：$\boldsymbol{X}(t) = \boldsymbol{V}\mathrm{e}^{\kappa(2\pi t)}$，发现 κ 满足

$$\kappa^4 + \kappa^2 + \frac{27}{16}(1-\lambda^2) = 0. \tag{3.84}$$

对于多数有实际应用的系统来说，λ 的数值非常接近于 1. 例如对于地月系统，有

$$1 - \lambda^2 = \frac{4m_1 m_2}{(m_1 + m_2)^2} \approx 4\varepsilon \approx 0.04908.$$

设其为小量，于是 κ^2 的两个解为

$$\kappa_+^2 = -\frac{27}{4}\varepsilon, \quad \kappa_-^2 = -1 + \frac{27}{4}\varepsilon. \tag{3.85}$$

这两个解都是小于零的实数，因此，相应的 κ 都是纯虚的，这说明 $\boldsymbol{X}(t)$ 存在振荡的解，对地月系统而言，其振荡的频率分别为 Ω 和 0.288Ω，并没有趋于无穷的解. 换句话说，这时的拉格朗日点 L_4 和 L_5 竟然对小的扰动是稳定的. 这是一个相当奇特的结果. 我们看到，尽管拉格朗日点 L_4 和 L_5 是有效势能的极大值点，但是由于科里奥利力的作用，它们确实对于小的扰动是稳定的. 这一点也可以从运动方程 (3.83) 中看出. 如果仅仅有第三项 (来源于有效势能对坐标的梯度)，方程的解显然是不稳定的. 但是第二项科里奥利力的存在使得最后的解是稳定的.

拉格朗日点 L_4 和 L_5 对于小的扰动稳定的特性使得它们的附近有可能出现大量的小行星. 由于太阳系之中木星是最大质量的行星，因此在太阳–木星的轨道平面的拉格朗日点 L_4 和 L_5 处就聚集了数目众多的小行星. 这些小

行星在日木旋转参照系中的运动基本上是稳定的, 其振荡的圆频率可以由上面的估计给出. 两类圆频率分别为 Ω 和 0.08Ω, 这里 Ω 是木星绕太阳的圆频率[⑯]. 这些小行星一般通称为特洛伊星体 (Trojan). 具体到太阳和木星的系统来说, 相位领先于木星且位于拉格朗日点 L_4 附近的小行星被称为 (特洛伊星体的) 希腊阵营 (Greek camp); 相位落后于木星且位于拉格朗日点 L_5 附近的特洛伊星体则被称为特洛伊阵营 (Trojan camp). 相应地, 这两个阵营中的小行星也分别按照各自的阵营中参与了当年特洛伊战争的英雄的名字来命名: 例如希腊营中的阿喀琉斯 (588 Achilles) 以及特洛伊营中的帕里斯 (3317 Paris) 等等. 具体的构型参见图 3.3. 目前为止, 两个阵营中都发现了数千个小行星, 其总数与太阳系中位于火星和木星之间的所谓小行星带 (asteroid belt) 中的小行星数目相当. 一般认为, 在这两个拉格朗日点附近直径超过 1 km 的小行星会超过 1 百万颗. 不仅木星拥有特洛伊星体, 其他的行星 (包括地球) 也拥有自己的特洛伊星体, 只不过数目远没有木星那么夸张罢了.

为什么木星的拉格朗日点附近有这么多小行星而其他行星没有呢? 这也可以从前面的估计中看出来: 其中一个圆频率约等于相应系统的圆频率 Ω, 另一个圆频率为 $\sqrt{27\varepsilon/4}\,\Omega$, 而 ε 是行星与太阳的质量比. 我们看到, 如果 $\varepsilon \to 0$, 那么其中一个圆频率趋于零. 这意味着如果拉格朗日点附近有小星体, 它很可能会有零频的分量, 从而使得该星体漂移走. 木星由于质量比较大, 因此在太阳系中具有最大的 ε 数值, 上述较小的频率仍然达到 0.08Ω. 这就是木星的拉格朗日点附近聚集了最多的小行星的一个重要原因.

围绕着木星的三个拉格朗日点 L_3, L_5 和 L_4 还存在着另外一类小型星体, 这些小型星体围绕太阳运行的轨道的周期是木星的 $2/3$, 轨道的离心率也较大, 可以达到 0.3 左右. 由于其半长轴一般在 $3.7 \sim 4.2$ AU 左右, 因此在近日点可以达到 2.7 AU 左右. 这时候也是地球上观察它们的好时机. 它们的远日点会依次经过木星的三个拉格朗日点 L_3, L_5 和 L_4. 这类小行星一般统称为希尔妲家族 (Hilda family), 或者希尔妲小行星[⑰]. 这个家族也包含了几千颗小行星体. 图 3.3 中也显示了希尔妲家族的一系列小行星 (木星轨道和

[⑯]其中我们运用了木星与太阳的质量比 $M_{\text{木}}/M_{\odot} \approx 1/1047$.

[⑰]命名自其中的一颗小行星 153 Hilda. 这颗小行星是奥地利著名天文学家奥波尔策 (Oppolzer) 用自己女儿的名字来命名的.

小行星带之间, 三个拉格朗日点附近相对稀疏的小行星团体). 不过更为形象

需要注意的是, 在太阳参照系来看, 所有的星体都在围绕太阳做开普勒运动,

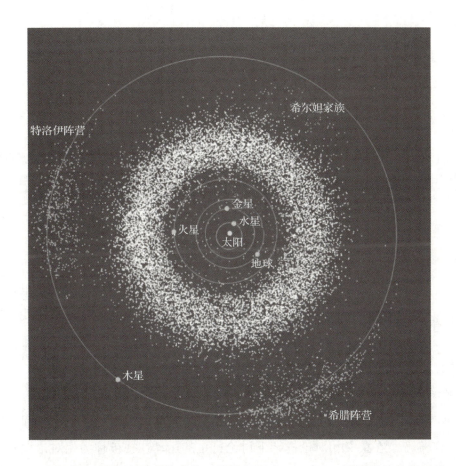

图 3.3 太阳系中太阳-木星系统中位于拉格朗日点 L_4 和 L_5 附近的特洛伊星体 (包括特洛伊阵营和希腊阵营) 示意图.

包括我们前面提到的特洛伊小行星以及希尔妲小行星. 只不过在木星保持不动的参照系看来, 特洛伊小行星只是在 L_4 或 L_5 拉格朗日点附近做往复的小振动, 而希尔妲星体则是沿着一个相当规则但有些复杂的曲线运动, 如图 3.4 所示. 由于周期是木星周期的 2/3, 因此在木星的两年 (即两个周期) 之中, 一个希尔妲星体会沿着它的轨迹走三个周期.

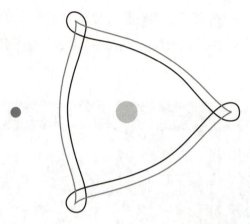

图 3.4   太阳-木星旋转系统中所看到的希尔妲星体的运动轨迹示意图. 其中大圆点代表太阳, 小圆点代表木星. 两者是固定不动的. 黑色和灰色的曲线代表在木星看来希尔妲星体的运动轨迹, 其中黑色和灰色的线所对应的离心率分别为 0.31 和 0.21.

17   相对论效应造成的近日点进动

这一节中我们讨论相对论性的修正对于开普勒问题的影响. 我们这里将仅仅讨论狭义相对论的修正, 没有考虑广义相对论的修正. 在第 14 节中我们指出, 只要一个粒子感受到的势能稍微偏离 $1/r$ 的形式, 它的轨道就不会是闭合的, 其近日点就会进动. 事实上, 如果我们考虑狭义相对论的修正, 当将粒子的运动方程与开普勒问题的运动方程比较时, 就会发现它有微小的改变, 这种改变就会造成星体近日点的进动. 这一节就来简要讨论一下这个问题的一个近似解. 在狭义相对论框架下讨论行星的运动往往被称为相对论性开普勒问题. 这个问题在经典力学中是可以严格求解的. 首先获得这个解的是索末菲 (Sommerfeld). 我们将在后面利用哈密顿力学讨论这个解, 参见第 28 节的例 6.2. 这里我们将仅仅满足于这个问题的一个近似解[15]. 为了简化中间的计算, 我们将采用光速为速度的单位, 这等效于在以往的公式中令 $c = 1$.

在狭义相对论中, 粒子的拉格朗日量 [动能部分见 (2.22) 式] 的非相对论展开 (在扣除了常数 $-mc^2 = -m$ 之后) 为

$$L = \frac{m}{2}\boldsymbol{v}^2 \left(1 + \frac{1}{4}\boldsymbol{v}^2 + \cdots \right) + \frac{\alpha}{r}, \tag{3.86}$$

---

[15]数值上而言, 其实近似解已经足够好了, 因为这些相对论修正实在是小得令人发指啊. 因此更高阶的修正完全没有实际的必要. 不过如果能够获得完全解, 为什么不呢?

其中的 "⋯" 包含了 v^2 的更高次幂，它们都是更高阶的相对论修正. 由于我们仅仅对最低阶的修正感兴趣，可以将它们忽略掉. 需要注意的是，这个问题仍然是一个平面的二维问题，因此，在利用极坐标 (r, ϕ) 表达后，v^2 的形式为

$$v^2 = \dot{r}^2 + r^2\dot{\phi}^2. \tag{3.87}$$

我们定义扣除了粒子静止能量 $mc^2 = m$ 之后的能量为 E，那么相对论性开普勒问题的能量 E、角动量 $p_\phi \equiv J$ 仍然是守恒量. 对于角动量而言有

$$p_\phi = \frac{\partial L}{\partial \dot{\phi}} \equiv J \approx mr^2\dot{\phi}\left(1 + \frac{v^2}{2}\right). \tag{3.88}$$

类似地，我们得到与 r 共轭的动量为

$$p_r = \frac{\partial L}{\partial \dot{r}} \approx m\dot{r}\left(1 + \frac{v^2}{2}\right), \tag{3.89}$$

而粒子的能量可以写为

$$\begin{aligned}
E &= \dot{r}p_r + \dot{\phi}p_\phi - L = mv^2(1 + v^2/2) - L \\
&= \frac{1}{2}mv^2\left(1 + \frac{3}{4}v^2\right) - \frac{\alpha}{r}.
\end{aligned} \tag{3.90}$$

由于我们仅仅对轨道的形状而不是时间依赖关系感兴趣，因此将上式换成 $\mathrm{d}r/\mathrm{d}\phi$ 来表达，其中的 $\dot{\phi}$ 则必须用守恒量 J 来表达. 按照 (3.88) 式，有

$$\dot{\phi} = \frac{J}{mr^2}\left(1 - \frac{v^2}{2}\right). \tag{3.91}$$

注意，这个公式原则上并没有将 $\dot{\phi}$ 解出来，因为 v^2 里面仍然有 $\dot{\phi}$. 不过将它看成一个近似的解是没有问题的，其中相对论修正的部分则应当用问题的零级近似，也就是没有任何相对论修正时开普勒问题的解代入. 下面各个式子中的相对论修正原则上也应当这样处理. 另一方面，由于

$$\frac{\mathrm{d}r}{\mathrm{d}t} = \frac{\mathrm{d}r}{\mathrm{d}\phi}\frac{\mathrm{d}\phi}{\mathrm{d}t},$$

将其中的 $\mathrm{d}\phi/\mathrm{d}t = \dot{\phi}$ 用 (3.91) 式表达并换成变量 $u = 1/r$，就得到

$$\dot{r} = -\frac{J}{m}\frac{\mathrm{d}u}{\mathrm{d}\phi}\left(1 - \frac{v^2}{2}\right). \tag{3.92}$$

因此，将上式和 (3.91) 式代入 (3.87) 式，就得到粒子动能的近似表达式

$$\frac{1}{2}m\boldsymbol{v}^2 = \frac{J^2}{2m}\left[\left(\frac{\mathrm{d}u}{\mathrm{d}\phi}\right)^2 + u^2\right](1 - \boldsymbol{v}^2). \tag{3.93}$$

再利用前面的能量表达式 (3.90)，我们就得到了粒子总能量的形式

$$E = \frac{J^2}{2m}\left[\left(\frac{\mathrm{d}u}{\mathrm{d}\phi}\right)^2 + u^2\right] - \frac{1}{8}m(\boldsymbol{v}^2)^2 - \alpha u. \tag{3.94}$$

注意到这个能量表达式中只有第二项是相对论修正，它是非常小的量. 按照前面的理解，我们应当利用零级近似的 $\boldsymbol{v}^2$ 的表达式来替代它. 我们利用

$$\frac{1}{2}m\boldsymbol{v}^2 \approx E + \frac{\alpha}{r} = E + \alpha u \tag{3.95}$$

来代换相对论修正项中的 $\boldsymbol{v}^2$，就得到相对论修正为

$$-\frac{m}{8}(\boldsymbol{v}^2)^2 = -\frac{1}{2m}(E + \alpha u)^2.$$

将这个关系代入包含相对论修正的能量表达式 (3.94) 之中，相比较零级近似，多了三项：一个常数项，一个线性依赖于 u 的项，一个正比于 u^2 的项. 常数项仅仅改变能量的定义，线性依赖于 u 的项仅仅改变轨道的尺度，只有正比于 u^2 的项会改变轨道的闭合性. 零级近似下轨道之所以闭合，主要的原因就是上面这个微分方程中 $(\mathrm{d}u/\mathrm{d}\phi)^2$ 的系数与 u^2 的系数完全相同. 只要这点成立，轨道必定是闭合的椭圆[19]. 但是相对论修正中正比于 u^2 的项将改变 u^2 的系数，从而使轨道不再闭合. 轨道方程满足[20]：

$$E\left(1 + \frac{E}{2mc^2}\right) + \alpha u\left(1 + \frac{E}{mc^2}\right) = \frac{J^2}{2m}\left[\left(\frac{\mathrm{d}u}{\mathrm{d}\phi}\right)^2 + \left(1 - \frac{\alpha^2}{J^2c^2}\right)u^2\right]. \tag{3.96}$$

将上述方程的解与完全非相对论的轨道 $l_0 u = 1 + e\cos\phi$ 做比较，我们立刻就可以发现狭义相对论导致的行星运行一周的进动角为

$$\delta\phi = \frac{\pi\alpha^2}{J^2c^2} = \frac{\pi GM}{a(1 - e^2)c^2}. \tag{3.97}$$

这个狭义相对论的修正比起广义相对论的结果要小，事实上只有广义相对论结果的 1/6. 需要特别指出的是，广义相对论的修正包含了狭义相对论的修

---

[19]最简单的做法是将该方程再对 ϕ 求一次导数，我们就得到一个频率为 1 的谐振子方程：$u'' + u = C$，其中 C 为一常数.

[20]为了便于比较，我们在这个表达式中恢复了光速 c 的恰当幂次.

正，但无论是广义相对论还是狭义相对论预言的水星近日点的进动都是非常小的. 例如，广义相对论的修正大约是每世纪进动 $43''$，远比实际上观测到的水星近日点的总进动值（大约每世纪 $570''$）要小. 正如我们在第 14 节的例 3.3 中看到的，对于水星近日点的进动作用最大的并不是相对论的修正，而是其他行星对水星的影响，特别是金星、木星和地球，它们三个加起来的贡献占总观测量的 91%. 人们说水星近日点的进动是广义相对论的一个经典检验是因为在扣除了其他行星的影响以后，水星近日点每个世纪仍然有大约 $43''$ 的进动无法用其他已知的理论解释，恰恰这一部分修正与广义相对论的预言十分接近.

18　有心势中的散射问题

本节简要讨论散射截面的概念. 这个概念在经典力学中是非常直观的，它在后续的经典电动力学乃至量子力学中也是十分重要的概念. 散射的过程一般涉及两类客体，一个是散射者，另一个是被散射者. 两者原则上可以是一个有限尺寸的物体（比如刚体），也可以是一个点粒子. 我们又把散射者称为力心或者力心体. 为了简化讨论，我们假设散射者只有一个.

散射截面，顾名思义就是力心相对于入射粒子看起来的"有效面积". 在这个面积之内，入射的粒子会被散射，即其动量会偏离原来的入射方向. 超出这个面积，入射粒子的动量就不会发生偏离. 显然对于一个没有相互作用的刚体的力心体而言，其散射截面真的就是两者之间沿入射方向看过去的几何截面积. 但对于与被散射者有超出几何尺寸之外的"超距"相互作用（比如引力场、电磁场等等）的力心体来说，散射截面一般会比它的几何截面积大.

为了简单起见，我们考虑一个在有心势 $V(r)$ 中运动的经典粒子. 一般我们总是假设在足够大的距离 r 处 $V(r) \to 0$[21]. 假设在 $t \to -\infty$ 的时候，该粒子从无穷远处入射到力场之中，在原点附近经过"散射"，然后在 $t \to +\infty$ 的时候飞到无穷远去. 这就是一个典型的散射过程. 能量守恒告诉我们，粒子入射的能量（速率）和出射的是一样的. 因为无论是初态还是末态，粒子感受

---

[21]一般来说，势 $V(\boldsymbol{x})$ 还可以依赖于方位角. 相应地，下面定义的微分散射截面也会依赖于方位角. 如果是有心势，那么下面的微分散射截面将仅仅依赖于角度 θ 而不会依赖于角度 ϕ.

到的势能都等于零，所以它的动能，也就是速率必定相同[22]. 图 3.5 显示了一个典型的散射过程. 我们将散射者，即力心位置选为坐标的原点，原点与入射粒子的初始速度矢量构成了轨道平面. 入射粒子的初始速度矢量的延长线与原点之间的距离称为碰撞参数，用 b 来表示. 粒子总的散射角度是指其末态速度与初始入射速度之间的夹角，图中用 θ 表达.

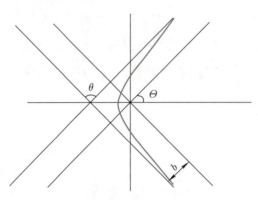

图 3.5　散射的示意图. 粒子在无穷远处的张角分别为 $\pm\Theta$，又称偏折角度. 显然，散射角度 θ 满足 $\theta + 2\Theta = \pi$.

　　一般来说粒子的轨道总是有一定的对称性的，只要问题中有时间反演对称性. 事实上，如果我们把粒子经过最靠近力心处的时刻取为时间零点，那么图 3.5 中关于 x 轴对称的两支将分别对应于 $t > 0$ 和 $t < 0$，时间反演对称性告诉我们，这两支一定是对称的. $t \to \pm\infty$ 时轨道的张角 2Θ 满足

$$r(\pm\Theta) = +\infty. \tag{3.98}$$

换句话说，只要我们得到了轨道方程 $r = r(\phi)$，就可以定出轨道的张角 2Θ. 前面引入的散射角 θ 与轨道的张角之间显然有如下简单的几何关系：

$$\theta + 2\Theta = \pi. \tag{3.99}$$

　　现在考虑不止一个粒子入射的情形，例如我们有一个粒子束从无穷远入射到有心势中. 入射粒子束的流强为 I，它代表了单位时间通过单位面积的粒子数目. 这些入射的粒子都会被力心散射到无穷远处. 单位时间内发生的总的散射事件数目被称为散射率，记为 S. 它一定会与入射的流强 I 成正比，即

$$S = I\sigma, \tag{3.100}$$

[22]这里我们暂时不考虑粒子散射之后质量可能发生变化的情形.

其中的比例系数 σ 就体现了力心的散射能力. 注意它恰好具有面积的量纲,
称为相应力心的总散射截面 (total scattering cross section). 容易验证, 按照
上述定义, 一个钢球力心的总散射截面就是它的几何截面积. 因此, 这个定义
也完全符合我们对于散射截面的直观理解.

上面给出的总散射截面体现了散射者 (力心) 的总体散射能力. 如果我们
还需要更为精细的描写, 就需要了解所谓的微分散射截面了, 它可以给出具
体散射到某个立体角中的散射能力. 类似于上面的定义, 我们可以写下

$$\mathrm{d}S = I\left(\frac{\mathrm{d}\sigma(\theta, \phi)}{\mathrm{d}\Omega}\right)\mathrm{d}\Omega. \tag{3.101}$$

这里 $\mathrm{d}\Omega$ 是某个方位角 (θ, ϕ) 附近的立体角的微分, $\mathrm{d}S$ 是单位时间散射到上
述立体角中的粒子数目, 而 $\mathrm{d}\sigma(\theta, \phi)/\mathrm{d}\Omega$ 则称为微分散射截面, 它体现了散
射者将入射粒子散射到某个特定方位角中的散射能力. 显然, 将微分散射截面
对所有立体角积分就得到了总散射截面:

$$\sigma = \int\left(\frac{\mathrm{d}\sigma(\theta, \phi)}{\mathrm{d}\Omega}\right)\mathrm{d}\Omega. \tag{3.102}$$

对于有心势而言, 其散射具有轴对称性, 因此微分散射截面不会依赖于方
位角 ϕ 而仅仅是 θ 的函数. 我们可以将其记为

$$\frac{\mathrm{d}\sigma(\theta, \phi)}{\mathrm{d}\Omega} = \frac{\mathrm{d}\sigma(\theta)}{\mathrm{d}\Omega}. \tag{3.103}$$

同时, 散射的角度 θ 将唯一地由碰撞参数 b 确定, 反之亦然. 因此, 我们
可以记为 $b = b(\theta)$ 或者 $\theta = \theta(b)$. 现在考虑从碰撞参数 b 附近, 一个宽度
为 $\mathrm{d}b$ 的圆环中入射的粒子, 单位时间内穿过其截面积 $2\pi b \mathrm{d}b$ 的粒子数目为
$\mathrm{d}S = I(2\pi b \mathrm{d}b)$, 其中 I 为入射流强. 这些粒子都将被散射到角度 θ 附近立体
角 $2\pi\sin\theta\mathrm{d}\theta$ 的圆锥之中, 因此我们得到

$$-\mathrm{d}\sigma(\theta) = 2\pi b \mathrm{d}b = -2\pi\left(\frac{\mathrm{d}\sigma}{\mathrm{d}\Omega}\right)\sin\theta\mathrm{d}\theta. \tag{3.104}$$

上式中的负号代表了这样一个事实: 当瞄准距离 b 减小时, 粒子会感受到更
接近力心的相互作用, 因此散射角 θ 会变大, 即 $\mathrm{d}b(\theta)/\mathrm{d}\theta < 0$. 这个方程可以
视为 $b(\theta)$ 和 $\mathrm{d}\sigma(\theta)/\mathrm{d}\Omega$ 满足的微分方程, 知道了其中的一个就可以确定另一
个. 这个式子也可以等价地写为

$$\frac{\mathrm{d}\sigma(\theta)}{\mathrm{d}\Omega} = -\frac{b(\theta)\mathrm{d}b}{\sin\theta\mathrm{d}\theta}. \tag{3.105}$$

剩下的问题就是对于给定的 $V(r)$ 如何确定 θ 与 b 之间的关系了.

为了得到结果, 我们首先需要利用任意 $V(r)$ 时极坐标中轨道的方程 (3.9). 我们定义出射方向与入射方向之间的夹角为 2Θ, 它可以视为粒子到力心的距离 $r(\phi)$ 趋于无穷大时的两个特殊角度, 即

$$r(\phi = \pm\Theta) = \infty. \tag{3.106}$$

注意到散射角 θ 与轨道的张开角度 Θ 满足一个简单的几何关系 (见图 3.5): $\theta + 2\Theta = \pi$. 同时, 对于入射粒子而言, 其能量 $E = (1/2)mv_0^2$, 而其角动量为 $mv_0 b$, 其中 v_0 是入射粒子在无穷远处的速率, b 是碰撞参数. 因此由 (3.9) 式可以得到

$$\theta = \pi - 2b \int_{r_0}^{\infty} \frac{\mathrm{d}r}{r\sqrt{r^2(1 - V(r)/E) - b^2}}. \tag{3.107}$$

对于给定的有心势的形式, 完成这个积分就可以获得 $\theta(b)$, 然后代入 (3.105) 式中就可以解得微分散射截面.

下面我们具体讨论中心力场开普勒问题中的散射问题. 这类散射问题有时候又称为卢瑟福散射 (Rutherford scattering), 因为它发生在卢瑟福利用 α 粒子轰击金箔的著名实验中. 在经典的卢瑟福散射实验中, 相互作用的势能是一个形如 α/r 的排斥势, 即原子核与 α 粒子之间的库仑 (Coulomb) 势, 其中 $\alpha > 0$. 因此这时候的轨道方程由 (3.18) 式给出, 其近日点由 $r_{\min} = p/(e-1)$ 给出, 渐近的角度 $\pm\Theta$ 则由下式给出:

$$\cos\Theta = \frac{1}{e}. \tag{3.108}$$

考虑到 $E = (1/2)mv_0^2$ 以及 $J = mv_0 b$, 有

$$e^2 = 1 + \frac{2EJ^2}{m\alpha^2} = 1 + \left(\frac{mbv_0^2}{\alpha}\right)^2,$$

也即

$$\left(\frac{mbv_0^2}{\alpha}\right)^2 = \sec^2\Theta - 1 = \tan^2\Theta.$$

再利用 $\theta/2 + \Theta = \pi/2$, 我们就可以得到

$$b(\theta) = \frac{\alpha}{mv_0^2} \cot\left(\frac{\theta}{2}\right) \equiv K \cot\left(\frac{\theta}{2}\right), \quad K = \frac{\alpha}{mv_0^2}. \tag{3.109}$$

将此式代入 (3.105) 式, 得到

$$\frac{\mathrm{d}\sigma(\theta)}{\mathrm{d}\Omega} = -\frac{b\mathrm{d}b}{\sin\theta\mathrm{d}\theta} = \frac{K^2}{4}\csc^4\left(\frac{\theta}{2}\right).\tag{3.110}$$

这就是著名的卢瑟福微分散射截面公式.

 **相关的阅读**

本章讨论了中心力场中的运动. 这是一个十分古老的问题, 它几乎伴随着物理学的诞生与成长. 物理学中两个基本相互作用力, 即万有引力和库仑力, 都是由 $1/r$ 形式的中心力场描写的, 所以本章具有基础性的意义. 在对最为基本的开普勒问题做了介绍之后, 我们着重讨论了一些稍微深入的应用. 例如, 在天体力学中讨论各种因素对于行星轨道的摄动 (也就是微扰), 以及卢瑟福散射问题. 在第 14 节的例 3.3 中, 我们简要地讨论了其他行星对水星近日点进动的影响, 随后又讨论了狭义相对论的影响. 我们说明了其他行星的摄动是对水星近日点进动的主要贡献, 而相对论的修正, 无论是狭义相对论还是广义相对论, 其实只是其中的一小部分.

从本章各节的具体内容来说, 第 13 节和第 14 节所讨论的内容可以参考朗道的《力学》[1] 的 §13, §14, §15, 或者参考书 [2] 的第三章. 第 16 节关于受限三体问题的讨论内容相当丰富. 加入这一节的一个主要的原因是近年来关于中国航天计划的报道之中曾多次提及拉格朗日点. 我想这里对相关的物理背景做一个介绍是恰当的. 同时其处理方法与前面潮汐问题的讨论 (第 15 节) 非常接近, 都需要转换到两个相对做匀速圆周运动的星体的转动参照系 (一个非惯性系) 之中. 在狭义相对论框架下关于水星近日点进动的讨论 (第 17 节) 在朗道的《经典场论》[7] 中有更严格的处理, 只不过那里他运用了哈密顿–雅可比 (Jacobi) 理论的方法 (见本书的第 33 节). 这里给出的是经过 "改造" 的、更加简单和初等的处理方法. 对更加完整的处理 (首先来自索末菲) 感兴趣的读者可以参考本书的第 28 节中的例 6.2.

习　题

1. 开普勒轨道的导出. 利用能量守恒和角动量守恒的表达式 (3.6) 和 (3.8)，以及经典的代换 $r = 1/u$，给出开普勒问题中轨道 $u(\phi)$ 所满足的微分方程，说明它的解可以写为 $l_0 u = 1 + e\cos\phi$ 的形式. 进一步验证 l_0 和 e 的表达式 (3.13).

2. 行星对水星近日点进动的影响. 试按照第 14 节例 3.3 的步骤导出积分公式 (3.33)，并最终推出水星近日点进动的表达式 (3.34).

3. 共线拉格朗日点的近似位置. 试按照方程 (3.58) 的假设推导出行星与太阳质量比趋于零时拉格朗日点的位置的近似表达式 (3.61)，同时验证希尔半径的表达式 (3.60).

4. 拉格朗日点附近的有效势能. 验证方程 (3.77).

5. 中心力场中的圆轨道. 考虑两个质量分别为 m_1 和 m_2 的非相对论性的粒子之间有如下的有心势能相互作用：$U(\boldsymbol{x}_1, \boldsymbol{x}_2) = k|\boldsymbol{x}_1 - \boldsymbol{x}_2|^\beta$，其中 k，β 是两个同号的实常数（这保证了如果 $\beta > 0$，则 $k > 0$，因此粒子的运动不会跑到无穷远. 如果 $\beta < 0$，则 $k < 0$，U 也是一个吸引的势能）.

   (1) 写出两粒子系统的拉格朗日量 L. 引入质心坐标 $\boldsymbol{R}$ 和相对坐标 $\boldsymbol{x} = \boldsymbol{x}_1 - \boldsymbol{x}_2$，说明这个两体问题可以化为一个单体问题. 通过选取质心系，进一步说明这个三维的单体问题可以化为一个折合质量为 m 的，关于径向坐标 $r = |\boldsymbol{x}|$ 的一维动力学问题. 给出 m 与 m_1，m_2 的关系并写出等效的一维问题的有效势能 $V_{\text{eff}}(r)$.

   (2) 现在考虑这个问题中局限在有限区域的一个圆轨道 [即 $r(t) = r_0$ 为常数]，参数 k 及 β 如何取值才能使在这样的圆轨道附近的扰动是稳定的？

   (3) 考虑圆轨道稳定的情况. 这时如果在该稳定圆轨道附近做一个微扰 $r(t) = r_0 + \eta(t)$，说明 $\eta(t)$ 的运动是一个简谐振动，并给出其振动本征频率.

   (4) 当该圆频率与圆轨道的圆频率之比为有理数时，轨道才是闭合的. 在 $k > 0$，$\beta = 15/25$ 和 $k < 0$，$\beta = -2/9$ 这两种情况下，微扰的轨道是否闭合？如果闭合，请大致画出它的行为.

6. 势能 k/r^2 中的散射问题. 考虑势能

$$V(r) = \frac{K}{r^2}, \tag{3.111}$$

运用 (3.105) 式给出散射截面.

第四章　小振动

简 谐振动 (harmonic oscillation) 往往是对多自由度力学系统振动的一级近似，也就是假设振子偏离其稳定平衡位置很小，它感受到的势在平衡位置附近是位移的二次型，此时的典型运动就是简谐振动. 简谐振动又称为线性振动，因为相应的运动方程是线性的. 对于超越简谐振动近似的非线性振动 (non-harmonic oscillation)，则需要考虑振子感受到的势的更高阶，例如三次或四次型的展开. 对简谐振动的多自由度系统，我们可以选取系统自由度的适当线性组合构成的简正坐标，这些简正坐标的简谐振动是相互独立的，相应的振动频率也是由系统的基本力学性质所决定的，称为系统的本征频率. 系统任意的简谐振动都可以展开为本征频率振动的线性组合. 力学系统也可以在周期外力的作用下参与受迫振动，此时如果外力的频率与系统的某个本征频率几乎相同，系统的相应简正模就会发生共振. 共振也可以发生在一个力学系统的参数周期性变化的情形下. 这些都是我们这一章中要讨论的内容. 经典力学中讨论的小振动可以十分直接地推广到量子的情形，当然本章中我们仅仅介绍小振动的经典理论.

19 一 维 振 子

我们首先来复习一下一个一维振子的运动规律[①]. 对于一个没有阻尼的一维振子, 它的拉格朗日量为

$$L = \frac{1}{2}m\dot{x}^2 - \frac{1}{2}kx^2, \tag{4.1}$$

这里我们假定粒子的平衡位置是 $x = 0$. 它的运动方程可以表达为

$$\ddot{x} + \omega^2 x = 0, \tag{4.2}$$

其中 $\omega = \sqrt{k/m}$ 为振子的频率. 这个微分方程的解可以普遍写为

$$x(t) = x(0)\cos\omega t + \frac{v(0)}{\omega}\sin\omega t, \tag{4.3}$$

其中 $x(0)$ 和 $v(0)$ 代表粒子的初始位置和初始速度. 这个解也可以等价地写成

$$x(t) = A\cos\left(\omega t + \phi\right), \tag{4.4}$$

其中 A 称为小振动的振幅. 一个谐振子的总能量可以利用振幅表达为

$$E = \frac{1}{2}m\dot{x}^2 + \frac{1}{2}kx^2 = \frac{1}{2}m\omega^2 A^2. \tag{4.5}$$

它是谐振子的一个运动积分 (守恒量).

如果一个一维运动的振子除了感受到其平衡位置附近的谐振子势能外, 还受到已知外力 $F(t)$ 的作用, 则称为受迫振子, 相应的振动行为称为受迫振动. 这时粒子的拉格朗日量可以表达为[②]

$$L = \frac{1}{2}m\dot{x}^2 - \frac{1}{2}kx^2 + xF(t). \tag{4.6}$$

而相应的运动方程为

$$\ddot{x} + \omega^2 x = \frac{F(t)}{m}. \tag{4.7}$$

[①]这些内容读者应当在普通物理的力学课程中接触过, 所以我们只是利用分析力学的语言简单总结一下.

[②]拉格朗日量的最后一项是自然的, 对应着外力的功. 后面会发现, 它保证了系统的运动方程就是受迫振子方程的形式.

这个非齐次方程的通解可以表达为一个特解再加上原来齐次方程 (4.2) 的通解. 如果外加的力 $F(t)$ 也是周期的:

$$F(t) = f \cos(\Omega t + \beta), \tag{4.8}$$

我们可以寻找形如 $\cos(\Omega t + \beta)$ 的特解. 我们得到的结果是:

$$x(t) = A \cos(\omega t + \phi) + \frac{f}{m(\omega^2 - \Omega^2)} \cos(\Omega t + \beta). \tag{4.9}$$

当外力的频率与振子的固有频率十分接近时, 这个系统呈现出共振的行为. 这时,

$$x(t) = A \cos(\omega t + \phi) + \frac{ft}{2m\omega} \sin(\omega t + \beta), \tag{4.10}$$

也就是说, 当外力的 $\Omega = \omega$ 时, (4.10) 式满足运动方程 (4.7), 粒子的振幅会随时间线性增加, 直到小振动的假定不再成立 (从而上面的方程都需要修改).

前面讨论的简谐振子拉格朗日量具有时间反演不变性. 也就是说, 粒子的拉格朗日量只包含其速度的二次幂. 如果系统的时间反演对称性被破坏, 例如存在阻尼时, 振动问题严格来说已经不是一个纯力学问题了, 因为阻尼一定伴随着机械能向其他形式的能量 (这时是热能) 的转化. 因此, 一个有阻尼的运动问题一般来说不可能仅仅从粒子的拉格朗日量得到. 在耗散 (阻尼) 比较轻微的时候, 这类系统的运动可以用系统的拉格朗日量 (纯力学的) 和一个瑞利耗散函数 $\mathcal{F}$ (热力学的) 来描写 (参见第一章第 4 节中的讨论). 瑞利耗散函数的两倍代表了力学系统的机械能转变为其他形式能量的功率. 对于一个一维的振子, 它的瑞利函数可以取为

$$\mathcal{F} = \gamma m \dot{x}^2. \tag{4.11}$$

于是, 一维阻尼振子运动方程 [参考第 4 节的 (1.30) 式] 变为

$$\ddot{x} + 2\gamma \dot{x} + \omega_0^2 x = 0. \tag{4.12}$$

阻尼振动方程的解可以分为三大类情况进行讨论. 如果 $\gamma < \omega_0$, 它的解为

$$x(t) = Ae^{-\gamma t} \cos(\omega t + \phi). \tag{4.13}$$

这是一个典型的阻尼振动的解, 它的振动频率为

$$\omega = \sqrt{\omega_0^2 - \gamma^2}. \tag{4.14}$$

如果 $\gamma > \omega_0$，方程 (4.12) 的解将不再是周期函数，而是随时间指数衰减的函数. 这种情况称为过阻尼. 如果阻尼参数 $\gamma = \omega_0$，那么方程 (4.12) 的解是一个指数衰减的函数再乘以一个线性增长的函数. 这种情况称为临界阻尼.

20   多自由度系统的简谐振动

现在我们讨论有多个自由度的力学系统的小振动情况. 考虑一个一般的保守系统[3]：

$$L = \frac{1}{2} a_{ij}(q) \dot{q}_i \dot{q}_j - U(q).$$

我们假定系统在其稳定平衡位置 q_{i0} 附近运动，可以令 $x_i = q_i - q_{i0}$ 为小量并将势能展开至二阶. 由于 q_{i0} 是系统的稳定平衡位置，一定有

$$U(q) \approx U(q_0) + \frac{1}{2} k_{ij} x_i x_j.$$

另一方面，动能的系数 $a_{ij}(q)$ 中，在第一级近似我们可以取 $q_i = q_{i0}$. 因此，一个多自由度的保守系统在其稳定平衡位置附近进行小振动的拉格朗日量可以写成

$$L = \frac{1}{2} m_{ij} \dot{x}_i \dot{x}_j - \frac{1}{2} k_{ij} x_i x_j. \tag{4.15}$$

为了写得更为紧致一些，我们可以引入矩阵和矢量的符号. 记 $m, k \in \mathbb{R}^{n \times n}$ 为 $n \times n$ 的实矩阵，它们的矩阵元分别为 m_{ij} 和 k_{ij}，相应的矢量 $x = (x_1, \cdots, x_n)^{\mathrm{T}} \in \mathbb{R}^n$，那么系统的拉格朗日量可以写为

$$L = \frac{1}{2} \dot{x}^{\mathrm{T}} m \dot{x} - \frac{1}{2} x^{\mathrm{T}} k x. \tag{4.16}$$

我们下面会分别按照矩阵形式或者分量形式来写这些方程.

这个系统的运动方程为

$$m_{ij} \ddot{x}_j + k_{ij} x_j = 0, \quad m \cdot \ddot{x} + k \cdot x = 0. \tag{4.17}$$

如果我们假定这些微分方程组的解的形式为 $x(t) = \eta \mathrm{e}^{-i\omega t}$，并代入方程 (4.17) 中，要求其存在非零解，就得到

$$\det[k - \omega^2 m] = 0. \tag{4.18}$$

---

[3]我们这里假定重复的指标隐含着求和，即启用所谓的爱因斯坦求和约定.

也就是说，系统振动的 n 个本征值 ω^2 是简谐振动本征频率的平方. 这个方程有时又被称为久期方程 (secular equation). 对于每一个本征值 ω^2，都有一个相应的本征矢量，这些本征矢量实际上就是按照相应的本征频率进行简谐振动的振幅矢量. 线性代数的知识告诉我们，不同的本征频率对应的本征矢量一定是线性无关的. 当存在某两个本征频率相等 (简并) 时，需要更为细致的考虑. 可以证明这时仍然可以找到线性无关的一组完备的本征矢量. 这些本征矢量实际上与系统的简正坐标是联系在一起的.

另外一种考察简正坐标的观点是从将系统的拉格朗日量 (4.15) 这个二次型对角化的角度来分析. 这里我们要利用线性代数中一个熟知的定理.

定理 4.1　任何一个厄米的 (Hermitian) 矩阵总可以通过一个幺正变换将其对角化. 而对于一个实对称矩阵，总可以找到一个正交变换将其对角化.

因此，我们总可以通过一个正交变换 $x = P_1 \cdot y$ 使得动能的二次型变为对角的：

$$T = \frac{1}{2} \sum_{i=1}^{n} m_i \dot{y}_i^2. \tag{4.19}$$

由于动能总是正定的，因此 $m_i > 0$ 是正的实数. 注意，在这个变换下，势能 $V = (1/2)y^{\mathrm{T}} K' y$，其中 $K' = (P_1)^{\mathrm{T}} k P_1$ 仍然是实对称的正定矩阵. 我们现在可以令 $z_i = \sqrt{m_i} y_i$，或者等价地写为 $z = (M_{\mathrm{D}})^{1/2} y$，其中 M_{D} 是对角的矩阵，其矩阵元就是上述各个 m_i. 这样一来动能部分变为 $T = (1/2)\dot{z}^{\mathrm{T}}\dot{z}$，而势能部分则由一个实对称正定矩阵 K'' 描写：

$$T = \frac{1}{2} \dot{z}^{\mathrm{T}} \dot{z}, \;\; V = \frac{1}{2} z^{\mathrm{T}} K'' z, \tag{4.20}$$

其中 $K'' = M_{\mathrm{D}}^{-1/2} K' M_{\mathrm{D}}^{-1/2}$. 由于 K'' 仍然是实对称矩阵，我们可以进一步寻找将 K'' 对角化的正交矩阵 P_2. 也就是说，我们令

$$z = P_2 \cdot Q, \tag{4.21}$$

并要求它将势能对角化. 由于势能部分也是正定的，不失一般性我们令其对角元为 $\omega_i^2 > 0$. 由于动能部分已经化为单位矩阵的形式，因此它在任何正交矩阵变换下是不变的，仍然保持原形式. 在上述一系列变换 [准确地说，

$Q = (P_2)^{\mathrm{T}} M_{\mathrm{D}}^{1/2}(P_1)^{\mathrm{T}} \cdot x = A^{-1} \cdot x]$ 下，我们将动能和势能同时对角化了：

$$L = \sum_{i=1}^{n} \frac{1}{2}\left(\dot{Q}_i^2 - \omega_i^2 Q_i^2 \right), \tag{4.22}$$

其中联系 Q 和 x 的矩阵 $A = P_1 M_{\mathrm{D}}^{-1/2} P_2$ 通常被称为模态矩阵 (modal matrix). 简正坐标与原坐标之间的关系为

$$Q = (P_1 M_{\mathrm{D}}^{-1/2} P_2)^{-1} \cdot x = A^{-1} \cdot x, \quad A \equiv P_1 M_{\mathrm{D}}^{-1/2} P_2. \tag{4.23}$$

这样的一组 Q_i 称为简谐振动系统的简正坐标，又称为简正模. 因此，利用简正坐标 Q 来表达，多自由度的简谐振动问题完全简化为独立的单自由度系统的简谐振动问题. 求解多自由度系统的简谐振动问题实际上最主要的步骤就是寻找其简正模和相应的本征频率. 在系统的拉格朗日量给定后，这实际上是一个单纯的线性代数问题[④].

下面我们简要说明一下如何求解一个多自由度系统的小振动的初值问题. 上面的线性代数证明仅仅是从存在性上论证了简正坐标与原坐标的关系，在具体操作层面，更为简单的方法是直接求解本征方程的非零本征矢.

从系统的运动方程 (4.17) 出发，令试探解 $x = \eta \mathrm{e}^{-\mathrm{i}\omega t}$，代入该方程，得到

$$(\omega^2 m - k)_{ij} \cdot \eta_j = 0, \tag{4.24}$$

其中 $i, j = 1, \cdots, n$ 等标记系统的不同自由度. 正如前面已经提到的，要获得非零的解 η，我们需要矩阵 $(\omega^2 m - k)$ 奇异，即

$$\det(\omega^2 m - k) = 0. \tag{4.25}$$

这是关于 ω^2 的一个 n 次方程. 按照前面的分析，它一定具有 n 个非负的实数解 ω_i^2, $i = 1, 2, \cdots, n$.

对应于每一个本征方程的解 ω_i^2，我们都可以找到一个非零的本征矢 $\eta^{(i)} \neq 0$，它满足

$$(\omega_i^2 m - k) \cdot \eta^{(i)} = 0. \tag{4.26}$$

[④]一般来说，我们称坐标 Q_i 为系统的简正坐标. 需要注意的是，简正坐标 Q_i 一般并不具有与原坐标 x_i 相同的量纲.

对于另外一个本征值 ω_j^2，我们有类似的方程

$$(\omega_j^2 m - k) \cdot \eta^{(j)} = 0.$$

我们可以将前一个方程左乘以 $(\eta^{(j)})^{\mathrm{T}}$，后一个方程左乘以 $(\eta^{(i)})^{\mathrm{T}}$，再相减就得到

$$(\omega_i^2 - \omega_j^2)(\eta^{(j)})^{\mathrm{T}} \cdot m \cdot \eta^{(i)} = 0, \tag{4.27}$$

其中运用了矩阵 m 和 k 为对称矩阵的事实. 因此，对于不同的本征频率 $\omega_i^2 \neq \omega_j^2$，它们相对应的本征矢一定满足如下的正交关系：

$$(\eta^{(j)})^{\mathrm{T}} m \eta^{(i)} = 0. \tag{4.28}$$

对于一个所有本征频率没有简并的系统而言，我们可以将相应的本征矢进行归一化，即进行如下的代换：

$$\eta_j^{(i)} \to \tilde{\eta}_j^{(i)} = \frac{\eta_j^{(i)}}{\sqrt{(\eta^{(i)})^{\mathrm{T}} m \eta^{(i)}}}. \tag{4.29}$$

这样一来归一化之后的本征矢满足

$$\tilde{\eta}^{(i)\mathrm{T}} m \tilde{\eta}^{(j)} = \delta_{ij}. \tag{4.30}$$

因此 $\{\tilde{\eta}^{(i)} : i = 1, \cdots, n\}$ 构成了 n 维空间一组正交归一完备的基. 我们待求的模态矩阵 A 则由下式给出：

$$A_{ji} = \tilde{\eta}_j^{(i)}. \tag{4.31}$$

这一点很容易看出. 我们注意到对于任意的 j，有

$$0 = (\tilde{\eta}^{(i)})^{\mathrm{T}}(\omega_j^2 m - k)\tilde{\eta}^{(j)} = \omega_j^2 \delta_{ij} - (\tilde{\eta}^{(i)})^{\mathrm{T}} k \tilde{\eta}^{(j)}, \tag{4.32}$$

其中我们利用了正交归一关系 (4.30). 再利用上面的矩阵 A 与本征矢 $\tilde{\eta}^{(i)}$ 之间的关系 (4.31)，我们发现 (4.32) 式意味着矩阵 A 恰好可将矩阵 k 对角化并且其对角元为各个 ω_j^2：

$$A^{\mathrm{T}} k A = \mathrm{Diag}(\omega_1^2, \cdots, \omega_n^2). \tag{4.33}$$

这就完成了对模态矩阵求解的全过程.

那么求得了模态矩阵 A 之后如何求解一个一般的多自由度振动系统的初值问题呢? 我们从如下的事实出发:

$$x = AQ, \tag{4.34}$$

并且有如下的矩阵关系

$$A^{\mathrm{T}}mA = I, \quad A^{\mathrm{T}}kA = \mathrm{Diag}(\omega_1^2, \cdots, \omega_n^2). \tag{4.35}$$

每一个简正模 Q_i 都是以确定的频率 ω_i 进行简谐振动:

$$Q_i(t) = C_i \cos(\omega_i t) + D_i \sin(\omega_i t), \tag{4.36}$$

因此最终 $x(t)$ 的解为

$$x_j(t) = \sum_{i=1}^{n} A_{ji} \left[C_i \cos(\omega_i t) + D_i \sin(\omega_i t) \right], \tag{4.37}$$

其中的 C_i 和 D_i 是由初条件确定的 $2n$ 个参数, 由初始坐标和速度来确定.

要求出这些常数, 我们首先假设初始的广义坐标 $x_j(0)$ 以及初始的广义速度 $\dot{x}_j(0)$ 是已知的常数. 在 (4.37) 式中令 $t = 0$, 并在对时间求导后再令 $t = 0$, 就得到

$$x_j(0) = A_{ji} C_i, \quad \dot{x}_j(0) = A_{ji} f_i. \tag{4.38}$$

这两个公式都可以写成矩阵形式. 如果我们记 $C = (C_1, \cdots, C_n)^{\mathrm{T}}$, $f = (\omega_1 D_1, \cdots, \omega_n D_n)^{\mathrm{T}}$, 那么有

$$x(0) = A \cdot C, \quad \dot{x}(0) = A \cdot f, \tag{4.39}$$

从而它们的解为

$$C = A^{-1} \cdot x(0) = (A^{\mathrm{T}}m) \cdot x(0), \quad f = A^{-1} \cdot \dot{x}(0) = (A^{\mathrm{T}}m) \cdot \dot{x}(0). \tag{4.40}$$

更明确地写出来就是

$$C_i = A_{ik}^{\mathrm{T}} m_{kk'} x_{k'}(0), \quad \omega_i D_i = A_{ik}^{\mathrm{T}} m_{kk'} \dot{x}_{k'}(0). \tag{4.41}$$

这就给出了多自由度系统简谐振动的通解.

总结一下，对于多自由度小振动系统 $m \cdot \ddot{x} + k \cdot x = 0$ 来说，求解其一般的初值问题由以下步骤构成：

(1) 求解久期方程 $|\omega^2 m - k| = 0$，给出 n 个本征频率 ω_i^2(可能有简并)；

(2) 对于每一个上一步求解出的 ω_i^2（无论是否简并），求解 $(\omega_i^2 m - k) \cdot \tilde{\eta}^{(i)} = 0$，给出相应的非零本征矢量 $\tilde{\eta}^{(i)}$，并且按照 (4.30) 式将其归一化；

(3) 求出每一个本征矢之后，我们就获得了模态矩阵

$$A = \left(\tilde{\eta}^{(1)}, \tilde{\eta}^{(2)}, \cdots, \tilde{\eta}^{(n)} \right) ; \tag{4.42}$$

(4) 基于初始的位置 $x(0)$ 和速度 $\dot{x}(0)$，利用 (4.41) 式给出简谐振动的解 (4.37) 中的各个系数 C_i 和 D_i，从而获得最终的解.

下面举例来说明这个步骤的具体运用.

例 4.1 平面双摆. 考虑第一章第 1 节中的重力场中的平面双摆的小振动 (见图 1.1). 为了简化起见，假定 $l_1 = l_2 = l$，$m_1 = m_2 = m$. 给出系统小振动的本征频率以及模态矩阵 A，同时对于特定的初始条件 $\phi_1(0) = -\phi_2(0) = \phi_0 \ll 1$，$\dot{\phi}_1(0) = \dot{\phi}_2(0) = 0$，给出任意时刻系统的解 $\phi_1(t)$ 和 $\phi_2(t)$ 的明显表达式.

解　以 ϕ_1，ϕ_2 为广义坐标，我们首先写下这个系统的拉格朗日量

$$\begin{aligned} L' = &\frac{1}{2}(m_1 + m_2)l^2\dot{\phi}_1^2 + \frac{1}{2}m_2 l^2 \dot{\phi}_2^2 + m_2 l^2 \dot{\phi}_1 \dot{\phi}_2 \cos(\phi_1 - \phi_2) \\ &+ (m_1 + m_2)gl\cos\phi_1 + m_2 gl\cos\phi_2. \end{aligned} \tag{4.43}$$

我们现在假定 $\phi_1 \ll 1$，$\phi_2 \ll 1$，于是得到小振动近似下的拉格朗日量

$$L = ml^2\dot{\phi}_1^2 + \frac{1}{2}ml^2\dot{\phi}_2^2 + ml^2\dot{\phi}_1\dot{\phi}_2 - mgl\phi_1^2 - \frac{1}{2}mgl\phi_2^2. \tag{4.44}$$

这意味着矩阵 m 和 k 由下式给出：

$$m = \begin{pmatrix} 2ml^2 & ml^2 \\ ml^2 & ml^2 \end{pmatrix}, \quad k = \begin{pmatrix} 2mgl & 0 \\ 0 & mgl \end{pmatrix}, \tag{4.45}$$

于是我们得到矩阵 $(\omega^2 m - k)$ 的表达式

$$\omega^2 m - k = ml^2 \begin{pmatrix} 2(\omega^2 - \omega_0^2) & \omega^2 \\ \omega^2 & \omega^2 - \omega_0^2 \end{pmatrix}, \tag{4.46}$$

其中 $\omega_0 \equiv \sqrt{g/l}$. 令上面矩阵的行列式为零，我们得到本征频率满足的方程及其解为

$$2(\omega^2 - \omega_0^2)^2 - \omega^4 = 0, \quad \omega_{1,2}^2 = (2 \pm \sqrt{2})\omega_0^2. \tag{4.47}$$

这给出了系统的两个本征频率 $\omega_{1,2}$，其中 1 对应于 "+" 号而 2 对应于 "−" 号.

下面我们求相应的本征矢并进而求出模态矩阵 A. 通过求解本征方程 $(\omega_i^2 m - k)\eta^{(i)} = 0$，我们发现

$$\eta^{(1)} = C_1' \begin{pmatrix} 1 \\ -\sqrt{2} \end{pmatrix}, \quad \eta^{(2)} = C_2' \begin{pmatrix} 1 \\ +\sqrt{2} \end{pmatrix}, \tag{4.48}$$

其中 C_1' 和 C_2' 是两个归一化系数. 很容易验证这两个本征矢满足正交关系 $(\eta^{(2)})^{\mathrm{T}} m \eta^{(1)} = 0$. 归一化条件可以确定出 C_1' 和 C_2' 为

$$C_{1,2}' = \frac{1}{2}\sqrt{(2 \pm \sqrt{2})/(ml^2)},$$

这样最后获得的模态矩阵为

$$A = \begin{pmatrix} \eta_1^{(1)} & \eta_1^{(2)} \\ \eta_2^{(1)} & \eta_2^{(2)} \end{pmatrix} = \frac{1}{2\sqrt{ml^2}} \begin{pmatrix} \sqrt{2+\sqrt{2}} & \sqrt{2-\sqrt{2}} \\ -\sqrt{4+2\sqrt{2}} & \sqrt{4-2\sqrt{2}} \end{pmatrix}. \tag{4.49}$$

因此我们得到系统的两个简正模 $Q_{1,2}$ 分别按照 $\omega_{1,2}$ 进行简谐振动，而系统的广义坐标 $x = (\phi_1, \phi_2)^{\mathrm{T}}$ 与简正坐标 $Q = (Q_1, Q_2)^{\mathrm{T}}$ 之间的关系为

$$Q = A^{-1} \cdot x, \tag{4.50}$$

其中 $x = (\phi_1, \phi_2)^{\mathrm{T}}$ 为两个振动角构成的矢量. 至此，我们已经找到了系统的所有简正模和本征频率.

如果我们要求解系统的某个特定的初值问题，比如说对于题目中所要求的初条件

$$x(0) = \phi_0(1, -1)^{\mathrm{T}}, \quad \dot{x}(0) = (0, 0)^{\mathrm{T}}, \tag{4.51}$$

我们只需要确定系数 C_i 和 D_i 即可. 由于初始的速度为零，因此按照 (4.41) 式我们得知 $D_{1,2} = 0$，而系数 C_i 也可以求出：

$$C_i = A_{ik}^{\mathrm{T}} m_{kk'} x_{k'}(0), \quad i = 1, 2. \tag{4.52}$$

将前面求得的矩阵 A 以及 m 和 $x(0)$ 代入上式，我们得到

$$
\begin{aligned}
\begin{pmatrix} C_1 \\ C_2 \end{pmatrix} &= \frac{(ml^2)\phi_0}{2\sqrt{ml^2}} \begin{pmatrix} \sqrt{2+\sqrt{2}} & -\sqrt{4+2\sqrt{2}} \\ \sqrt{2-\sqrt{2}} & +\sqrt{4-2\sqrt{2}} \end{pmatrix} \begin{pmatrix} 2 & 1 \\ 1 & 1 \end{pmatrix} \begin{pmatrix} 1 \\ -1 \end{pmatrix} \\
&= \frac{\phi_0\sqrt{ml^2}}{2} \begin{pmatrix} \sqrt{2+\sqrt{2}} & -\sqrt{4+2\sqrt{2}} \\ \sqrt{2-\sqrt{2}} & +\sqrt{4-2\sqrt{2}} \end{pmatrix} \begin{pmatrix} 1 \\ 0 \end{pmatrix} \\
&= \phi_0 \frac{\sqrt{ml^2}}{2} \begin{pmatrix} \sqrt{2+\sqrt{2}} \\ \sqrt{2-\sqrt{2}} \end{pmatrix}.
\end{aligned}
\tag{4.53}
$$

按照一般通解的公式 (4.37)，我们可以写出 $\dot{x}(0)=0$ 这个初值问题的通解：

$$
\begin{aligned}
x(t) &= A \cdot \begin{pmatrix} C_1\cos(\omega_1 t) \\ C_2\cos(\omega_2 t) \end{pmatrix} \\
&= \frac{\phi_0}{4} \begin{pmatrix} \sqrt{2+\sqrt{2}} & \sqrt{2-\sqrt{2}} \\ -\sqrt{4+2\sqrt{2}} & +\sqrt{4-2\sqrt{2}} \end{pmatrix} \begin{pmatrix} \sqrt{2+\sqrt{2}}\cos(\omega_1 t) \\ \sqrt{2-\sqrt{2}}\cos(\omega_2 t) \end{pmatrix} \\
&= \frac{\phi_0}{4} \begin{pmatrix} (2+\sqrt{2})\cos(\omega_1 t) + (2-\sqrt{2})\cos(\omega_2 t) \\ -(2+2\sqrt{2})\cos(\omega_1 t) + (2\sqrt{2}-2)\cos(\omega_2 t) \end{pmatrix},
\end{aligned}
\tag{4.54}
$$

其中 $\omega_{1,2}=\sqrt{2\pm\sqrt{2}}\,\omega_0$. 这就完全求解了这个小振动问题.

前面我们提到，如果久期方程 (4.18) 定出来的本征频率正好出现相同的情形，这时我们称系统的这两个本征频率出现简并 (degenerate). 当系统出现简并时需要更多的细致考虑. 一般来说，我们可以将出现简并的情况分为两类：一类是由于所研究的力学系统具有某种对称性而造成的简并；另一类则不是由于对称性造成的. 第二类简并因而又被称为偶然简并. 由于对称性而造成的第一类简并往往是我们所特别关心的. 为了说明简并与对称性的关系，我们以下面一个例子来说明⑤.

例 4.2 苯环的小振动. 考虑由六个等质量的原子 (C 原子，质量设为 m) 构成的一个环. 相邻的原子之间等效地用一个经典的劲度系数为 k 的弹簧彼此联结 (见图 4.1). 每个原子只允许沿着圆环的切向无摩擦地运动. 讨论这个经典系统的小振动问题.

---

⑤简并与对称性的这种深刻联系我们这里只能意会，不可言传. 要明确揭示这种关联需要用到群表示的理论. 事实上，对应于一个简并本征频率的所有线性无关的简正坐标构成了系统对称群的一个表示.

解 原则上讲，我们只需要写出系统的拉格朗日量并且求解其运动方程就可以了. 但这将是六个联立的微分方程组. 要求出相应的简正模虽然是直截了当的，但却是有些烦琐的 (需要进行 6×6 矩阵的计算). 一个比较快捷的方法是利用对称性直接来构造系统的简正模. 这一点我们显示在图 4.1 中.

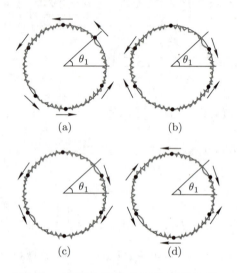

图 4.1   苯环小振动的经典力学处理.

显然这个系统具有一种模式，那就是所有的原子都向同一方向位移相同的数值，这种模式是系统的一个简正模，它的本征频率显然为 $\omega_1 = 0$. 这种模式显示在图 4.1(a) 中. 另外一种本征模式是将圆环上某两个相对的原子固定不动，另外两对原子相对等位移地振动，如图 4.1(b) 所示. 这个模式的本征频率很容易确定出来，为 $\omega_2 = \sqrt{3k/m}$. 第三种简正模和第二种十分类似，只不过两对原子不是相对振动，而是向一个方向振动，如图 4.1(c) 所示. 这个模式的本征频率也可以确定出来，为 $\omega_3 = \sqrt{k/m}$. 第四种模式可以选为相邻的两个原子相对振动，如图 4.1(d) 所示. 这个模式的本征频率为 $\omega_4 = \sqrt{4k/m}$.

除了上述四个简正模以外，另外还存在两个线性独立的振动模式. 它们实际上可以选为上面提到的第二种和第三种模式旋转 $\pi/3$ 以后的模式. 由于在经典力学中粒子是可以分辨的，因此它们给出不同的简正模 (图中没有显示出). 但是由于对称性，显然它们具有与第二种和第三种模式相同的本征频率. 所以我们得到 $\omega_5 = \omega_2$, $\omega_6 = \omega_3$. 至此，我们已经找到了这个系统的所有本征频率和振动简正模.

例 4.3 一维固体的振动. 考虑由 N 个等质量的原子（质量设为 m）构成的一个环. 相邻的原子之间等效地用一个经典的劲度系数为 k 的弹簧彼此联结. 每个原子只允许沿着圆环的切向无摩擦地运动. 讨论这个经典系统的小振动问题.

解 这个问题是上个苯环问题的推广版本. 我们用 x_n 来标记第 n 个粒子偏离其平衡位置的坐标, 其中 $n = 1, 2, \cdots, N$. 那么系统的拉格朗日量可以写成

$$L = \sum_{n=1}^{N} \frac{m}{2} \dot{x}_n^2 - \frac{k}{2} \sum_{n=1}^{N} \left[(x_n - x_{n-1})^2 \right]. \tag{4.55}$$

注意, 周期边界条件意味着我们必须保持 $x_{N+n} \equiv x_n$. 系统的运动方程为

$$\ddot{x}_n = \omega_0^2 (x_{n-1} + x_{n+1} - 2x_n), \tag{4.56}$$

其中 $\omega_0^2 = k/m$. 为了求解这个方程, 我们寻求如下形式的解:

$$x_n(t) = A \mathrm{e}^{-\mathrm{i}\omega t + \mathrm{i} p n}, \tag{4.57}$$

其中 p 为一维波动的波数[6]. 注意, 周期边界条件意味着波数 p 必须满足

$$\mathrm{e}^{\mathrm{i} p N} \equiv 1,$$

因而

$$p = \frac{2\pi}{N} l, \tag{4.58}$$

其中 $l = 1, 2, \cdots, N$. 事实上, l 可以取任意连续的 N 个整数值, 并不一定要从 1 开始. 也就是说真正有意义的是 $\mathrm{mod}(l, N)$, 因为具有相同 $\mathrm{mod}(l, N)$ 值的不同 l 实际上给出完全等价的 x_n. 因此, 一个对称的选择是令整数 $l \in (-N/2, N/2]$. 将这个形式代入运动方程 (4.56), 我们发现本征值

$$\omega^2(p) = 2\omega_0^2 (1 - \cos(p)), \tag{4.59}$$

其中波数 $p = (2\pi/N)l$, $l \in (-N/2, N/2]$. (4.59) 式给出了一维振动链的 N 个本征值.

---

[6]我们这里为了方便利用了复数表示, 其含义是真正物理的解是相应复数表示的实部, 即 $x_n = \mathrm{Re}(A\mathrm{e}^{-\mathrm{i}\omega t + \mathrm{i} p n})$.

以 $N = 6$ 为例, 我们发现对应于 $l = \pm 2, \pm 1, 0, 3$ 的本征频率的平方分别为 $3\omega_0^2,\ \omega_0^2,\ 0,\ 4\omega_0^2$, 其中前两个为二重简并的解, 这与上例得到的结果完全一致.

这个例子可以看成一个一维固体振动的经典模型. 在固体物理中, 读者们会处理更为复杂的振动模式 (更为复杂的晶格结构、更高的维数等等).

21   非 谐 效 应

非线性振子, 或者称为非谐振子, 是一个十分有趣的研究对象. 从小振动的角度来看, 如果我们将系统的拉格朗日量在系统的平衡位置附近展开, 只要偏离平衡位置足够小, 系统的运动就可以用简谐振动来加以描述. 由于这时的运动方程是线性的微分方程, 所以简谐振动又被称为线性振动. 如果系统偏离平衡位置的位移 x 不是很小, 我们一般需要在拉格朗日量中考虑 x 的高阶 (高于二阶) 修正. 这时相应系统的运动方程就变成非线性微分方程. 因此这种振动又被称为非线性振动. 当非线性效应出现时, 系统会出现一些新的, 线性振动中所没有的特点. 这一节简单介绍一下这些效应.

考虑一个非谐振子, 它的拉格朗日量可以写为

$$L = \frac{1}{2}\left(m_{ij}\dot{x}_i\dot{x}_j - k_{ij}x_ix_j\right) + \frac{1}{2}n_{ijk}\dot{x}_i\dot{x}_jx_k - \frac{1}{3}l_{ijk}x_ix_jx_k, \qquad (4.60)$$

其中引入了两个非谐项: 第一项的形式是 $\dot{x}_i\dot{x}_jx_k$, 它是动能项中的系数对 x 展开所产生的; 第二项是势能项展开到位移 x_i 的三次幂所得到的. 显然展开式中应当还存在 x_i 的更高幂次, 比如关于 x 或 $\dot{x}$ 分量的四阶项, 不过在多数情况下, 如果三阶的项的确是存在的, 这时三阶项往往提供最重要的非谐效应. 但如果某些对称性限制了三阶项的可能贡献, 那么这时四阶或更高阶的项可能也是需要考虑的. 在下面的讨论中, 我们将假定高于三阶的项是足够小并可以忽略的. 同时我们也将假定三阶的非谐项与谐振项相比是小量, 因此可以将它们看作微扰.

现在我们利用谐振项所确定的系统的简正坐标来表达拉格朗日量, 它的形式为

$$L = \frac{1}{2}(\dot{Q}_\alpha\dot{Q}_\alpha - \omega_\alpha^2 Q_\alpha Q_\alpha) + \frac{1}{2}\lambda_{\alpha\beta\gamma}\dot{Q}_\alpha\dot{Q}_\beta Q_\gamma - \frac{1}{3}\mu_{\alpha\beta\gamma}Q_\alpha Q_\beta Q_\gamma, \qquad (4.61)$$

其中系数 $\lambda_{\alpha\beta\gamma}$ 关于前两个指标是对称的, 而系数 $\mu_{\alpha\beta\gamma}$ 关于所有指标都是对称的.

非线性振子系统的运动方程可以写成

$$\ddot{Q}_\alpha + \omega_\alpha^2 Q_\alpha = f_\alpha(Q, \dot{Q}, \ddot{Q}), \tag{4.62}$$

其中函数 f_α 是一个二次齐次函数, 包含各种可能的 Q, $\dot{Q}$, $\ddot{Q}$ 的二次项. 我们将假定所有非线性项都是小的, 因而可以利用逐阶展开的方法来求解这个非线性方程:

$$Q_\alpha(t) = Q_\alpha^{(0)}(t) + Q_\alpha^{(1)}(t) + Q_\alpha^{(2)}(t) + \cdots, \tag{4.63}$$

而 $Q_\alpha^{(0)}(t)$ 就是线性振动的解. 零阶项满足谐振子方程 $\ddot{Q}_\alpha^{(0)} + \omega_\alpha^2 Q_\alpha^{(0)} = 0$, 而到第一阶有

$$\ddot{Q}_\alpha^{(1)} + \omega_\alpha^2 Q_\alpha^{(1)} = f_\alpha(Q^{(0)}, \dot{Q}^{(0)}, \ddot{Q}^{(0)}). \tag{4.64}$$

注意到这个等式右边的函数 f 是其宗量的二次函数, 简单的 "三角关系" 告诉我们: 一个形如 $Q_\beta^{(0)} Q_\gamma^{(0)}$ 的非线性项一定会产生具有频率 $\omega_\beta \pm \omega_\gamma$ 的周期运动, 因此, 到第一阶 $Q_\alpha^{(1)}(t)$ 中一定会包含具有频率 $\omega_\beta \pm \omega_\gamma$ 的项. 这些频率称为组合频率.

如果我们考虑到第二阶, 那么更多的组合频率会进入. 另外, 还会有一个与原先频率相同的项出现在方程 (4.64) 的右边, 因为 $\omega_\alpha \equiv \omega_\alpha + \omega_\beta - \omega_\beta$. 这样一来, 这一项会在方程 (4.64) 的左边形成共振 (表面上会造成无穷大的解), 这需要特别的处理. 真实的情况是, 到第二阶, 系统原先的频率也会有所改变:

$$\omega_\alpha = \omega_\alpha^{(0)} + \Delta\omega_\alpha. \tag{4.65}$$

只要频率的移动不为零, 就不会出现无穷大的解. 因此, 要求到第二阶能够解出自洽的解, 就能够定出频率的移动 $\Delta\omega_\alpha$. 事实上, 频率的移动也可以逐渐展开. 将频率的展开式和简正坐标的展开式同时代入系统的运动方程, 比较同阶的项就可以逐阶确定非线性振动的微扰解.

最后我们指出, 上面讨论的是假定非线性的影响足够小的情况. 这时我们可以将非线性看成微扰, 逐阶求解运动方程. 如果非线性项的贡献本身就不是微扰, 那么一般来说求解非线性振动方程是十分复杂的, 很多时候只能够

依赖于数值方法. 另外需要注意的是, 非线性方程的解不具有线性叠加性. 也就是说, 非线性微分方程的两个解的线性组合一般不再是方程的解. 这也正是非线性振动比较复杂的一个重要原因. 有关这方面的详细讨论和更具体的例子见参考书 [3] 的第七章.

22　参　数　共　振

考虑一个固有频率依赖于时间的一维振子, 它的运动方程可以写为

$$\ddot{x} + \omega^2(t)x = 0. \tag{4.66}$$

如果函数 $\omega^2(t)$ 满足周期性条件

$$\omega^2(t+T) = \omega^2(t), \tag{4.67}$$

那么这样的振子被称为参数振子 (parametric oscillator). 这个方程又被称为希尔方程 (Hill equation), 因为是美国天文学家兼数学家希尔在 1886 年首先研究了它的应用 (主要用于月球精细运动的分析). 其实这个方程的数学理论在那之前就已经存在了, 这就是所谓的弗洛凯理论 (Floquet theory), 由法国数学家弗洛凯在 1883 年建立. 不同的是弗洛凯理论研究的是更为一般的问题, 即具有周期性特点的矩阵微分方程

$$\dot{x} = A(t) \cdot x, \tag{4.68}$$

其中 $x \in \mathbb{R}^n$ 是具有 n 个分量的矢量, 而 $A(t) \in \mathbb{R}^{n \times n}$ 则是具有周期性的 $n \times n$ 实矩阵: $A(t+T) = A(t)$. 很显然, 希尔方程属于弗洛凯理论的一种特殊情况. 尽管一般的弗洛凯理论的讨论也是可以理解的, 不过为了明确起见, 我们还是将仅仅满足于适用希尔方程的特殊情况.

方程 (4.66) 是一个二阶线性微分方程, 因此它有两个线性独立的解 $x_1(t)$ 和 $x_2(t)$. 注意, 尽管频率函数 $\omega^2(t)$ 是时间的周期函数, 但是这个条件一般并不保证方程的解 $x_1(t)$, $x_2(t)$ 也是时间的周期函数, 不过可以保证时间平移的解 $x_1(t+T)$ 和 $x_2(t+T)$ 一定也是方程的解. 因此一般来说, 它们可以写为原先的两个解的某个线性组合:

$$x_i(t+T) = R_{ij}x_j(t), \tag{4.69}$$

这里用了爱因斯坦求和规则. 上面出现的矩阵 R 可以视为某个抽象的算符（一般称为弗洛凯算符）在解空间的矩阵表示. 它的具体形式依赖于这两个解的初条件的选择. 通常的选择是所谓的标准基 (standard basis)，它们满足:

$$
\begin{aligned}
x_1(0) = 1, \ \dot{x}_1(0) = 0, \\
x_2(0) = 0, \ \dot{x}_2(0) = 1.
\end{aligned}
\tag{4.70}
$$

这样一来，它们分别类似于 $\cos(t)$ 和 $\sin(t)$ 的表现. 于是我们很容易验证，对于标准解，弗洛凯算符 R 的矩阵表达式为

$$
R = \begin{pmatrix} x_1(T) & \dot{x}_1(T) \\ x_2(T) & \dot{x}_2(T) \end{pmatrix}.
\tag{4.71}
$$

我们还可以将 $x_1(t)$ 和 $x_2(t)$ 联合写成两分量矢量的形式，也就是令 $\boldsymbol{x}(t) = (x_1(t), x_2(t))^{\mathrm{T}}$. 这样一来 $\boldsymbol{x}(x+T)$ 与 $\boldsymbol{x}(t)$ 之间的关系 (4.69) 就可以简洁地写为

$$
\boldsymbol{x}(x+T) = R \cdot \boldsymbol{x},
\tag{4.72}
$$

其中 R 就是 (4.71) 式中给出的矩阵. 因此就这两个解随时间的变化规律而言，我们仅仅需要知道它们在一个周期之内的行为，随后的行为都可以通过不停地将矩阵 R 作用于 $x(t)$ 上而得到: $\boldsymbol{x}(t+nT) = (R)^n \cdot \boldsymbol{x}(t)$，其中 n 是任意的正整数.

显然，$\boldsymbol{x}(t)$ 的长时间行为依赖于矩阵 R 的本征值 μ. 这个本征值满足的本征方程为

$$
\mu^2 - (x_1(T) + \dot{x}_2(T))\mu + \det(R) = 0,
\tag{4.73}
$$

其中 $\det(R)$ 是矩阵 (4.71) 的行列式. 注意到这个行列式实际上是相应二阶常微分方程的朗斯基行列式 (Wronskian determinant)，是一个不随时间变化的量，所以 $\det(R(T)) = \det(R(0)) = 1$. 因此上述本征方程的常数项实际上等于 1. 于是我们可以解出两个本征值:

$$
\mu_{1,2} = \frac{x_1(T) + \dot{x}_2(T) \pm \sqrt{[x_1(T) + \dot{x}_2(T)]^2 - 4}}{2}.
\tag{4.74}
$$

由于 $x_{1,2}(T)$ 以及 $\dot{x}_{1,2}(T)$ 都是实数并且两个本征值的乘积永远等于 1，因此基本上它会分化为两类解: 第一类是互为复共轭且模为 1 的复数解

$$
\mu_1 = \mu_2^*, \ |\mu_1| = |\mu_2| = 1,
\tag{4.75}
$$

而第二类则是实数解

$$\mu_1 = 1/\mu_2, \ \mu_1 = \mu_1^*, \ \mu_2 = \mu_2^*. \tag{4.76}$$

显然，第一类解出现在 $|x_1(T) + \dot{x}_2(T)| < 2$ 的情况下，而第二类解则出现在 $|x_1(T) + \dot{x}_2(T)| > 2$ 的情况下. 还有一种边缘情况是 R 的两个本征值简并的情况，这出现在 $|x_1(T) + \dot{x}_2(T)| = 2$ 的时候. 下面我们分别就这三类情况做一个说明.

(1) $|x_1(T) + \dot{x}_2(T)| < 2$，此时有两个互为复共轭的根.

我们可以令

$$\mu_{1,2} \equiv \mu_\pm = \exp(\pm i\lambda T), \tag{4.77}$$

其中 $\lambda \in \mathbb{R}$ 可以取为正实数，称为弗洛凯特征频率. 我们将其相对应的本征矢记为 $e_\pm(t)$，于是有

$$e_\pm(t + T) = e^{\pm i\lambda T} e_\pm(t). \tag{4.78}$$

现在我们将上面的解尝试写为如下的形式：

$$e_\pm(t) = e^{\pm i\lambda t} u_\pm(t). \tag{4.79}$$

我们发现，

$$e_\pm(t + T) = e^{\pm i\lambda t} e^{\pm i\lambda T} u_\pm(t + T). \tag{4.80}$$

与 (4.78), (4.79) 式进行比较，可得 $u_\pm(t + T) = u_\pm(t)$. 这意味着，在目前这个情况下，相应的本征解可以表达为 (4.79) 的形式，即一个周期仍然为 T 的周期函数 $u_\pm(t)$ 再乘以一个随时间周期振荡的相因子. 注意，即使在这种情况下，这两个本征解一般也不一定是周期函数. 具体来说，$u_\pm(t)$ 一定是具有与原先的 $\omega^2(t)$ 相同周期的周期函数，但是它前面随时间振荡的相因子的周期为 $2\pi/\lambda$，与 T 的比不一定是有理数，因此原则上整个函数 $e_\pm(t)$ 是非周期函数，尽管整个函数一定是有界的. 如果两个周期之比 (或者等价地说两个频率之比) 是有理数，我们称它们是相互公度的 (commensurate). 只有在这个时候，两个本征解才的确是周期函数 (相应的周期是两个公度周期的最小公倍数，而不一定是原先的周期). 反之，如果两个周期的比为无理数，我们则称

它们相互是非公度的 (incommensurate)[7].

(2) $|x_1(T) + \dot{x}_2(T)| > 2$, 此时有两个互为倒数的实根.

由于两者的乘积为 1, 因此它们必定是同号的. 无论如何, 总有一个根的绝对值会比 1 大. 这时微分方程 (4.66) 的两个本征解可以写成

$$e_1(t + T) = \mu^{t/T} u_1(t), \ e_2(t + T) = \mu^{-t/T} u_2(t), \tag{4.81}$$

其中 $|\mu| > 1$, $u_{1,2}(t)$ 仍然是时间的周期函数 (周期仍为 T). 这时第二个解是指数衰减的, 第一个解是随着时间指数增加的. 这意味着平衡位置是不稳定的. 这种现象称为参数共振. 它的典型特点是, 如果一个振子的参数 (例如其特征频率 ω) 是时间的周期函数, 那么振子的振幅很可能会指数地增加.

(3) $|x_1(T) + \dot{x}_2(T)| = 2$, 此时有两个简并的实根 (必定是 ± 1).

此时必定有

$$\mu_1 = \mu_2 = \mu = \pm 1, \tag{4.82}$$

也就是说, 矩阵 R 的本征值要么是 $+1$, 要么是 -1. 这又可以分为两个子类: 第一个子类中 $R = (\pm\mathbb{1})_{2\times 2}$, 第二个子类则是 $R = \begin{bmatrix} \mu & \rho \\ 0 & \mu \end{bmatrix}$, 其中 $\mu = \pm 1$ 而 $\rho \neq 0$. 这时矩阵 R 是不可对角化的, 这个形式其实就已经是它的所谓若尔当 (Jordan) 标准型了. 第一个子类实际上可以视为前面第一类情况的一个极限, 即系统的解基本上是有界的. 第二个子类则需要额外的考虑.

显然对于这种情况下的 R, 简单的矩阵代数告诉我们,

$$R = \begin{bmatrix} \mu & \rho \\ 0 & \mu \end{bmatrix},$$

从而有

$$R^n = \begin{bmatrix} \mu^n & n\mu^{n-1}\rho \\ 0 & \mu^n \end{bmatrix} \quad (n \geqslant 2). \tag{4.83}$$

这个矩阵的对角元基本上是正负振荡的, 但是其非对角元的模是按照 $O(n)$ 代数增长的. 这虽然不是指数增加, 但是也仍然会导致相应的解趋于发散.

---

[7] 这里讨论的方程都是对时间的二阶常微分方程. 如果我们将时间换为空间, 希尔方程实际上与一维周期势中的薛定谔方程 (Schrödinger equation) 一致. 这个问题在固体物理中也需要研究, 那里 (4.79) 式所体现的结论一般被称为布洛赫定理 (Bloch's theorem).

　　上面的讨论基本上从定性的角度穷尽了希尔方程的解在长时间下的各种可能行为. 下面我们来看一个参数共振的定量的例子. 参数共振现象在日常生活中还是经常能够遇到的. 一个读者应该十分熟悉的例子就是我们儿时玩过的秋千[8]. 在荡秋千时, 你需要在秋千上面不断周期性地蹲下和站起, 其结果是振子的频率随之发生周期性的改变, 因而荡秋千的力学系统可以近似地用参数振子方程 (4.66) 来描述. 由于荡秋千时我们对振子频率的改变与振子原来的频率比较是小量, 因此我们可以近似地令

$$\omega^2(t) = \omega_0^2(1 + h\cos\gamma t), \tag{4.84}$$

其中 $0 < h \ll 1$ 是一个小量. 我们荡秋千的时候, 应当尽量使参数改变的频率 γ 与原来振子的固有频率的两倍 $2\omega_0$ 相近, 这时参数共振的现象才是最为有效的[9]. 因此我们假定 $\gamma = 2\omega_0 + 2\epsilon$, 其中 $\epsilon \ll \omega_0$. 于是, 参数振子方程 (4.66) 的解可以写为

$$x(t) = a(t)\cos(\omega_0 + \epsilon)t + b(t)\sin(\omega_0 + \epsilon)t, \tag{4.85}$$

其中 $a(t)$, $b(t)$ 与上式中的三角函数比较是时间的缓变函数. 将这个尝试解代入方程 (4.66), 同时假定 $\dot{a} \sim \epsilon a$, $\dot{b} \sim \epsilon b$, 我们寻求指数形式的解 $a(t) \propto \exp(st)$. 经过一些简单的计算, 我们发现

$$s^2 = \frac{1}{4}\left[\frac{1}{4}h^2\omega_0^2 - 4\epsilon^2\right]. \tag{4.86}$$

因此要求存在指数增长的解的条件是

$$|\epsilon| < \frac{1}{4}h\omega_0. \tag{4.87}$$

所以够存在参数共振的频率范围正比于 h, 而且当 $\epsilon = 0$ 时, 共振增长效应最为明显, 这时随着时间指数增长的指数 $s = h\omega_0/4$.

---

[8] 话说读者在儿时还玩秋千吗?

[9] 如果你的确荡过秋千, 应当还记得这一诀窍吧.

相关的阅读

本章中我们讨论了力学系统的小振动问题. 这类问题所涉及的范围很广. 我们的重点是多自由度系统的线性振动, 对于非线性振动 (或者说非谐振动) 只是做了简单的介绍. 对于这方面有额外兴趣的读者, 可以阅读参考书 [3] 的第七章.

就本章的具体内容来说, 对第 19 节内容感兴趣的读者可以参考朗道书[1] 的 §21, §22, §25. 第 20 节的讨论可参考朗道书[1] 的 §23. 第 21 节的讨论可参考朗道书[1] 的 §28. 第 22 节的讨论可参考朗道书[1] 的 §27. 类似的关于小振动的讨论也可见参考书 [2] 的第六章或者参考书 [3] 的第四章.

习   题

1. 共振的一维振子. 验证 (4.10) 式给出共振时一维受迫振子的解.

2. 悬挂点可运动的复摆. 如图 4.2 所示. 在均匀向下 (即沿负的 y 轴方向) 的重力场中, 一个质量为 m 长度为 l 的均匀杆 AB 悬挂于点 A. 悬挂点 A 可以沿曲线 $y = (\alpha/2l)x^2$ 自由、无摩擦地运动, 其中 $\alpha > 0$ 为一无量纲的正常数. 杆在重力影响下可以绕 A 点在 x-y 平面内摆动. 已知杆绕其质心 C (位于 AB 的中点) 的转动惯量为 $I = (1/12)ml^2$. 现在选悬挂点 A 的横坐标 x 以及杆相对于垂直方向的角度 ϕ 为系统的广义坐标.

   (1) 写出系统的动能和势能并给出它的拉格朗日量表达式, 并说明 $x = \phi = 0$ 是系统的一个平衡位置 (即是势能函数的极小值).

   (2) 给出与 x 和 ϕ 共轭的正则动量 p_x 和 p_ϕ 的表达式并给出系统的运动方程 (不必明确地将时间导数算出来, 将运动方程表达成 $\dot{p}_x = \cdots$ 和 $\dot{p}_\phi = \cdots$ 的形式即可).

   (3) 考虑系统在其平衡位置 $x = \phi = 0$ 附近的小振动. 给出这时的系统的近似拉格朗日量和运动方程.

   (4) 确定系统小振动的本征频率.

   (5) 现在假定 $\alpha = 5/2$, 试确定系统的相应本征矢量并写出小振动系统的通解.

   (6) 如果初始条件为 $x(0) = \dot{x}(0) = \dot{\phi}(0) = 0$, $\phi(0) = \phi_0$, 给出相应的解随时间的变化规律.

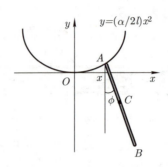

图 4.2   处在均匀向下的重力场中的杆.

3. **一维双振子.** 考虑如图 4.3 所示的一维双振子, 质量分别为 m_1, m_2 的两个质点由 3 个弹簧 (弹性系数分别为 k_1, k_2 和 k_3) 相隔, 并做一维振动. 为了方便, 我们取最左边的弹簧和质点的弹性系数和质量为单位: $m_1 = m$, $k_1 = k$. 假定在此单位中, 另外的参数为 $m_2 = 4m$, $k_2 = 4k$, $k_3 = 28k$. 对这个小振动系统求解下列问题.

   (1) 记两个质点偏离其平衡位置的位移为 x_1 和 x_2, 以此为广义坐标, 写出系统的拉格朗日量.

   (2) 给出系统的运动方程.

   (3) 对于这个小振动系统, 给出其特征频率.

   (4) 对每一个特征频率, 求出相应的特征矢量并给出模态矩阵.

   (5) 对于特定的初始条件, 给出问题的最终解.

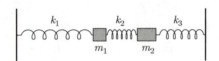

图 4.3   两个质点三个弹簧的系统的一维振动问题.

4. **圆管中滚动的圆柱体.** 考虑一个质量均匀分布、总质量为 M、半径为 R 的中空圆管 (厚度可忽略) 在水平平面上做纯滚运动. 它的内部有一个质量为 m、半径 $r = R/2$ 的实心圆柱. 圆柱在圆管内部也做纯滚. 整个系统处在重力加速度为 g 的重力场中 (见图 4.4). 将 $t = 0$ 时刻圆管上某个固定的点 P 与地面接触的点 O 选为坐标原点, X 轴正方向向右. 设在时刻 t, 圆管的圆心位置 (也就是与地面接触的点) 的坐标为 $X(t)$, 圆心与 P 点连线与垂直方向夹角取为 $\theta(t)$. 对圆管内部的圆柱体, 定义圆柱体质心的坐标为 (x, y) (x 相对于原点 O, y 相对于地面). 令圆柱中心到圆柱与圆管内壁的接触点半径与垂直方向的夹角为 $\phi(t)$. 我们将用 $(X(t), \theta(t); x(t), y(t), \phi(t))$ 来描写整个力学系统.

   (1) 利用圆管和圆柱的纯滚约束条件给出 $X(t)$ 与 $\theta(t)$ 之间的关系以及圆柱体质心坐标 (x, y) 与 $X(t)$ 以及 $\phi(t)$ 之间的关系 (因此, 只需要 θ 和 ϕ 就足以描写整个力学系统了).

(2) 将上问得到的约束条件对时间求导, 给出广义速度 $(\dot{X}, \dot{x}, \dot{y})$ 与 $(\dot{\theta}, \dot{\phi})$ 之间的关系.

(3) 给出圆管质心平动的动能及其绕质心转动的动能, 用 $\dot{\theta}$ 表达.

(4) 给出圆柱体平动动能表达式, 用 $\dot{\theta}$ 和 $\dot{\phi}$ 表达.

(5) 计算圆柱体绕其质心的转动动能 [已知半径为 r 的均匀圆柱绕其轴的转动惯量为 $(1/2)mr^2$], 特别注意圆柱的角速度不仅仅来自 $\dot{\phi}$, 还受 $\dot{\theta}$ 影响.

(6) 写出系统的重力势能并综合以上结果给出整个力学系统的拉格朗日量 $L(\theta, \phi, \dot{\theta}, \dot{\phi})$.

(7) 给出系统的运动方程 (θ 和 ϕ 的).

(8) 讨论系统在 $\phi \ll 1$ 附近的小振动的频率.

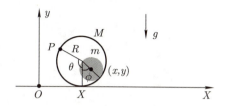

图 4.4　圆管中滚动的圆柱体.

5. 一维原子链的不同边条件. 在例 4.3 中我们讨论了加上周期边条件的一维原子链的谐振解. 它体现为一个一维的行波解. 现在尝试加上不同的边条件, 例如加上固定的狄利克雷 (Dirichlet) 边条件 $x_1 = x_N = 0$, 同时链内有一个固定的弦张力 T, 讨论这种边条件下的横波 (即每个原子振动的方向垂直于其排列方向) 驻波解以及相应的本征频率. 这个问题本书后面的第 36 节中还将更仔细地进行讨论.

6. 非谐振的一维原子链. 接上题. 在给定弦张力为 T 的狄利克雷边条件 $x_1 = x_N = 0$ 的原子链中, 假定原子之间的相互作用势能除了谐振的二次势之外, 同时还有一个很小的、形如 $\lambda(x_n - x_{n+1})^3$ 的三次势. 用第 21 节的方式讨论其运动方程的解并与上题比较.

7. 参数振子中的特殊情况. 在讨论参数振子时我们指出, 矩阵 R 的本征值可能出现有重根并且都等于 ± 1 的情况. 在这种情况下, 矩阵可能直接正比于单位矩阵, 但也可能是不可对角化的若尔当标准型. 请验证那里的 (4.83) 式.

第五章　刚体的运动

这一章中我们讨论理论力学中经典的理论——刚体的力学运动规律. 我们的讨论将是比较简略的. 这一部分的有些内容实际上在普通物理力学之中都已经涉及了. 我们这里将从拉格朗日力学的体系出发, 重点讨论一些以前没有涉及的问题.

刚体相关的内容大体可以分为刚体的运动学 (kinematics) 和刚体的动力学 (dynamics) 两个部分. 我们也将分为两个部分来讨论. 运动学主要涉及刚体运动的描写, 其中的重点是三维转动的描写. 动力学则侧重于刚体的动力学方程的建立和求解.

23　转动的数学表述

刚体可以看成由无穷多质点构成的一个经典力学系统. 它具有固定的尺寸和总质量, 而且刚体内任意两个质点之间的距离都不随时间改变, 也就是说这个物体可以看成是纯粹刚性的[①]. 真实的物体当然都不是真正的刚体, 但是如果其形变对运动的影响不在我们的考虑之内, 那么可以近似地将其视为刚体, 从而大大简化计算.

一个一般的刚体具有 6 个力学自由度. 例如, 我们可以选择刚体的质心坐标 (3 个)、从质心 C 到刚体上任意一个固定点 A 的位移矢量 $\boldsymbol{R}_0$ 的方向 (2 个), 再加上刚体绕着沿 $\boldsymbol{R}_0$ 方向的一个轴转动的角度 (1 个). 当然某些刚体的自由度数目低于 6. 对于经典的刚体, 这仅仅出现在刚体本身实际上是低维的情况. 例如, 一个一维的刚体杆的自由度数目只有 5 个, 因为它不存在绕自身轴的转动自由度.

在刚体的运动学描述中, 我们常常会选择一个随着刚体一起运动的坐标架来描写刚体的运动[②]. 我们通常称这样固着在刚体上的坐标架为刚体的体坐标架 (body axis). 这里特别需要强调的一点是, 不要把这个想象成是取随着刚体一起运动的参照系. 这样一来, 由于刚体的速度、角速度随时都在变化, 这个参照系实际上是一个复杂的非惯性系. 比较简单的想法是仅仅把体坐标架想象成随着刚体运动的一些坐标轴. 我们仍然在空间固定的惯性系中来考察刚体的运动方程. 这个运动方程当然会涉及表征刚体的一些矢量, 例如角速度、角动量、力矩等等. 而采用体坐标架仅仅是在每一个时刻都将这些矢量向体坐标架的坐标轴投影而已. 一般来说, 这个体坐标架的原点总是选择在刚体的质心, 这样可以带来诸多的便利.

本节中, 借助于刚体的运动学, 我们实际上需要讨论一般的三维转动的数学描述, 包括它的各种群表示. 我们将首先复习一下三维转动矩阵的一些基本性质 (第 23.1 小节), 随后我们讨论无穷小转动和刚体的角速度 (第 23.2 小节), 然后我们介绍刚体转动的欧拉角描述 (第 23.3 小节), 最后, 对转动矩阵的另外一种参数化描述, 即所谓的凯莱 (Cayley) – 克莱因 (Klein) 参数化 (第 23.4 小节), 我们也会做个简单的介绍.

---

①我们知道, 三维的距离并不是一个洛伦兹不变量, 只有四维间隔才是. 因此, 并不存在与狭义相对论完全兼容的 "刚体" 的概念. 在非相对论牛顿力学中, 时空对称性由洛伦兹对称性退化为伽利略对称性. 这样一来, 三维的转动 (它保持空间中任意两点间三维距离不变) 与时间完全剥离, 这时可以自洽地定义刚体的概念. 因此, 本章的所有讨论仅在非相对论力学中才有意义.

②这样做的优点在下面几节过后就会变得十分显然了.

23.1 三维转动矩阵的一些基本性质

这一小节中我们将着重讨论与刚体转动有关的三维转动矩阵的基本性质. 线性代数的知识告诉我们, 对三维空间中的任意一个矢量 $\boldsymbol{x} \in \mathbb{R}^3$, 我们可以将其表达为

$$\boldsymbol{x} = x_i \boldsymbol{e}_i, \tag{5.1}$$

其中 $\{\boldsymbol{e}_i, i = 1, 2, 3\}$ 为三维矢量空间中的一组正交归一的基矢, x_i 则称为矢量 $\boldsymbol{x}$ 在这组基矢下的坐标, 又称为该矢量的分量. 在不至于引起误会的前提下, 我们常常又直接用它来代替矢量 $\boldsymbol{x}$ 本身. 需要注意的是, 一个给定的矢量 $\boldsymbol{x}$ 并不依赖于基矢的选取, 但是它的坐标 x_i 却依赖于基矢的选取. 基矢的选取具有相当的任意性, 从这个意义上讲, 矢量的坐标 (分量) 并不代表真实的物理, 仅仅是一种描述方式而已. 如果一个矢量 $\boldsymbol{x}$ 在某组基矢 $\{\boldsymbol{e}_i, i = 1, 2, 3\}$ 下的坐标 (分量) 为 x_i, 在另外一组基矢 $\{\boldsymbol{e}_i', i = 1, 2, 3\}$ 下的坐标 (分量) 为 x_i', 那么有

$$x_i' = A_{ij} x_j, \tag{5.2}$$

其中矩阵 A_{ij} 是一个 3×3 的实正交矩阵, 它标记了不同基矢的选取之间的转换关系. 事实上, 有

$$\boldsymbol{e}_i = A_{ij}^{-1} \boldsymbol{e}_j' = \boldsymbol{e}_j' A_{ji}. \tag{5.3}$$

读者不难验证, 任意一个矢量 $\boldsymbol{x} = x_i \boldsymbol{e}_i = x_i A_{ji} \boldsymbol{e}_j' = x_j' \boldsymbol{e}_j'$, 因此这与坐标的变换规则 (5.2) 一致. 正是在这个意义下, 我们常常说变换规则 (5.2) 可以视为三矢量的定义. 换句话说, 凡是各个分量 x_i 在坐标变换下 (即不同基矢的选取下) 按照规则 (5.2) 变换的量就称为 (三维) 矢量.

在讨论转动的过程中, 可以采用两种等价的描述方法. 一种观点认为矢量保持不变, 转动坐标架 (或者说选择不同的基矢), 这又称为被动观点; 另一种等价的描述方法是转动矢量 (或者更复杂的张量) 本身而坐标架保持不动, 这又称为主动观点. 我们前面说的三维转动是采用前一种方法, 即被动观点 (被动观点也常用定义 $\boldsymbol{e}_i' = R_{ij} \boldsymbol{e}_j$, 其中旋转矩阵 $R = A$). 有的时候, 特别是在讨论刚体问题的时候, 我们会相互转换这两种观点. 很显然, 一种观点中的转动角与另一种观点中的转动角刚好相反.

在物理上，每个实正交矩阵 (在被动观点中) 都等价于一个坐标架的三维转动，因此又称为三维转动矩阵. 如果 A 的转置矩阵记为 A^{T}，那么它们满足

$$A^{\mathrm{T}} \cdot A = A \cdot A^{\mathrm{T}} = \mathbb{1}, \tag{5.4}$$

其中 $\mathbb{1}$ 为 3×3 单位矩阵. 这个条件实际上来源于三维转动不改变任何两个三矢量内积的事实. 容易证明，两个正交矩阵的乘积仍然是一个正交矩阵. 因此，所有的三维转动矩阵 (或者称为正交矩阵) 在矩阵乘法下构成一个群，称为三维转动群或三维正交群，记为 O(3). 将这个式子两边取行列式并利用 $\det(A) = \det(A^{\mathrm{T}})$，我们就得到 $\det(A) = \pm 1$. 因此，三维转动矩阵可以按照其行列式的两个不同取值分为互不连通的两支. 满足 $\det(A) = +1$ 的转动称为正常转动；满足 $\det(A) = -1$ 的转动称为非正常转动，它实际上可以看成一个正常转动再乘以宇称变换矩阵

$$P = \begin{pmatrix} -1 & 0 & 0 \\ 0 & -1 & 0 \\ 0 & 0 & -1 \end{pmatrix}. \tag{5.5}$$

显然，宇称变换矩阵 P 满足 $\det(P) = -1$. 所有的正常转动也构成一个群，称为特殊三维正交群，或特殊三维转动群，记为 SO(3). 显然，O(3) 群可以分为互不连通的两支，其中一支由所有的正常转动构成，即 SO(3) 群，另一支则由所有的非正常转动构成，它们本身不能构成群的结构，因为两个非正常转动的乘积是一个正常转动. 关于对称性与群的概念在经典力学里面的应用，有兴趣的读者可以参考本书后面的附录以及那里给出的进一步的参考文献.

关于三维正常转动矩阵我们有下面的重要结论，它又经常被称为欧拉定理.

定理 5.1   一个正常转动所对应的三维转动矩阵一定存在一个本征值为 $+1$，与其对应的本征矢量实际上对应于该转动的转动轴.

这个结论有多种方法可以证明. 一个最简单而直接的方法是利用恒等式

$$(A - \mathbb{1}) A^{\mathrm{T}} = \mathbb{1} - A^{\mathrm{T}},$$

并在两边取行列式，再利用 $\det A^{\mathrm{T}} = \det A = +1$，有

$$\det(A - \mathbb{1}) = \det(\mathbb{1} - A^{\mathrm{T}}) = \det(\mathbb{1} - A) = (-1)^3 \det(A - \mathbb{1}).$$

这意味着 $\det(A - \mathbb{1}) = 0$，即 A 一定有一个本征值为 $\lambda = +1$.

另外一种证明方法是直接列出矩阵 A 的特征方程：

$$\begin{vmatrix} a_{11} - \lambda & a_{12} & a_{13} \\ a_{21} & a_{22} - \lambda & a_{23} \\ a_{31} & a_{32} & a_{33} - \lambda \end{vmatrix} = 0. \tag{5.6}$$

明确地写出来就是

$$(a_{11} - \lambda)(a_{22} - \lambda)(a_{33} - \lambda) + a_{21}a_{32}a_{13} + a_{31}a_{12}a_{23}$$
$$- a_{13}a_{31}(a_{22} - \lambda) - a_{23}a_{32}(a_{11} - \lambda) - a_{12}a_{21}(a_{33} - \lambda) = 0.$$

这个等式左边是关于 λ 的多项式，其结构是这样的：最高幂次为 $-\lambda^3$；平方项为 $(a_{11} + a_{22} + a_{33})\lambda^2 = \lambda^2 \mathrm{Tr}(A)$；常数项显然就是矩阵 A 的行列式 $\det(A) = +1$；唯一需要仔细一点考察的是关于 λ 的线性项. 线性项具体写出来是

$$\lambda\left[-(a_{11}a_{33} - a_{13}a_{31}) - (a_{11}a_{22} - a_{12}a_{21}) - (a_{22}a_{33} - a_{23}a_{32})\right].$$

这个表达式圆括号里面的三项恰好是原先矩阵行列式中三个对角元的相应代数余子式. 按照线性代数的知识，这正比于矩阵的逆矩阵的元素. 又由于正交矩阵的转置正好是它的逆，因此实际上就是 $-\lambda(a_{22} + a_{33} + a_{11}) = -\lambda\mathrm{Tr}(A)$. 这样矩阵 A 的特征方程可以化为

$$-\lambda^3 + \lambda^2 \mathrm{Tr}(A) - \lambda\mathrm{Tr}(A) + 1 = 0. \tag{5.7}$$

这个表达式说明，A 一定存在一个 $+1$ 的本征值，而另外两个本征值满足方程

$$\lambda^2 + \lambda - \mathrm{Tr}(A)\lambda + 1 = 0. \tag{5.8}$$

虽然看起来另外两个本征值一般也可以是实数，但是由于它们的乘积被固定为 $+1$，同时注意到转动矩阵不能改变任意一个矢量的长度，所以最为一般的情形下三个根为

$$\lambda_0 = +1, \quad \lambda_{1,2} = \mathrm{e}^{\pm \mathrm{i}\Theta}, \tag{5.9}$$

即另外两个本征值为互为复共轭的相因子，这时 $\mathrm{Tr}(A) = 1 + 2\cos\Theta$. 我们看到，都是实根的情形一般只能是 $\lambda_{1,2} = +1$ (对应于 $\Theta = 0$) 或 $\lambda_{1,2} = -1$(对应于 $\Theta = \pi$)，其中前者对应于完全不转的情形而后者对应于绕某个轴旋转 π.

基于上面的分析，我们可以写出绕 z 轴逆时针旋转任意一个角度 Θ 的正常转动所对应的转动矩阵 $A(\Theta)$. 它具有如下的形式：

$$A(\Theta) = \begin{pmatrix} \cos\Theta & \sin\Theta & 0 \\ -\sin\Theta & \cos\Theta & 0 \\ 0 & 0 & 1 \end{pmatrix}. \tag{5.10}$$

读者不难验证，它就具有我们前面分析的特征：一个本征值为 $+1$，其余两个本征值为 $\mathrm{e}^{\pm\mathrm{i}\Theta}$.

在被动观点中，即我们转动坐标架而不是矢量，此时坐标架的单位矢量和坐标都按照 A 变换. 在矩阵形式的表述中，我们可以将三个单位矢量排成一个列矢量，$\boldsymbol{E} = (e_1, e_2, e_3)^{\mathrm{T}}$，将矢量 $\boldsymbol{x}$ 的三个坐标记为 $\boldsymbol{X} = (x_1, x_2, x_3)^{\mathrm{T}}$. 矢量 $\boldsymbol{x}$ 本身在被动观点中的转动过程里是不变的，也就是说，$\boldsymbol{x} = x_i e_i = x_i' e_i'$. 这个事实用矩阵形式的坐标 $\boldsymbol{X}$ 和单位矢量 $\boldsymbol{E}$ 来写就是

$$\boldsymbol{x} = \boldsymbol{X}^{\mathrm{T}} \cdot \boldsymbol{E} = \boldsymbol{X}'^{\mathrm{T}} \cdot \boldsymbol{E}', \quad \boldsymbol{X}' = A \cdot \boldsymbol{X}, \quad \boldsymbol{E}' = A \cdot \boldsymbol{E}. \tag{5.11}$$

而在主动观点中，我们是去转动矢量 $\boldsymbol{x}$ 本身而坐标架保持不动. 显然此时坐标 $\boldsymbol{X}$ 和 $\boldsymbol{E}$ 都按照 (5.11) 式中的逆变换变换. 对于具体的变换 $A(\Theta)$ 而言，这就是 $\Theta \to (-\Theta)$. 这个具体的变换矩阵将在我们后续讨论更复杂的旋转变换时起到重要作用.

这里稍微多说明一下记号方面的问题. 在后续的讨论中，除了在需要的时候，我们一般并不会直接写出三个坐标架的单位矢量 $\boldsymbol{E}$，或者等价地说，我们经常会默认它们就是 $e_1 = (1, 0, 0)^{\mathrm{T}}$，$e_2 = (0, 1, 0)^{\mathrm{T}}$，$e_3 = (0, 0, 1)^{\mathrm{T}}$，这个选择被称为标准基. 在标准基的选择下，$\boldsymbol{x}$ 实际上与 $\boldsymbol{X}$ 没有区别，即 $\boldsymbol{x} = \boldsymbol{X}$. 这其实也是多数读者所熟悉的形式. 但是，如果我们希望在被动观点下讨论变换前后坐标架的变化，那么显然不可能将两套坐标架都同时选择为标准基 (它们都是常矢量)，此时就有必要区分 $\boldsymbol{x}$ 矢量以及它在选择了基矢后的坐标的矩阵表达 $\boldsymbol{X}$. 只有在这个时候，我们需要将三个基矢 $\boldsymbol{E}$ 以及三个坐标 $\boldsymbol{X}$ 都写

出来. 在后续的讨论中, 我们一般默认选择标准基 $\boldsymbol{x} = \boldsymbol{X}$, 并且在被动观点中, 它按照转动矩阵 A 来变换 [(5.11) 式]: $\boldsymbol{X}' = A \cdot \boldsymbol{X}$.

下面我们简单讨论三维正常转动所对应的位形流形的拓扑结构. 按照欧拉定理, 所有三维正常转动都可以看成绕着某个轴的转动. 因此, 刻画一个正常转动我们需要 $(\Theta, \boldsymbol{n})$ 这一对参数, 其中 $\boldsymbol{n}$ 是转轴方向的单位矢量, Θ 则是绕该轴的转动角. 我们将用 $R(\Theta, \boldsymbol{n})$ 来标记这样的转动. 有了这个记号, 我们可以来讨论所有正常转动构成的群 SO(3) 的拓扑结构, 它也是一个一般的经典刚体的转动部分的相流形 (phase manifold) 的拓扑结构. 为此, 我们考虑三维空间中一个半径为 π 的球体. 我们约定球体的中心 O 对应于不转动 (单位矩阵), 球体内任意一点 A 对应于以原点与该点的连线 OA 为转动轴, 以该点到原点的距离为转动角 Θ 的一个转动. 对于转动角在 $(-\pi, 0)$ 之内的转动 $R(\Theta, \boldsymbol{n})$, 我们利用 $R(\Theta, \boldsymbol{n}) = R(-\Theta, -\boldsymbol{n})$ 将它化为一个正的角度的转动, 这使得我们可以控制转动角度 Θ 的取值在 $(0, \pi)$ 以内. 同时, 位于球面上面的点都对应于绕某个轴的转角为 $\pm\pi$ 的转动. 由于 $R(\pi, \boldsymbol{n}) = R(-\pi, -\boldsymbol{n})$, 因此球面上相对的两个点必须看作完全相同的. 也就是说, 我们必须将球面上相对的两个点等同起来 (或者说粘起来). 这个颇为复杂的构造就是 SO(3) 群流形的拓扑结构, 在数学上它被称为三维实射影空间 (three-dimensional real projective space), 记为 RP^3.

23.2 无穷小转动与角速度

转动矩阵之间一般是不可对易 (或者说不可交换) 的. 虽然任何两个转动所对应的转动矩阵 (比如说 A 和 B) 之乘积仍然对应于一个转动矩阵 AB, 它代表首先进行转动 B 然后进行转动 A, 但是一般来说, $AB \neq BA$. 这在物理上对应于一般的转动也是不可交换的. 但是如果两个转动属于无穷小的转动, 那么它们实际上是可对易的. 正是这个事实表明了角速度矢量的定义是有意义的. 如前面提到的, 所谓无穷小转动是无穷接近不转动的一种转动, 它是一种正常转动, 即与其对应的转动矩阵的行列式为 $+1$. 这类无穷小转动又可以分为三种独立的转动的叠加: 在 x-y 平面、y-z 平面、x-z 平面. 对一个无穷小转动, 我们可以将其转动矩阵表达为

$$A = \exp(\mathrm{i}\mathrm{d}\boldsymbol{\theta} \cdot \boldsymbol{S}) = \mathbb{1} + (-\mathrm{d}\boldsymbol{\theta}) \cdot (-\mathrm{i}\boldsymbol{S}) + \cdots, \tag{5.12}$$

其中 $\mathrm{d}\boldsymbol{\theta} = (\mathrm{d}\theta_1, \mathrm{d}\theta_2, \mathrm{d}\theta_3)$ 为一实的无穷小转动角矢量, 方向沿着转动轴, 而 $(-\mathrm{i}\boldsymbol{S})$ 为下列三个反对称的 3×3 矩阵[③]:

$$-\mathrm{i}\boldsymbol{S}_1 = \begin{pmatrix} 0 & 0 & 0 \\ 0 & 0 & -1 \\ 0 & +1 & 0 \end{pmatrix}, \quad -\mathrm{i}\boldsymbol{S}_2 = \begin{pmatrix} 0 & 0 & +1 \\ 0 & 0 & 0 \\ -1 & 0 & 0 \end{pmatrix}, \quad -\mathrm{i}\boldsymbol{S}_3 = \begin{pmatrix} 0 & -1 & 0 \\ +1 & 0 & 0 \\ 0 & 0 & 0 \end{pmatrix}. \tag{5.13}$$

这三个矩阵一般被称为三维转动的生成元 (generator), 它们分别"生成了" y-z, x-z, x-y 平面中的无穷小转动. 一个任意的转动总可以看成上述三种独立的无穷小转动"积分"后的结果. 前面提到过三维的正常转动构成一个群 SO(3), 这个群实际上包含无穷多的元素, 是一个李群, 相应的生成元就是上面给出的这三个矩阵. 这些矩阵本身构成了相应李群的李代数. 容易发现三个生成元之间并不对易, 这体现了一般的转动是不可交换的. 上述三个生成元之间的基本对易关系为

$$[\boldsymbol{S}_i, \boldsymbol{S}_j] = \mathrm{i}\epsilon_{ijk}\boldsymbol{S}_k. \tag{5.14}$$

这恰好是 (量子力学中) 角动量之间的对易关系, 说明角动量的确与空间转动有着密不可分的关系[④].

我们以上一节给出的绕 z 轴旋转一个无穷小转角 $\Theta = \theta$ 的转动矩阵为例来说明矢量在转动下的变换规则. 此时, 三维的无穷小转角 $\mathrm{d}\boldsymbol{\theta} = (0, 0, \mathrm{d}\theta) = \mathrm{d}\theta \boldsymbol{e}_3$, 因此我们可以按照 (5.11) 式写出矢量 $\boldsymbol{x}$ 相应的坐标 $\boldsymbol{X}$ 的变化行为:

$$A \approx [\mathbb{1} + (-\mathrm{d}\theta)(-\mathrm{i}\boldsymbol{S}_3)],$$
$$\mathrm{d}\boldsymbol{X} = (A - \mathbb{1}) \cdot \boldsymbol{X} = (-\mathrm{d}\theta)(-\mathrm{i}\boldsymbol{S}_3) \cdot \boldsymbol{X} = \boldsymbol{x} \times (\mathrm{d}\theta \boldsymbol{e}_3). \tag{5.15}$$

在上式的最后一步, 我们将坐标 $\boldsymbol{X}$ 改写成了矢量 $\boldsymbol{x}$ 叉乘 $\mathrm{d}\boldsymbol{\theta} = \mathrm{d}\theta \boldsymbol{e}_3$ 的形式. 对于一个任意的三维无穷小转动 (不一定绕 z 轴), 这个公式的推广显然是

$$\mathrm{d}\boldsymbol{X} \equiv \boldsymbol{X}' - \boldsymbol{X} = [(-\mathrm{d}\boldsymbol{\theta}) \cdot (-\mathrm{i}\boldsymbol{S})] \cdot \boldsymbol{X} = \boldsymbol{x} \times \mathrm{d}\boldsymbol{\theta}, \tag{5.16}$$

[③]注意矩阵 $(-\mathrm{i}\boldsymbol{S})$ 是实的反对称矩阵, 但是它们并不是厄米的, 而是反厄米的. $\boldsymbol{S}$ 则是厄米的, 符合量子力学中关于物理量的要求.

[④]如果你还没有学过量子力学, 请忽略这句话.

其中最后一步我们将它写为两个矢量的叉乘. 需要注意的是, 上面这个关系式是利用所谓的被动观点得到的. 因此, 如果我们希望用所谓主动观点来重新写这个关系式, 那么我们需要将其中的 $d\boldsymbol{\theta}$ 替换为 $-d\boldsymbol{\theta}$. 现在我们考虑刚体具有的某个矢量 $\boldsymbol{G}$ 在某个无穷小时间间隔 dt 内相对于空间固定坐标系的变化 $(d\boldsymbol{G})_{\text{space}}$, 那么有

$$(d\boldsymbol{G})_{\text{space}} = (d\boldsymbol{G})_{\text{body}} + (d\boldsymbol{G})_{\text{rot}}, \tag{5.17}$$

其中 $(d\boldsymbol{G})_{\text{body}}$ 是由于刚体坐标架的非转动而导致的矢量 $\boldsymbol{G}$ 的变化, 而 $(d\boldsymbol{G})_{\text{rot}}$ 则是由刚体坐标架的转动所带来的变化. 假设固连在刚体上的刚体坐标架在做一个无穷小的转动, 我们这时需要用 $-d\boldsymbol{\theta}$ 来替代 $d\boldsymbol{\theta}$, 因此有

$$(d\boldsymbol{G})_{\text{rot}} = \boldsymbol{G} \times (-d\boldsymbol{\theta}) = d\boldsymbol{\theta} \times \boldsymbol{G}. \tag{5.18}$$

这个式子实际上我们前面已经利用过. 最简单的导出方法是利用主动的观点来看待转动, 参见第 10.3 小节的 (2.58) 式, 只不过那里是针对特定的物理量 $\boldsymbol{x}$ 和 $\boldsymbol{v}$. 因此, $\boldsymbol{G}$ 的总变化可以写为

$$(d\boldsymbol{G})_{\text{space}} = (d\boldsymbol{G})_{\text{body}} + d\boldsymbol{\theta} \times \boldsymbol{G}. \tag{5.19}$$

由此可以定义刚体沿着瞬时转轴的方向的角速度矢量 $\boldsymbol{\Omega}$ (这是一个轴矢量):

$$\boldsymbol{\Omega} = \frac{d\boldsymbol{\theta}}{dt}. \tag{5.20}$$

这样一来, (5.19) 式可以写为对时间的变化率的形式:

$$\left(\frac{d\boldsymbol{G}}{dt}\right)_{\text{space}} = \left(\frac{d\boldsymbol{G}}{dt}\right)_{\text{body}} + \boldsymbol{\Omega} \times \boldsymbol{G}. \tag{5.21}$$

这个式子的一个具体的应用就是大家所熟知的 (通过简单的几何分析也可以给出的), 在刚体上任意一点相对于一个空间固定坐标架 (一个惯性系) 的速度 $\boldsymbol{v}$ 可以表达为

$$\boldsymbol{v} = \boldsymbol{v}_{\text{c}} + \boldsymbol{\Omega} \times \boldsymbol{r}. \tag{5.22}$$

这里 $\boldsymbol{v}_{\text{c}}$ 表示刚体质心的平动速度, $\boldsymbol{\Omega}$ 是刚体转动的角速度矢量, $\boldsymbol{r}$ 是从质心到所考虑点的位置矢量.

23.3 欧拉角的描述

描述一个刚体的三个转动自由度有许多方法. 一个经常用到的描述方式就是利用著名的欧拉角. 为此我们考虑在惯性系空间固定的一个坐标架 XYZ. 我们再考虑一个原点位于刚体质心, 同时随着刚体运动的坐标架 (称为体坐标架) xyz, 初始时体坐标架 xyz 与 XYZ 完全重合, 即 $xyz \equiv XYZ$, 如图 5.1 所示[⑤]. 随着刚体的运动, 体坐标架 xyz 将不再与 XYZ 重合. 刚体的位置可以完全由其质心的坐标 (即图中坐标原点在固定坐标架 XYZ 中的坐标) 和体坐标架的三个坐标轴 xyz 相对于固定坐标架 XYZ 的三个角度所唯一确定. 下面我们将通过三个转动, 将刚体的体坐标架 xyz 从其初始位置 XYZ 转动到新的位置 xyz. 这三个转动角 ϕ, θ, ψ 被称为欧拉角, 它们刻画了下列三个顺序转动[⑥]:

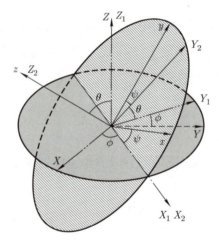

图 5.1   所谓 ZXZ 约定中刚体的欧拉角 (ϕ, θ, ψ) 的展示: 它们刻画了随刚体运动的体坐标架 xyz 相对于空间固定坐标架 XYZ 的三个方位角.

(1) 首先绕原先的 z 轴, 逆时针旋转角度 ϕ 到新的坐标系 $X_1 Y_1 Z_1$. 注意, 由于是绕 z 轴旋转, 因此 Z_1 轴与原来的 z 轴是完全重合的. 这一步可以简记为 $XYZ \overset{R(\phi, \hat{Z})}{\longrightarrow} X_1 Y_1 Z_1$.

[⑤]由于我们仅仅关心动坐标架 xyz 相对于静止坐标架 XYZ 的方位角, 因此我们完全可以将它们的原点画在一起.

[⑥]我们这里选择的是比较常用的 ZXZ 约定, 即首先绕 Z 轴旋转一个角度, 然后绕 (新的)X 轴转第二个角度, 最后再绕 (新的)Z 轴转第三个角度. 其他经常使用的约定还有 ZXY 约定等.

(2) 绕 X_1 轴 (称为节线) 逆时针旋转角度 θ 到新的坐标系 $X_2Y_2Z_2$. 同样, 由于是绕 X_1 轴旋转, 因此 X_2 轴与 X_1 轴也是重合的. 这一步可以简记为 $X_1Y_1Z_1 \xrightarrow{R(\theta,\hat{X})} X_2Y_2Z_2$.

(3) 绕 Z_2 轴逆时针旋转角度 ψ 到新的坐标系 $X_3Y_3Z_3$. 这个坐标系我们也称为 $xyz \equiv X_3Y_3Z_3$. 这一步可以简记为 $X_2Y_2Z_2 \xrightarrow{R(\psi,\hat{Z})} xyz$.

这三个角度中, θ 的取值范围是从 0 到 π, ϕ, ψ 的取值范围都是从 0 到 2π. 这三个角度一起被称为刚体运动的欧拉角.

为了明确写出与欧拉角对应的转动矩阵, 我们将最初的 XYZ 坐标系中某个矢量的坐标记为 $\boldsymbol{x}^{(0)}$, 相应的坐标系 $X_1Y_1Z_1$ 中的坐标记为 $\boldsymbol{x}^{(1)}$, 坐标系 $X_2Y_2Z_2$ 中的坐标记为 $\boldsymbol{x}^{(2)}$. 最后, 坐标系 $X_3Y_3Z_3 \equiv xyz$ 中的坐标记为 $\boldsymbol{x}^{(3)}$. 对于第一个旋转, 有

$$\boldsymbol{x}^{(1)} = D \cdot \boldsymbol{x}^{(0)}, \quad D = \begin{pmatrix} \cos\phi & \sin\phi & 0 \\ -\sin\phi & \cos\phi & 0 \\ 0 & 0 & 1 \end{pmatrix}. \tag{5.23}$$

欧拉角定义是被动观点, 所以矢量是绕 Z 轴转动 $-\phi$. 对第二个旋转, 有

$$\boldsymbol{x}^{(2)} = C \cdot \boldsymbol{x}^{(1)}, \quad C = \begin{pmatrix} 1 & 0 & 0 \\ 0 & \cos\theta & \sin\theta \\ 0 & -\sin\theta & \cos\theta \end{pmatrix}. \tag{5.24}$$

注意第二个转动矢量是绕 X_1 轴转动 $-\theta$, 因此矩阵的形式也需要做适当调整. 第三个转动矢量是绕 Z_2 轴或 z 轴转动 $-\psi$, 因此有

$$\boldsymbol{x}^{(3)} = B \cdot \boldsymbol{x}^{(2)}, \quad B = \begin{pmatrix} \cos\psi & \sin\psi & 0 \\ -\sin\psi & \cos\psi & 0 \\ 0 & 0 & 1 \end{pmatrix}. \tag{5.25}$$

将上述三个转动结合, 我们就得到了与欧拉角对应的转动矩阵的表达式:

$$\boldsymbol{x}^{(3)} = (B \cdot C \cdot D) \cdot \boldsymbol{x}^{(0)} = A \cdot \boldsymbol{x}^{(0)}, \quad A \equiv BCD. \tag{5.26}$$

将上述三个矩阵明确地乘出来, 就得到矩阵 A 的明显表达式:

$$A = \begin{pmatrix} \cos\psi\cos\phi - \cos\theta\sin\phi\sin\psi & \cos\psi\sin\phi + \cos\theta\cos\phi\sin\psi & \sin\psi\sin\theta \\ -\sin\psi\cos\phi - \cos\theta\sin\phi\cos\psi & -\sin\psi\sin\phi + \cos\theta\cos\phi\cos\psi & \cos\psi\sin\theta \\ \sin\theta\sin\phi & -\sin\theta\cos\phi & \cos\theta \end{pmatrix}. \tag{5.27}$$

读者可以验证这个矩阵满足 $A^{\mathrm{T}} = A^{-1}$.

一个重要的结果就是利用三个欧拉角及其时间微商来表达刚体的角速度在动坐标架 xyz 上的投影. 参考图 5.1，我们看到 $\dot{\phi}$, $\dot{\theta}$, $\dot{\psi}$ 分别沿着 $Z(Z_1)$, $X_1(X_2)$, $z(Z_2)$ 轴，于是经过简单的几何考虑，可以得到

$$\begin{cases} \Omega_x = \dot{\phi}\sin\theta\sin\psi + \dot{\theta}\cos\psi, \\ \Omega_y = \dot{\phi}\sin\theta\cos\psi - \dot{\theta}\sin\psi, \\ \Omega_z = \dot{\phi}\cos\theta + \dot{\psi}. \end{cases} \tag{5.28}$$

我们后面在计算刚体的动能时会用到这个结果.

23.4　凯莱–克莱因参数

另外一种十分巧妙的描写三维转动的数学方法是使用 2×2 的复矩阵. 前面的讨论指出，一个任意的三维正常转动矩阵 A 由三个实参数描写 (例如三个欧拉角). 本小节中我们试图建立一种对应关系，这种对应关系将实的三维正常转动矩阵与 2×2 的复矩阵建立某种对应关系，这就是著名的凯莱–克莱因参数.

首先对应三维空间中任意一个矢量 $\boldsymbol{x} = (x_1, x_2, x_3)^{\mathrm{T}}$，我们可以引入一个无迹的 2×2 厄米矩阵 P：

$$P = x_i\sigma_i = \boldsymbol{x}\cdot\boldsymbol{\sigma} = \begin{pmatrix} x_3 & x_1 - \mathrm{i}x_2 \\ x_1 + \mathrm{i}x_2 & -x_3 \end{pmatrix}, \tag{5.29}$$

其中 $\boldsymbol{\sigma}$ 为下列三个泡利 (Pauli) 矩阵：

$$\sigma_1 = \begin{pmatrix} 0 & 1 \\ 1 & 0 \end{pmatrix}, \ \ \sigma_2 = \begin{pmatrix} 0 & -\mathrm{i} \\ \mathrm{i} & 0 \end{pmatrix}, \ \ \sigma_3 = \begin{pmatrix} 1 & 0 \\ 0 & -1 \end{pmatrix}. \tag{5.30}$$

公式 (5.29) 实际上建立了一个任意的三维实矢量 $\boldsymbol{x}$ 与一个无迹的 2×2 厄米矩阵 P 之间的一一对应关系，或者说等价关系：$P \sim \boldsymbol{x}$. 两者中只要知道了一个就可以完全确定另一个. 虽然定义式 (5.29) 给出的是给定 $\boldsymbol{x}$ 后的矩阵 P，但是反过来的关系也很容易得到：

$$x_i = \frac{1}{2}\mathrm{Tr}(P\sigma_i). \tag{5.31}$$

因此无论我们知道了哪一个，另外一个也可以完全确定.

现在我们注意到 2×2 复矩阵 P 的行列式恰好与矢量 $\boldsymbol{x}$ 的模方相联系：

$$\det(P) = -\boldsymbol{x} \cdot \boldsymbol{x} = -|\boldsymbol{x}|^2. \tag{5.32}$$

我们知道任意一个矢量的模方 $|\boldsymbol{x}|^2$ 恰恰是在三维转动下保持不变的量. 因此，如果我们希望一个三维转动矩阵 A 能够对应于一个 2×2 的复矩阵 Q，那么相应的变换矩阵 Q 作用于 $\boldsymbol{x}$ 的对应物 P 的时候，应当保持 $\det(P)$ 不变. 要实现这点，我们可以取 2×2 的特殊幺正矩阵 $Q \in \mathrm{SU}(2)$. 所谓二维特殊幺正矩阵 Q 是指行列式为 $+1$ 的 2×2 幺正矩阵，即它们满足

$$Q^{\dagger}Q = QQ^{\dagger} = \mathbb{1}_{2 \times 2}, \ \ \det(Q) = +1. \tag{5.33}$$

如果我们定义变换后的矩阵 P' 为

$$P' = Q \cdot P \cdot Q^{\dagger}, \tag{5.34}$$

按照对应关系 (5.29)，这等价地定义了一个"转动了的"矢量 $\boldsymbol{x}'$. 由于

$$\det(P') = \det(Q)\det(P)\det(Q)^* = \det(P), \tag{5.35}$$

因此变换 (5.34) 并没有改变相应矢量 $\boldsymbol{x}$ 的模方，即 $|\boldsymbol{x}'|^2 = |\boldsymbol{x}|^2$. 我们可以认为变换 (5.34) 诱导了一个三维的正常转动 A，即 $Q \sim A$. 我们这小节的任务就是确定这种对应关系.

SU(2) 矩阵的表达方法有很多，最为简洁的一个是

$$Q = q_0 \mathbb{1} + i\boldsymbol{q} \cdot \boldsymbol{\sigma} = \begin{pmatrix} q_0 + iq_3 & iq_1 + q_2 \\ iq_1 - q_2 & q_0 - iq_3 \end{pmatrix}, \tag{5.36}$$

其中实的参数 q_0 以及实矢量 $\boldsymbol{q}$ 满足约束 $q_0^2 + \boldsymbol{q}^2 = 1$，这等价于 $\det(Q) = +1$. 这个表达式实际上就是哈密顿当年津津乐道的四元数 (quaternion). 满足约束条件 $\det Q = 1$ 的四元数又称为单位四元数 (unit quaternion). 显然，所有的 SU(2) 矩阵在矩阵乘法下构成一个群，这个群也称为 SU(2) 群.

前面的讨论相当于建立了三维正常转动矩阵 $A \in \mathrm{SO}(3)$ 与 $Q \in \mathrm{SU}(2)$ 矩阵之间 [或者说 SO(3) 与 SU(2) 这两个群之间] 的一个对应关系. 我们知道三维空间的正常转动矩阵 A 会将空间中的任一矢量 $\boldsymbol{x}$ 变换为 $\boldsymbol{x}' = A\boldsymbol{x}$. 与此对应，在 2×2 无迹的厄米矩阵空间中，对于三维空间中的每一个矢量 $\boldsymbol{x}$ 都可

以定义其对应 $P = \boldsymbol{x} \cdot \boldsymbol{\sigma}$. 我们再定义一个 SU(2) 的变换矩阵 $Q \sim A$, 使得变换后的矢量所对应的矩阵为 $P' = QPQ^\dagger \sim \boldsymbol{x}'$. 用公式表达就是

$$
\begin{aligned}
\boldsymbol{x} \cdot \boldsymbol{\sigma} = P \quad &\sim \quad \boldsymbol{x}, \\
\boldsymbol{x}' \cdot \boldsymbol{\sigma} = QPQ^\dagger = P' \quad &\sim \quad \boldsymbol{x}' = A \cdot \boldsymbol{x}, \\
\mathrm{SU}(2) \ni Q \quad &\sim \quad A \in \mathrm{SO}(3).
\end{aligned}
\tag{5.37}
$$

很容易证明这些对应实际上建立起了两个群 [SO(3) 和 SU(2)] 之间的一个同态 (homomorphism). 同态是两个群之间的一个对应关系, 它必须保持群的乘法. 也就是说, 如果给定两个三维转动矩阵 $A_1, A_2 \in \mathrm{SO}(3)$, 我们知道它们的复合变换, 即两个相应变换矩阵的乘积所对应的变换, 仍然是一个三维转动矩阵: $A = A_2 A_1 \in \mathrm{SO}(3)$. 同态的关系要求两个群元之间的对应关系必须保持这种群的乘法, 即与 A_1, A_2 对应的如果分别记为 Q_1, Q_2, 我们必须有 $Q = Q_2 Q_1$ 一定与 $A = A_2 A_1$ 对应: $Q \sim A$. 这一点实际上很容易验证. 为此考虑任意的一个 $\boldsymbol{x}$ 经过一个三维转动矩阵 A_1 后变为 $\boldsymbol{x}' = A_1 \boldsymbol{x}$, 另一个转动矩阵 A_2 将 $\boldsymbol{x}'$ 变为 $\boldsymbol{x}'' = A_2 \boldsymbol{x}'$, 那么这个变换的净效果是转动矩阵 $A = A_2 \cdot A_1$. 在二维复矩阵方面, 令 $A_1 \sim Q_1$, $A_2 \sim Q_2$, $\boldsymbol{x} \sim P$, $\boldsymbol{x}' \sim P'$, $\boldsymbol{x}'' \sim P''$, 那么有 $P'' = Q_2 P' Q_2^\dagger = (Q_2 Q_1) P (Q_2 Q_1)^\dagger$. 因此 $A = A_2 A_1 \sim Q_2 Q_1$. 所以这种对应关系的确是保持群的乘法的.

　　需要注意的是, 同态并不要求对应关系是一一的[⑦]. 实际上两个 SU(2) 中的元素对应于同一个三维转动矩阵. 这可以从变换关系 $P' = QPQ^\dagger$ 中看出, 事实上 Q 和 $(-Q)$ 对应于同一个 P', 因此按照定义它们必定对应于同一个转动矩阵 A. 更为准确的描述是三维正常转动矩阵 A 与一对 SU(2) 矩阵 $(Q, -Q)$ 之间建立了一一的对应关系. 因此 SU(2) 又称为 SO(3) 的双重覆盖群.

　　建立三维正常转动群 SO(3) 与二维特殊幺正群 SU(2) 之间的关系有助于我们更好地理解和描述三维正常转动群. 在经典力学的层面上, 这有助于我们了解 SO(3) 群相流形的很多性质. 前面曾经提到过, SO(3) 群的结构之所以重要, 是因为对于一个经典的三维刚体而言, 它的相流形的转动部分 (即扣除

[⑦]如果同态是一一对应, 则称为同构 (isomorphism). 从代数上讲, 同构的两个群被认为是完全一样的.

其质心平动部分之后) 就是 SO(3). 这个流形是连通的, 但不是单连通的. 建立它与 SU(2) 的对应关系的方便之处在于 SU(2) 是一个单连通的流形. SU(2) 群的拓扑结构也是十分简单的. 考虑到表示 (5.36) 以及约束条件 $q_0^2 + \boldsymbol{q}^2 = 1$, SU(2) 群流形等价于一个四维欧氏空间中的三维球面, 因此它具有三维球面 S^3 的拓扑. 当然, 在经典力学层面 SU(2) 群所作用的矢量空间看起来仅仅是一个抽象的数学构造, 也许与真实的三维转动并没有直接的对应. 但在量子力学的层面上, 这种对应关系会更加深入一些, 因为 SU(2) 实际上还包含了半奇数的角动量 (即所谓费米子) 的情形. 在量子力学中, SU(2) 所作用的空间 [由二维的复矢量 (又称为旋量) 构成] 是有物理含义的, 它们恰好对应于费米子自旋部分的波函数.

类似于前面关于 3×3 实转动矩阵 $A = BCD$ 的表示 (5.27), 我们也可以将第 23.3 小节中三个欧拉角对应的转动矩阵 D, C, B [参见 (5.23), (5.24) 和 (5.25) 式] 用 2×2 的复 SU(2) 矩阵表示出来. 我们需要的只是对应于三个欧拉角转动的 Q 矩阵:

$$
Q_\phi = \begin{pmatrix} \mathrm{e}^{\mathrm{i}\phi/2} & 0 \\ 0 & \mathrm{e}^{-\mathrm{i}\phi/2} \end{pmatrix}, \ Q_\theta = \begin{pmatrix} \cos\dfrac{\theta}{2} & \mathrm{i}\sin\dfrac{\theta}{2} \\ \mathrm{i}\sin\dfrac{\theta}{2} & \cos\dfrac{\theta}{2} \end{pmatrix}, \ Q_\psi = \begin{pmatrix} \mathrm{e}^{\mathrm{i}\psi/2} & 0 \\ 0 & \mathrm{e}^{-\mathrm{i}\psi/2} \end{pmatrix}.
$$

$$(5.38)$$

与 (5.27) 式中 SO(3) 转动矩阵 A 对应的 SU(2) 矩阵是上面三个 Q 矩阵的乘积:

$$
Q = Q_\psi Q_\theta Q_\phi = \begin{pmatrix} \mathrm{e}^{\mathrm{i}(\psi+\phi)/2}\cos\dfrac{\theta}{2} & \mathrm{i}\mathrm{e}^{\mathrm{i}(\psi-\phi)/2}\sin\dfrac{\theta}{2} \\ \mathrm{i}\mathrm{e}^{-\mathrm{i}(\psi-\phi)/2}\sin\dfrac{\theta}{2} & \mathrm{e}^{-\mathrm{i}(\psi+\phi)/2}\cos\dfrac{\theta}{2} \end{pmatrix}.
$$

$$(5.39)$$

这个表示称为转动矩阵的凯莱 – 克莱因表示, 或者凯莱 – 克莱因参数. 它的另外一个名称是单位四元数表示.

读者也许要问, 我们已经有了关于三维转动的欧拉角描述了, 为什么还需要一个四元数描述呢? 这个问题的答案分为两个层面. 首先, 当然是因为三维的转动实在是太重要了, 它在各个方面的应用广泛. 对于转动这样应用如此广泛的基础物理概念值得赋予多个数学表述. 从另一个角度来说, 虽然欧拉角可以给出三维转动的一个准确无误的描述, 但是按照第 23.1 小节末尾的描述，所有三维转动的相流形实际上是 RP^3. 于是，我们可以将欧拉角表示视为从三维的环面 (torus) T^3 到实射影空间 RP^3 的一个映射. 这个映射构成了两个拓扑空间之间的一个局域地图 (local chart). 但是由于两者拓扑结构上的区别，我们不可能找到一个照顾到全局的所谓覆盖映射 (covering map). 这个映射的导数矩阵在某些点必定不是满秩的. 这个数学上的结论的一个直接的后果是，这个映射中存在所谓的万向节锁死 (gimbal lock) 问题. 它的具体体现是，对于某些特定的角度 (例如 $\theta = 0$)，欧拉角表示仅仅依赖于两个角度的某个组合而不是两个独立的角度. 换句话说，维数从三维退化为了二维. 这一点我们可以从 (5.27) 式中直接发现. 当 $\theta = 0$ 时，有

$$A = \begin{pmatrix} \cos(\psi + \phi) & \sin(\psi + \phi) & 0 \\ -\sin(\psi + \phi) & \cos(\phi + \psi) & 0 \\ 0 & 0 & 1 \end{pmatrix}. \tag{5.40}$$

这表示沿着 z 轴的一个转动，但是转动角仅仅依赖于 $\psi + \phi$. 这就是万向节锁死问题. 这个问题是一个拓扑问题，对欧拉角表示来说是无法克服的，无论我们用什么约定. 相比较来说，单位四元数表示要好很多. 它的相流形球面 S^3 非常接近于 RP^3，只要将球面上相对的两点等同起来，就变成了 RP^3. 当然，它毕竟不是 RP^3，这体现在它的映射是二对一的，而不是一一的. 但是除此之外，它是所能找到的表示中最理想的.

万向节锁死问题的关键是，它不一定出现在什么时候. 设想我们在飞行模拟过程中，任何情况都可能出现，这时利用一个没有万向节锁死问题的表述是十分重要的. 同样的问题也出现在 3D 游戏之中. 游戏者经常要通过操纵杆或者鼠标变换视角，如果遇到万向节锁死问题，将是非常恼人的. 另外，游戏中还经常用到从一个画面过渡到另一个画面的连续变换视角操作 [相信玩过一些角色扮演游戏（RPG）的读者应当都有印象吧]. 这时利用单位四元数表示是非常合适的. 在计算机图像中应用很广的所谓 slerp(spherical linear interpolation) 算法就是这样一个函数. 有兴趣的读者可以阅读相关的文献.

值的注意的是，如果使用 (5.39) 式来表示单位四元数，实际上仍无法避免万向节锁死问题，因为 (5.39) 式仍然是用欧拉角表达的. 只要启用欧拉角来表达转动，其取值的流形就不可避免地沦为 T^3，由于 T^3 的拓扑与 RP^3 的差异，这就必然导致万向节锁死. 要避免万向节锁死，我们必须使用非欧拉角

的单位四元数表示，比如其定义表示 (5.36)，即我们寻找单位长度的实四矢量 $q = (q^0, \boldsymbol{q})$，它满足 $(q^0)^2 + \boldsymbol{q}^2 = 1$. 例如，对于转轴方向为 $\boldsymbol{n}$，转角为 Θ 的一个三维转动而言，与其对应的四元数可以写为

$$Q = \cos \frac{\Theta}{2} + \mathrm{i} \sin \frac{\Theta}{2} (\boldsymbol{n} \cdot \boldsymbol{\sigma}), \qquad \boldsymbol{n} \cdot \boldsymbol{n} = 1. \tag{5.41}$$

这就是多数数值计算程序中在涉及三维转动时所采用的形式.

24 刚体的动能、角动量与惯量张量

前面漫长的一节借助刚体运动学讨论了转动的数学描述. 这一节讨论一个刚体的动能、角动量和惯量张量. 这是计算刚体的拉格朗日量的重要一步，也属于介于刚体运动学和刚体动力学之间的衔接部分. 我们会看到，刚体的动能以及角动量都与它的惯量张量密切联系.

一个刚体的动能可以通过计算组成它的各个质点的动能之和得到. 为此，利用刚体中任意一点的速度公式 (5.22)，可得

$$T = \frac{1}{2} \sum \delta m \, (\boldsymbol{v}_{\mathrm{c}} + \boldsymbol{\Omega} \times \boldsymbol{r})^2. \tag{5.42}$$

这个式子中的求和可以认为是对刚体上所有的质点 (其质量为 δm) 的求和. $\boldsymbol{r}$ 是该质心到被求和的质点的位置矢量. 因此，求和过程中 $\boldsymbol{r}$ 会随着不同的质点而变化. 事实上，$\boldsymbol{r}$ 会遍及刚体中所有的质点. 但是对一个刚体而言，它的质心速度 $\boldsymbol{v}_{\mathrm{c}}$ 和角速度 $\boldsymbol{\Omega}$ 是唯一的，不会随求和时质点的变化而改变. 这点需要读者特别注意. 将 (5.42) 式展开后，得到

$$T = \frac{1}{2} m \boldsymbol{v}_{\mathrm{c}}^2 + \frac{1}{2} \sum \delta m \left[\Omega^2 r^2 - (\boldsymbol{\Omega} \cdot \boldsymbol{r})^2 \right]. \tag{5.43}$$

其中 $m = \sum \delta m$ 表示刚体的总质量. 这个式子中没有交叉项是因为 $\sum \delta m \, \boldsymbol{v}_{\mathrm{c}} \cdot (\boldsymbol{\Omega} \times \boldsymbol{r}) = \boldsymbol{v}_{\mathrm{c}} \cdot (\boldsymbol{\Omega} \times (\sum \delta m \, \boldsymbol{r})) = 0$，其中 $\sum \delta m \, \boldsymbol{r} = 0$ 是由于我们取了质心为坐标原点. 这个表达式的物理意义十分明显：第一项代表刚体整体的平动动能；第二项则代表刚体绕质心的转动动能. 刚体的转动能可以更加明确地写成

$$T_{\mathrm{rot}} = \frac{1}{2} \Omega_i \Omega_j I_{ij}, \tag{5.44}$$

其中我们引入了刚体的转动惯量张量，也简称为惯量张量：

$$I_{ij} = \sum \delta m(r^2 \delta_{ij} - r_i r_j). \tag{5.45}$$

显然 I_{ij} 是一个对称的二阶张量. 因此，我们可以将刚体的总动能表达为

$$T = \frac{1}{2}m\boldsymbol{v}_\mathrm{c}^2 + \frac{1}{2}I_{ij}\Omega_i\Omega_j. \tag{5.46}$$

这就是一个刚体的总动能的表达式. 它二次依赖于刚体的质心速度和角速度. 这些二次型前面的系数由刚体的惯性特性决定. 对于一个刚体来说，它的惯性特性由其总质量 m 和绕质心的惯量张量 I_{ij} 完全描述[8].

对于对称的惯量张量，我们总可以适当地选取坐标架使得它被对角化. 这样的方向被称为刚体惯量张量的主轴方向[9]，相应的对角化后的数值 I_1，I_2，I_3 则被称为主轴转动惯量. 这时刚体的转动动能部分可以简洁地写为

$$T_\mathrm{rot} = \frac{1}{2}(I_1\Omega_1^2 + I_1\Omega_2^2 + I_1\Omega_3^2). \tag{5.47}$$

特别需要注意的是，主轴坐标是相对于刚体本身固定的坐标架的，而它一般不是在空间固定的坐标架. 现在我们明白为什么上一节中我们关心一个固定在刚体上面的动坐标架与固定坐标架之间的关系了. 刚体的转动能在相对于刚体固定的主轴坐标架中是最为简洁的. 例如，如果我们选取上一节中讨论的附着在刚体上的坐标架 xyz 为其主轴坐标架，那么刚体的转动能就可以利用角速度与欧拉角时间导数的关系 [(5.28) 式] 表达出来：

$$T_\mathrm{rot} = \frac{I_1}{2}(\dot\phi\sin\theta\sin\psi+\dot\theta\cos\psi)^2+\frac{I_2}{2}(\dot\phi\sin\theta\cos\psi-\dot\theta\sin\psi)^2+\frac{I_3}{2}(\dot\phi\cos\theta+\dot\psi)^2. \tag{5.48}$$

对于一个对称陀螺 $(I_1 = I_2 \neq I_3)$，刚体转动能可以进一步简化为

$$T_\mathrm{rot} = \frac{I_1}{2}(\dot\phi^2\sin^2\theta+\dot\theta^2) + \frac{I_3}{2}(\dot\phi\cos\theta+\dot\psi)^2. \tag{5.49}$$

我们在后面讨论对称陀螺的动力学时会用到这个公式.

---

[8]具体的刚体的惯量张量的计算读者应当在普通物理的力学课程中已经学过，我们这里不再赘述.

[9]显然，如果刚体本身具有某种几何对称性，那么它的主轴方向总是沿着它的对称轴. 但是即使是完全没有任何对称性的刚体也是存在主轴的.

一个刚体绕其质心的角动量也可以利用上面引入的惯量张量简单地表达出来. 为此我们注意到角动量的表达式

$$L = \sum \delta m\, r \times [\boldsymbol{\Omega} \times r]$$
$$= \sum \delta m [\boldsymbol{\Omega} r^2 - r(r \cdot \boldsymbol{\Omega})] = \overset{\leftrightarrow}{I} \cdot \boldsymbol{\Omega},$$

其中我们用 $\overset{\leftrightarrow}{I}$ 来表示惯量张量, 即 $(\overset{\leftrightarrow}{I})_{ij} \equiv I_{ij}$. 这样我们得到

$$L_i = I_{ij}\Omega_j. \tag{5.50}$$

25 刚体的动力学

我们首先在空间固定坐标系 (假定这是一个惯性系) 中来表述刚体的动力学. 刚体具有六个力学自由度, 它们可以用质心的坐标 (三个) 和固着在刚体上的动坐标架相对于空间固定坐标架的三个角度 (例如三个欧拉角) 来表征.

一般来说, 一个刚体的拉格朗日量可以表达为它的动能 T 与势能 $V(r)$ 之差: $L = T - V$, 其中的动能 T 又可以分为质心的平动动能和绕质心的转动动能. 刚体的势能的具体表达式则取决于具体的问题.

描写刚体质心运动的方程是

$$\frac{\mathrm{d}\boldsymbol{P}}{\mathrm{d}t} = \boldsymbol{F}, \tag{5.51}$$

其中 $\boldsymbol{P} = m\boldsymbol{v}_{\mathrm{c}}$ 是刚体的总动量, $\boldsymbol{F}$ 是刚体所受到的外力总和. 刚体各个质点之间的内力可以完全不考虑, 因为它们对于质心运动没有影响. 这个方程完全描述了刚体的质心运动规律.

刚体的另外三个自由度（转动自由度）的运动规律可以通过几种方式来描述. 如果利用拉格朗日分析力学的方式, 我们可以写下

$$\frac{\mathrm{d}}{\mathrm{d}t}\frac{\partial L}{\partial \boldsymbol{\Omega}} = \frac{\partial L}{\partial \boldsymbol{\phi}}.$$

由于 $\partial L/\partial \Omega_i = I_{ij}\Omega_j = L_i$, 同时势能 $V(r)$ 对于角度的变化可以表达为

$$\delta V = -\sum \boldsymbol{f} \cdot \delta r = -\sum \boldsymbol{f} \cdot (\delta\boldsymbol{\phi} \times r)$$
$$= -\delta\boldsymbol{\phi} \cdot \sum r \times \boldsymbol{f} = -\boldsymbol{N} \cdot \delta\boldsymbol{\phi}, \tag{5.52}$$

因此 $-\partial V/\partial \phi = N$，这里 N 代表作用在刚体上的总力矩. 同样，这里仅仅需要考虑外力，因为刚体内部的内力的力矩为零. 于是我们可以将刚体转动自由度的运动方程写为

$$\frac{\mathrm{d}L}{\mathrm{d}t} = N. \tag{5.53}$$

方程 (5.51) 和方程 (5.53) 完全描述了一个刚体的动力学规律. 这两个方程也是普通物理力学中已经得到过的结果. 这里需要注意的是，这两个方程中各个矢量的分量都是相对于空间固定坐标架 (假定是一个惯性系) 来定义的.

现在我们试图用相对于刚体静止的坐标架来讨论刚体的动力学问题. 前面已经看到了，这种坐标架有它的方便之处，因为我们可以选取刚体的惯量主轴使得刚体的惯量张量具有对角的形式. 刚体所具有的任意一个矢量 G 相对于一个固着在刚体上的运动坐标架 xyz 的时间微商与空间固定坐标架 XYZ 的时间微商之间的关系在前面已经得出了，即 (5.21) 式. 现在将这个关系运用到 $G = L$，并考虑运动方程 (5.53)，有

$$\left(\frac{\mathrm{d}L}{\mathrm{d}t}\right)_{\mathrm{body}} + \boldsymbol{\Omega} \times L = \left(\frac{\mathrm{d}L}{\mathrm{d}t}\right)_{\mathrm{space}} = N. \tag{5.54}$$

现在假定我们取固着在刚体上的坐标架为刚体的惯性主轴，那么写成分量形式，有

$$I_1 \frac{\mathrm{d}\Omega_1}{\mathrm{d}t} + (I_3 - I_2)\Omega_2\Omega_3 = N_1,$$
$$I_2 \frac{\mathrm{d}\Omega_2}{\mathrm{d}t} + (I_1 - I_3)\Omega_3\Omega_1 = N_2, \tag{5.55}$$
$$I_3 \frac{\mathrm{d}\Omega_3}{\mathrm{d}t} + (I_2 - I_1)\Omega_1\Omega_2 = N_3.$$

这一组方程就是关于刚体转动的著名的欧拉方程. 需要特别注意的是，欧拉方程中各个矢量的分量都是按照刚体惯量主轴投影的分量. 在以下几节中，我们将利用刚体动力学的基本方程来讨论几个刚体运动的典型例子.

例 5.1 平面上纯滚的球. 考虑一个水平平面上做纯滚的刚体球体，给出它最一般的运动. 假定我们已知球体的质量为 M，半径为 a，绕过球心的轴的转动惯量为 I.

解 我们在空间固定坐标架 (假定为一惯性系) 中求解这个问题. 取水平平面为 x-y 平面，z 轴垂直向上.

对质心运动而言，显然球体如果有加速度，一定沿着 x-y 平面，换句话说，球体在 z 轴的力一定是平衡的. 因此我们只需要列出 x 和 y 方向的牛顿方程：

$$F_1 = M\ddot{x}_1, \ F_2 = M\ddot{x}_2, \tag{5.56}$$

其中 F_1，F_2 是平面作用于球体上的力的 $x(x_1)$ 和 $y(x_2)$ 分量. 它们的作用点一定位于球体与平面的接触点. 它们也提供了所有可能的绕球心的力矩. 因此力矩的方程给出：

$$N_1 = F_2 a = I\dot{\omega}_1, \ N_2 = -F_1 a = I\dot{\omega}_2, \ N_3 = 0 = I\dot{\omega}_3. \tag{5.57}$$

利用纯滚条件 $\dot{x}_1 = \omega_2 a$，$\dot{x}_2 = -\omega_1 a$，综合上述方程，有

$$F_1 = M\ddot{x}_1 = Ma\dot{\omega}_2 = -(I/a)\dot{\omega}_2. \tag{5.58}$$

这显然只能够在 $\dot{\omega}_2 = 0$ 时成立. 类似地，我们可以证明 $\dot{\omega}_1 = 0$. 因此，一定有 $F_1 = F_2 = 0$，所有的 ω_1，ω_2，ω_3 均为常数. 需要注意的是，ω_3 并不一定为零. 其实读者如果仔细观察过滚动着的足球，应当都注意到 (通过足球上面花纹的变化)，一般来说足球的滚动很少是 $\omega_3 = 0$ 的，而是 $\omega_3 \neq 0$ 的.

26　自由不对称陀螺

这一节中，我们首先来讨论最为简单的情形，那就是一个自由的 (不受任何力或力矩的) 刚体的运动规律[⑩]. 一个刚体的惯量张量可以在选择其主轴后变为对角的形式. 这时，我们可以按照刚体惯量张量的对角元的情形分为：不对称陀螺，即 $I_1 \neq I_2 \neq I_3$；对称陀螺，即 $I_1 = I_2 \neq I_3$；球形陀螺，即 $I_1 = I_2 = I_3$[⑪]. 显然，不对称陀螺是最为一般的情形. 我们下面来讨论它的自由运动，也就是没有任何外力情形下的运动. 为了明确起见，我们首先假定 $I_1 < I_2 < I_3$.

如果一个刚体 (不对称陀螺) 不受任何外力和外力矩，那么它的质心显然保持匀速运动. 因此，不失一般性，我们可以假定它的质心是静止的. 由于陀

[⑩]下面读者会看到，它实际上并不是那么简单.

[⑪]不对称陀螺的典型例子如网球拍. 对称陀螺的一个例子是地球（两极稍扁、赤道稍凸出）. 注意，球形陀螺不一定非得是球形的，只要它的三个主轴惯量相等即可.

螺不受外力矩，描写它运动的欧拉方程 (5.55) 为

$$I_1\frac{\mathrm{d}\Omega_1}{\mathrm{d}t} = (I_2 - I_3)\Omega_2\Omega_3,$$
$$I_2\frac{\mathrm{d}\Omega_2}{\mathrm{d}t} = (I_3 - I_1)\Omega_3\Omega_1, \tag{5.59}$$
$$I_3\frac{\mathrm{d}\Omega_3}{\mathrm{d}t} = (I_1 - I_2)\Omega_1\Omega_2.$$

这一组联立的非线性常微分方程至少有两个初积分：刚体的能量 (E) 和角动量 (L). 利用这两个初积分我们可以得到 (其中 $L_i = I_i\Omega_i$)：

$$\frac{L_1^2}{2EI_1} + \frac{L_2^2}{2EI_2} + \frac{L_3^2}{2EI_3} = 1, \tag{5.60}$$
$$L_1^2 + L_2^2 + L_3^3 = L^2. \tag{5.61}$$

(5.60) 式即能量守恒，来自 (5.59) 式左右乘以 Ω_i 并求和. 而 (5.61) 式即角动量守恒，来自 (5.59) 式左右乘以 $I_i\Omega_i$ 并求和. 需要注意的是，角动量守恒保证角动量矢量在空间固定坐标架上的每个分量都是守恒量，但这并不意味着角动量矢量在随刚体一起运动的坐标架 (例如惯性主轴坐标架) 上的分量是守恒量，事实上，它们都是随着时间变化的. 当然，三个分量的平方和永远等于角动量大小的平方 L^2，显然是常数.

从几何上讲，(5.60) 式在主轴坐标架中确定了一个中心在原点，三个半长轴分别是 $\sqrt{2EI_1}$，$\sqrt{2EI_2}$ 和 $\sqrt{2EI_3}$ 的椭球 (分别对应于图 5.2 中的 Π_1, Π_2 和 Π_3 轴). (5.61) 式则确定了一个中心在原点，半径是 L 的球. 一个不对称陀螺运动时由于要同时满足这两个方程，因此它的角动量矢量 $\boldsymbol{L}$ 的端点一定在上述椭球和球的相交线上运动. 由于一定有

$$2EI_1 < L^2 < 2EI_3, \tag{5.62}$$

因此，球体的半径一定介于椭球的最短半轴长 (图 5.2 中的 Π_1 轴) 和最长半轴长 (图 5.2 中的 Π_3 轴) 之间. 也就是说，球体与椭球一定会相交. 具体来说，如果 L^2 仅仅比 $2EI_1$ 大一点，显然球体 (5.61) 会与椭球在其最短轴附近 (也就是沿着 Π_1 轴) 相交出两条闭合的曲线. 如果 $L^2 \to 2EI_1$，那么这两条闭合曲线会缩成 $\Pi_1 = \pm\sqrt{2EI_1}$ 的两极. 如果 $L^2 > 2EI_1$ 并且我们不断增加 L^2，那么上面在 Π_1 两极附近的闭合曲线会不断长大. 当 $L^2 = 2EI_2$ 时，这

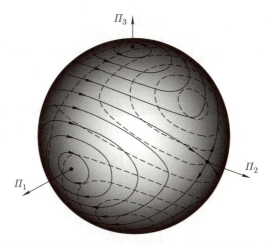

图 5.2   自由不对称陀螺的运动. (5.60) 和 (5.61) 式的交线会在球和椭球的表面描绘出像篮球一样的花纹.

两条闭合曲线变成相交于 Π_2 两极的两个椭圆. 如果 L^2 进一步增大以至于 $L^2 > 2EI_2$，那么球体与椭球的相交线会变成环绕着 Π_3 两极的两个闭合曲线. 当 $L^2 \to 2EI_3$ 时，环绕着 Π_3 两极附近的两条闭合曲线会缩成 Π_3 轴的两个极点. 由于这些相交线都是闭合的，因此矢量 L 相对于刚体主轴的投影都是时间的周期函数. 另外，对于一个不对称陀螺，它的椭球上的三对极点的性质是不同的. 在 Π_1 和 Π_3 轴的两极 (即转动惯量最小或最大的两个主轴)，陀螺的运动是稳定的，而围绕 Π_2 轴 (即转动惯量居中的主轴) 两极点的转动是不稳定的. 这个结论有着不同的名字，例如网球拍定理 (tennis racket theorem)，或者贾尼别科夫效应 (Dzhanibekov effect)，据说这一效应是这位苏联宇航员首先观察到的[12].

以上的讨论主要是定性的. 为了能够得到角速度矢量 (或者等价地说，角动量矢量) 分量随时间变化的具体规律，我们必须利用能量守恒、角动量守恒得到如下关系：

$$\Omega_1^2 = \frac{[(2EI_3 - L^2) - I_2(I_3 - I_2)\Omega_2^2]}{I_1(I_3 - I_1)}, \tag{5.63}$$

$$\Omega_3^2 = \frac{[(L^2 - 2EI_1) - I_2(I_2 - I_1)\Omega_2^2]}{I_3(I_3 - I_1)}. \tag{5.64}$$

---

[12]有兴趣的读者可以在网上搜索一下 "贾尼别科夫效应"，去观看这个效应的视频.

将上面两式代入 Ω_2 的欧拉方程中，得到

$$\sqrt{I_1 I_3} I_2 \frac{\mathrm{d}\Omega_2}{\mathrm{d}t} = \sqrt{[(2EI_3 - L^2) - I_2(I_3 - I_2)\Omega_2^2][(L^2 - 2EI_1) - I_2(I_2 - I_1)\Omega_2^2]}.$$

$$(5.65)$$

将这个式子两边积分后，原则上就可以得到 $\Omega_2(t)$. 这个积分是一个椭圆积分，并可以化为其标准的形式. 为此，我们先假定 $L^2 > 2EI_2$，否则只需要将下列各式中的指标 1 和 3 对调即可. 我们定义：

$$\tau = t\sqrt{\frac{(I_3 - I_2)(L^2 - 2EI_1)}{I_1 I_2 I_3}}, \tag{5.66}$$

$$s = \Omega_2 \sqrt{\frac{I_2(I_3 - I_2)}{2EI_3 - L^2}}, \tag{5.67}$$

$$k^2 = \frac{(I_2 - I_1)(2EI_3 - L^2)}{(I_3 - I_2)(L^2 - 2EI_1)}. \tag{5.68}$$

显然可以证明 $0 < k^2 < 1$. 于是我们得到

$$\tau = \int_0^s \frac{\mathrm{d}s}{\sqrt{(1 - s^2)(1 - k^2 s^2)}}. \tag{5.69}$$

这就是椭圆积分的标准形式. 它实际上定义了雅可比椭圆函数[13]

$$s \equiv \mathrm{sn}\,\tau. \tag{5.70}$$

类似地，我们可以定义另外两个椭圆函数：

$$\mathrm{cn}\,\tau = \sqrt{1 - \mathrm{sn}^2\tau}, \quad \mathrm{dn}\,\tau = \sqrt{1 - k^2 \mathrm{sn}^2\tau}. \tag{5.71}$$

利用这些定义，我们可以将不对称陀螺的角速度表达成：

$$\Omega_1(\tau) = \sqrt{\frac{(2EI_3 - L^2)}{I_1(I_3 - I_1)}}\,\mathrm{cn}\,\tau,$$

$$\Omega_2(\tau) = \sqrt{\frac{(2EI_3 - L^2)}{I_2(I_3 - I_2)}}\,\mathrm{sn}\,\tau, \tag{5.72}$$

$$\Omega_3(\tau) = \sqrt{\frac{(L^2 - 2EI_1)}{I_3(I_3 - I_1)}}\,\mathrm{dn}\,\tau.$$

---

[13]椭圆函数的发现被认为是雅可比（1804—1851）一生最伟大的数学发现. 雅可比是一位犹太血统的德国数学家、物理学家. 他对于数论 (特别是利用雅可比椭圆函数论讨论数论问题)、行列式、微分方程等等都有重要贡献. 这里讨论的自由陀螺的解和下一节中讨论的重力场中的陀螺运动问题都是雅可比首先处理的（1829 年）. 他在分析力学方面的贡献，最重要的要数我们将在第六章的第 33 节中讨论的哈密顿－雅可比理论.

按照雅可比椭圆函数的定义, 这些函数都是 τ 的周期函数, 其周期为 $4K$, 这里 K 是第一类完全椭圆积分:

$$K = \int_0^1 \frac{\mathrm{d}s}{\sqrt{(1 - s^2)(1 - k^2 s^2)}}. \tag{5.73}$$

只要给定数值 k^2, K 很容易通过数值计算 (或者查表) 得到. 因此, 利用时间 t 和 τ 的关系 (5.66), 一个自由陀螺的周期 (t 的周期) 为

$$T = 4K \sqrt{\frac{I_1 I_2 I_3}{(I_3 - I_2)(L^2 - 2EI_1)}}. \tag{5.74}$$

需要注意的是, 前面的讨论仅仅涉及角速度矢量在主轴上的投影随时间的变化规律. 现在我们讨论一下在空间固定坐标架中一个自由不对称陀螺的运动. 我们可以将 z 轴取在 (守恒的) 角动量的方向, 这样刚体的运动可以完全由欧拉角来描述. 将 $\boldsymbol{L}$ 投影到固定于主轴的体坐标架上:

$$\begin{aligned} & L \sin\theta \sin\psi = L_1 = I_1 \Omega_1, \quad L \sin\theta \cos\psi = L_2 = I_2 \Omega_2, \\ & L \cos\theta = L_3 = I_3 \Omega_3. \end{aligned} \tag{5.75}$$

由此我们得到

$$\cos\theta = \frac{I_3 \Omega_3}{L}, \quad \tan\psi = \frac{I_1 \Omega_1}{I_2 \Omega_2}. \tag{5.76}$$

只要将主轴坐标架中的解 (5.72) 代入这个式子中, 我们就可以得到欧拉角 θ 和 ψ 对于时间的依赖关系. 同样, 它们也都是时间的周期函数 [周期也是 (5.74) 式给出的 T]. 另外一个欧拉角 ϕ 对于时间的依赖关系比较复杂, 我们这里就不再讨论了. 详细的计算表明[1], 它是两个时间周期函数的和, 其中一个的周期仍然是 (5.74) 式给出的 T, 但是另外一个的周期等于 T', 并且 T'/T 不是有理数[14]. 因此, 这使得一个自由的不对称陀螺在固定坐标架中的运动不是严格周期的. 这似乎有一点与我们最初的预感不一致. 至此我们看到, 即使是不受任何外力和外力矩的自由陀螺, 它的运动方程的解都足够复杂. 这一点应当说相当反常.

---

[14]我们称这样的两个周期 (频率) 是非公度的. 两个周期非公度的周期函数之和本身不是周期函数, 但是一个准周期函数. 读者请参考第 34.3 小节的讨论.

27   对称陀螺的定点运动

这一节讨论一个重力场中的对称陀螺的定点运动. 我们假定一个对称陀螺的对称轴的下端固定在 O 点. 我们自然取 O 点为空间固定坐标架 XYZ 的原点，并且取 Z 轴竖直向上. 注意，点 O 同时也是主轴坐标的原点. 假定陀螺的质心到点 O 的距离为 l，那么一个重力场中的对称陀螺的拉格朗日量为 [动能见（5.49）式]

$$L = \frac{1}{2}(I_1 + ml^2)(\dot{\theta}^2 + \dot{\phi}^2 \sin^2\theta) + \frac{I_3}{2}(\dot{\psi} + \dot{\phi}\cos\theta)^2 - mgl\cos\theta, \qquad (5.77)$$

其中各个物理量的定义可以参考图 5.3，ON 为节线方向. 对于一个陀螺的运动，我们称角度 ψ 的运动为自转 (spin)，因为它代表了一个对称陀螺绕其对称轴 (图中的 x_3 轴) 的转动，称角度 ϕ 的运动为进动 (precession)，称角度 θ 的运动为章动 (nutation)[15].

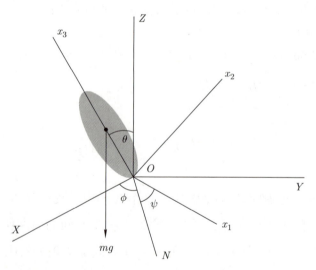

图 5.3   重力场中的对称陀螺的定点运动，其中 $(x_1, x_2, x_3) = (x, y, z)$ 为体坐标系.

由于拉格朗日量 (5.77) 中并不显含角度 ϕ 和 ψ，与 ϕ 和 ψ 共轭的广义动量都是守恒量：

$$p_\psi = I_3(\dot{\psi} + \dot{\phi}\cos\theta) = L_3, \qquad (5.78)$$

$$p_\phi = (I_1' \sin^2\theta + I_3 \cos^2\theta)\dot{\phi} + I_3\dot{\psi}\cos\theta = L_Z, \qquad (5.79)$$

---

[15]"章" 原指一段音乐的终结，拆字为从音从十，十是数字的最后一个，引申为终结.《说文》曰："乐竟为一章." 古人观天象，以十九年为一个天象周期，谓之一章.

其中 $I_1' = I_1 + ml^2$，L_3 和 L_Z 则代表了刚体绕原点 O 的角动量沿着 z（自转）和 Z 方向的分量，它们都是守恒量. 另外一个守恒的物理量是陀螺的能量：

$$E = \frac{I_1'}{2}(\dot{\theta}^2 + \dot{\phi}^2 \sin^2\theta) + \frac{I_3}{2}(\dot{\psi} + \dot{\phi}\cos\theta)^2 + mgl\cos\theta. \tag{5.80}$$

角动量的守恒方程可以分别给出进动角速度和自转角速度：

$$\dot{\phi} = \frac{L_Z - L_3\cos\theta}{I_1'\sin^2\theta}, \quad \dot{\psi} = \frac{L_3}{I_3} - \frac{L_Z - L_3\cos\theta}{I_1'\sin^2\theta}\cos\theta. \tag{5.81}$$

将此式代入能量守恒的方程中，我们就可以得到只含章动角 θ 的等效能量守恒方程：

$$E' = \frac{I_1'}{2}\dot{\theta}^2 + V_{\mathrm{eff}}(\theta) = E - \frac{L_3^2}{2I_3} - mgl,$$
$$V_{\mathrm{eff}}(\theta) = \frac{(L_Z - L_3\cos\theta)^2}{2I_1'\sin^2\theta} - mgl(1 - \cos\theta). \tag{5.82}$$

通过 (5.82) 式我们可以积分给出章动角 θ 对时间的依赖关系. 同样，这又会给出一个椭圆积分. 将章动角 θ 的解代入 (5.81) 式中并积分，就可以得到另外两个欧拉角对时间的依赖关系. 由于这牵涉到复杂的椭圆函数，我们就不明确给出了.

　　定性讨论一下章动角 θ 和进动角 ϕ 的变化是有意义的. 另外一个欧拉角只反映了陀螺的自转，往往并不是十分重要. 因此下面我们只关心陀螺的对称轴随时间的变化规律. 这时比较直观的一种几何描述是看这个对称轴与一个中心位于原点 O 的球面的交点在球面上所画出的轨迹. 这个轨迹在球面上的"经度"和"纬度"正好对应于欧拉角 ϕ 和 θ.

　　首先要注意的一个重要事实是，角度 θ 只能够在 $[\theta_1, \theta_2]$ 之内变动，这里 θ_1，θ_2 由方程 $E' = V_{\mathrm{eff}}(\theta)$ 给出. 在章动角变化的过程中，进动角 ϕ 也按照方程 (5.81) 中的第一式变化. 因此陀螺对称轴的进动存在两个极限圆，分别对应于 θ_1 和 θ_2. 如果在章动角 θ 变化的范围内，$\dot{\phi}$ 并不改变符号 [也就是说 $(L_Z - L_3\cos\theta)$ 保持同一符号]，那么进动角 ϕ 的变化是单调的. 这种情况被称为正常章动 [见图 5.4(a)]. 这时陀螺的对称轴在两个极限圆处的进动是同方向的. 反之，如果 $\dot{\phi}$ 在章动角变化的范围内正好改变一次符号，这时的进动角的变化在两个极限圆处将是反方向的 [见图 5.4 (b)]. 如果恰好 $\dot{\phi}$ 在一个极限圆的地方为零，那么陀螺的对称轴在该极限圆处正好没有进动，这使得对称轴在该极限圆处形成尖点 [见图 5.4(c)]. 上述三种情形都定性地显示在图 5.4 中.

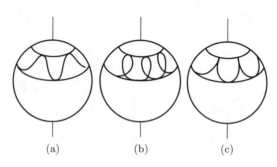

(a)   (b)   (c)

图 5.4   重力场中的对称陀螺的章动与进动.

作为这一节的最后注解，我们顺便指出，地球是一个相当不错的对称陀螺 (事实上，在第一级近似下它甚至可以看成一个球形陀螺). 它沿着两极方向稍微扁一些. 由于这种对于球形的微小偏离，太阳或月亮对于地球的引力会产生一个很微小的力矩. 于是，地球的运动可以利用类似于本节处理的方法来研究. 这种微小的力矩实际上会造成地球对称轴的方向绕着它的轨道平面的垂直方向缓慢地进动. 之所以它是缓慢的，主要是由于地球十分接近于一个球体. 换句话说，如果地球是一个严格的球体，那么太阳或月亮对地球的力矩等于零，这时这种缓慢的进动也不复存在. 这正是地球总角动量守恒的要求，因为地球的自转轴正是它角动量的方向，如果没有外力矩的话，它的方向是不会改变的. 在图 5.5 中我们显示了地球–太阳系统的情况. 我们选取地球绕太阳公转的轨道平面 [通常称为黄道面 (ecliptic)] 的法向为空间固定坐标架的 Z 轴. 地球的主轴中的对称轴是沿着它的自转方向的 (x_3 轴)，它与 Z 轴并不重合，而是有一个大约 23.5° 的夹角 (图中的 θ 角)[16]. 正是这个角度的存在造就了我们地球上的春夏秋冬四季.

由于地球偏离理想球体，因此太阳对于它有微小的力矩，导致它的自转轴会缓慢进动. 等效地说，地球主轴运动的拉格朗日量可以写为 [动能见（5.49）式]

$$L = \frac{I_1}{2}(\dot{\theta}^2 + \dot{\phi}^2 \sin^2\theta) + \frac{I_3}{2}(\dot{\psi} + \dot{\phi}\cos\theta)^2 - V(\cos\theta). \tag{5.83}$$

---

[16]这也就是南北回归线对应的纬线角度.

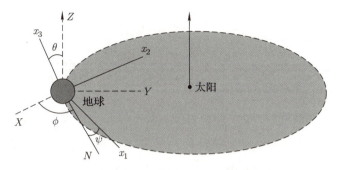

图 5.5　地球作为一个对称陀螺会受到太阳 (和月亮) 的微小力矩的影响. 这里显示了地球和太阳系统的情形. 地球绕太阳公转的轨道平面 (黄道面) 的法向可以取为空间固定坐标架的 Z 方向，N 为节线方向. 图中显示了地球的欧拉角，其中它的自转方向沿 x_3 轴，它与 Z 轴之间的夹角 $\theta \approx 23.5°$.

这里的 $V(\cos\theta)$ 当然与 (5.77) 式中的不同，它是由我们提到的微小的力矩引起的势能：

$$V(\cos\theta) = -\frac{GM_\odot(I_3 - I_1)}{r^3}P_2(\cos\theta), \tag{5.84}$$

其中 $M_\odot$ 是太阳质量，G 是牛顿万有引力常数，I_3 和 I_1 分别是地球的主轴惯性矩，r 是日地距离，$P_2(\cos\theta) = (3\cos^2\theta - 1)/2$ 是二阶勒让德 (Legendre) 多项式[①]. 具体的数值计算表明[2]，大约要过几万年它的方向才会完成一个周期. 这种变化实际上体现了春分秋分点 (equinox) 的移动.

　　初看起来似乎太阳的影响是最主要的，但是细心的读者应当注意到了，与第 15 节中讨论潮汐一样，这个有效的势能 $V(\cos\theta)$ 是正比于影响地球的星体质量与距离的三次方之比 M/r^3 的，因此，实际上月亮对于地球的影响反而要更加重要一些. 真实的地球进动的效果则是由月亮和太阳的共同影响所造成的. 太阳系中其他星体的贡献几乎可以忽略. 另一个有点复杂的情况是，月亮绕地球的轨道平面并不与日地轨道平面 (黄道面) 完全重合，两者大约有 5° 的偏离，这种轨道平面的不一致性会造成地球进动的不规则性，这在天文学中称为地球的天文章动 (astronomical nutation).

---

①关心推导细节的读者可阅读参考书 [2].

相关的阅读

本章讨论了刚体的运动学与动力学. 刚体的运动学是一个数学性较强的章节. 我们讨论了关于三维空间转动的两种描述：利用 SO(3) 正交实矩阵的描述和利用 SU(2) 复矩阵 (或者说单位四元数) 的描述. 特别值得一提的是，四元数描述在物理学内部引出了后来的量子力学中的自旋概念，还广泛地运用于计算机图像学等领域. 因此对三维转动的数学描述实际上超越了刚体运动学的范畴.

刚体的动力学是理论力学中不可缺少的经典内容，虽然它与其他后续课程的联系并不是十分紧密. 当然，角动量、转动惯量、惯量主轴、欧拉角等等概念仍然是十分重要的. 在以后与量子力学相关的课程中，读者还会遇到它们.

从本章的具体内容来说，第 23 节和第 24 节的内容可参考朗道书[1] 的 §31，§32，§35. 第 25 节的讨论可参考朗道书[1] 的 §34，§36. 第 26 节的讨论可参考朗道书[1] 的 §37. 第 27 节的讨论则可参考朗道书[1] 的 §35 的例题. 类似的讨论也可见参考书 [2] 的第五章的 5-7 节. 关于地球自转轴的进动与章动的讨论见参考书 [2] 的第五章的 5-8 节.

习　　题

1. 无穷小三维转动. 证明一个一般的无穷小三维转动可以写成 (5.12) 式的形式，并且可以进一步用生成元 (5.13) 进行展开.

2. 三维转动生成元的对易关系. 验证生成元 (5.13) 满足标准的对易关系 (5.14).

3. 角速度在体坐标架中的欧拉角表示. 验证角速度在体坐标架中的欧拉角表示 (5.28).

4. 三维转动的凯莱–克莱因表示. 验证三维转动的凯莱–克莱因表示 (5.39).

5. 刚体的动能和惯量张量. 第 24 节中讨论刚体的动能时我们都是选取其质心为参考点，如果不选质心会怎样呢？本题中我们将讨论这个问题.

    (1) 说明刚体中任意一点的速度公式 (5.22) 并不要求点 C 必须是质心，C 可以是刚体中的任意一点，只不过 r 要理解为相对于点 C 的位置.

    (2) 利用上问的结果，如果我们令 $\boldsymbol{R}_C = (\sum \delta m r)/M$ 表示质心相对于参考点 C 的位置，给出这时候刚体动能的公式.

    (3) 如果我们将参考点从质心移到另外一个点 C，给出相对于点 C 的惯量张量与原先相对于质心的惯量张量之间的关系.

    (4) 结合以上两问，说明刚体的总动能不依赖于参考点 C 的选取，虽然选择质心是最方便的.

6. **球形陀螺.** 考虑三个质量相同 (记为 m) 的质点位于一个边长为 a 的等边三角形的三个顶点. 不失一般性，我们认为它们放置在 x-y 平面内，其中心位于原点，并且假定三个质点的坐标取为 $a(\sqrt{3}/3, 0, 0)$，$a(-\sqrt{3}/6, +1/2, 0)$ 和 $a(-\sqrt{3}/6, -1/2, 0)$.

    (1) 我们现在将另外一个质量为 M 的质点 (一般来说 $M \neq m$) 放置在 z 轴上坐标为 $(0, 0, z)$ 的位置，这时四个质点构成的系统的质心位于什么位置？

    (2) 如果我们将三维坐标的原点平移，取在质心，这个系统相对于质心的转动惯量矩阵是什么样子的？

    (3) 我们现在需要将 M 放置在空间的什么位置才能够使得这四个质点构成的系统成为一个球形陀螺？

    (4) 假定我们在制备这个球形陀螺的过程中没有测量得很准确，以至于 M 的位置比起上面求出的精确位置 z_0 有个小的偏离 δz_0，这个偏离会使得系统的转动惯量有什么变化？

7. **自由刚体的运动.** 考虑自由非对称陀螺的运动，它的三个主轴惯量 $I_1 < I_2 < I_3$，相应的欧拉方程为 (5.55) 式，更具体地说是 (5.59) 式. 本题中我们将考虑刚体的角速度 $\boldsymbol{\Omega}$ 分别非常接近于第一、第二和第三个主轴时的运动.

    (1) 首先考虑角速度 $\boldsymbol{\Omega}$ 大体上沿着第三个主轴. 这时可以假定 $\Omega_3 \approx \Omega_0$，$|\Omega_3 - \Omega_0|, \Omega_1, \Omega_2 \ll \Omega_0$. 利用这个近似，将上述欧拉方程中关于 Ω_1 和 Ω_2 的方程给出来，可以仅保留到 Ω_1 和 Ω_2 的一阶.

    (2) 利用上问得到的方程，给出 Ω_1 和 Ω_2 的运动. 说明它们的运动是小振动，并给出振动的圆频率.

    (3) 现在考虑 $\boldsymbol{\Omega}$ 沿着第一个主轴的情形，说明运动也是稳定的. 这时可以假定 $\Omega_1 \approx \Omega_0$，$|\Omega_1 - \Omega_0|, \Omega_2, \Omega_2 \ll \Omega_0$. 说明此时 Ω_2 和 Ω_3 的运动也是小振动，并给出振动的圆频率.

    (4) 如果小的偏离是靠近第二个主轴，说明运动是不稳定的，并给出 $\boldsymbol{\Omega}$ 偏离该轴的速率.

第六章　哈密顿力学

本 章 提 要

- 哈密顿正则方程（28）
- ξ 符号与刘维尔定理（29）
- 泊松括号（30）
- 作用量作为端点的函数（31）
- 正则变换（32）
- 哈密顿–雅可比理论（33）
- 作用量–角度变量（34）

前 面几章主要建立了所谓的拉格朗日形式的分析力学体系，并且讨论了它的一些重要的典型应用. 这一章中，我们将重新回到分析力学理论体系的讨论中. 我们要介绍另一种与拉格朗日力学等价的分析力学描述方式——哈密顿力学.

读者也许会感到奇怪，对于经典力学我们已经有了牛顿的矢量力学体系和拉格朗日的分析力学体系，为什么还需要一个哈密顿力学体系呢？这个问题的答案实际上需要超出经典力学之外才能够看得更加清楚. 正像我们在本书一开始所讨论的那样，牛顿的矢量力学与拉格朗日的分析力学在纯经典力学的范畴内是完全等价的. 如果只是在纯经典力学的范畴内考察，我们至多能够说拉格朗日分析力学有时候更加方便而已，特别是对于有约束的力学系统. 事实上，拉格朗日分析力学的优势只有在超出了纯经典力学问题时才显得更加明显. 同样，我们需要哈密顿力学的原因实际上也是超出纯经典力学的. 在纯经典力学范畴之内，它只是拉格朗日分析力学的另外一种等价的描述. 但是，在超出经典力学之外，特别是进入量子力学时，哈密顿力学就显示出它的优点. 量子力学最初的建立很大程度上是受到哈密顿力学的启发[①]. 同时，哈密顿力学还显示出与波动光学、统计力学等子学科的密切联系. 因此，对于哈密顿力学的讨论实际上将使我们对于经典力学的理论体系认识得更加深入，同时也为其他后续课程奠定更加牢固的基础.

28   哈密顿正则方程

考虑一个由拉格朗日量 $L(q, \dot{q}, t)$ 描述的经典力学系统. 为了简化记号，我们用 q 和 $\dot{q}$ 来代表该系统所有的广义坐标 q_i 和广义速度 $\dot{q}_i$，其中 $i = 1, 2, \cdots, f$，f 是系统的自由度数目. 我们可以写出拉格朗日量的全微分：

$$\mathrm{d}L = \frac{\partial L}{\partial t}\mathrm{d}t + \frac{\partial L}{\partial q_i}\mathrm{d}q_i + \frac{\partial L}{\partial \dot{q}_i}\mathrm{d}\dot{q}_i,$$

其中我们运用了爱因斯坦求和规则. 对于每一个广义坐标 q_i，我们曾定义了与之共轭的广义动量 p_i [参见第 6 节中的 (2.18) 式]：

$$p_i = \frac{\partial L}{\partial \dot{q}_i}. \tag{6.1}$$

利用广义动量表达，并结合系统的拉格朗日运动方程，拉格朗日量的全微分变为

$$\mathrm{d}L = \frac{\partial L}{\partial t}\mathrm{d}t + p_i\mathrm{d}\dot{q}_i + \dot{p}_i\mathrm{d}q_i. \tag{6.2}$$

现在我们定义新的一个物理量，它是函数 $L(q, \dot{q}, t)$ 的一个变换：

$$H(p, q, t) = p_i\dot{q}_i - L. \tag{6.3}$$

我们称以广义坐标和共轭的广义动量为变量的函数 $H(p, q, t)$ 为系统的哈密顿量. 哈密顿量的物理意义实际上我们在第二章的第 10 节中讨论过. 对于一个具有时间平移对称性的系统，哈密顿量的数值就是系统守恒的能量. 虽然哈密顿量在数值上就等于系统的能量，但是它与能量是有区别的. 特别需要强

[①]如果我们考虑量子力学的描述问题，基于哈密顿力学的正则量子化和基于拉格朗日力学的路径积分量子化则给出了量子力学两种等价的描述.

调的一点是，哈密顿量是力学系统的广义坐标以及广义动量的函数，与拉格朗日量不同，拉格朗日量是广义坐标和广义速度的函数. 也就是说，按照定义 (6.3)，当我们已知系统的拉格朗日量后，需要按照定义 (6.3) 构造系统的哈密顿量，同时，我们必须利用广义动量的定义 (6.1) 将 (6.3) 式中的所有广义速度利用广义坐标和广义动量来表达. 这样最终得到的以广义坐标和广义动量为变量的函数才是系统的哈密顿量. 也就是说，当我们说给定了力学系统的哈密顿量的时候，强调的绝不仅仅是它的数值，更重要的是它对于广义坐标和广义动量的函数依赖关系. 容易验证，哈密顿量的微分为

$$\mathrm{d}H = \dot{q}_i \mathrm{d}p_i - \dot{p}_i \mathrm{d}q_i - \frac{\partial L}{\partial t}\mathrm{d}t. \tag{6.4}$$

这个关系可以从拉格朗日函数的微分 (6.2) 以及哈密顿量的定义 (6.3) 直接取微分得到. 从拉格朗日函数 $L(q, \dot{q}.t)$ 变换到哈密顿函数 $H(p, q, t)$ 的变换被称为勒让德变换. 这种变换在热力学中会经常遇到.

将哈密顿量的微分 (6.4) 与它的完全微分进行比较，我们立刻得到

$$\dot{q}_i = \frac{\partial H}{\partial p_i}, \quad \dot{p}_i = -\frac{\partial H}{\partial q_i}. \tag{6.5}$$

这一组方程就是著名的哈密顿方程，又被称为正则方程或者哈密顿正则方程. 从数学上讲，这一组微分方程与系统的欧拉–拉格朗日方程完全等价，只不过拉格朗日方程是二阶常微分方程，而哈密顿方程是一阶常微分方程. 因此，只要给定初始的广义坐标和广义动量，力学系统的运动就被方程 (6.5) 完全确定.

特别需要注意的是，如果我们考察哈密顿量随时间的变化率，有

$$\frac{\mathrm{d}H}{\mathrm{d}t} = \frac{\partial H}{\partial t} + \frac{\partial H}{\partial q_i}\dot{q}_i + \frac{\partial H}{\partial p_i}\dot{p}_i.$$

代入哈密顿正则方程 (6.5)，我们发现

$$\frac{\mathrm{d}H}{\mathrm{d}t} = \frac{\partial H}{\partial t} = -\frac{\partial L}{\partial t}. \tag{6.6}$$

所以，如果系统的哈密顿量不显含时间 (例如，如果系统的拉格朗日量不显含时间，那么它的哈密顿量也不显含时间)，则这个力学系统的哈密顿量是一个守恒量，而其守恒的数值正是系统的能量，见第二章的 (2.53) 式.

哈密顿方程是关于广义坐标和广义动量对 (p,q) 的一阶常微分方程. 我们随后会看到, 在哈密顿分析力学的理论框架中, 所谓"坐标"和"动量"的概念其实不是一成不变的. 事实上, 两者完全可以"互换". 因此, 更准确的称呼是称它们互为共轭变量. 对于一个自由度数目是 f 的力学系统, 我们有 f 对共轭变量, 而系统的运动完全由这 $2f$ 个变量所描述. 以这 $2f$ 个独立的变量 (f 对变量) 为坐标轴, 可以构成一个 $2f$ 维的"空间", 通常称为这个力学系统的相空间[2]. 一个力学系统在任意时刻的力学状态可以用其相空间中的一个点来表示, 称为这个力学系统在其相空间中的代表点. 随着时间的推移, 力学系统的代表点也会在其相空间中移动从而画出一条轨迹, 称为这个力学系统的相轨道. 从相空间中一个给定的点出发, 力学系统的相轨道完全由其哈密顿正则方程唯一确定.

利用相空间、相轨道这些"几何术语"来描述一个力学系统的运动有时是方便的, 特别在讨论力学系统定性行为的时候. 另外, 在统计物理中, 我们也会频繁地运用这些概念. 特别需要强调指出的是, 一个力学系统的相空间的几何结构 (拓扑性质) 可以是相当复杂的, 通常不是一个简单的 $2f$ 维的平直欧氏空间. 一个典型的例子就是当系统的某个广义坐标是角度的时候. 例如, 一个单摆的相空间是一个圆柱面. 一些多自由度力学系统的相空间可以是具有十分丰富的拓扑结构的弯曲流形. 这时要利用几何描述来讨论力学问题就必须运用微分几何的术语[3], 事实上, 相空间是力学系统位形流形上的余切丛 (cotangent bundle). 有关这方面更加细致的讨论可见参考书 [3] 的第 5.2 节, 或者参考书 [4].

只要给定了系统的拉格朗日量, 我们就可以按照标准的程式得到它的哈密顿量. 对于一个保守系统有 [参见第 9 节中的 (2.50) 式]

$$L = \frac{1}{2} a_{ij}(q) \dot{q}_i \dot{q}_j - V(q_1, q_2, \cdots, q_f). \tag{6.7}$$

按照定义, 与 q_i 共轭的广义动量 p_i 为

$$p_i = a_{ij}(q) \dot{q}_j. \tag{6.8}$$

---

[2]更现代一些的称呼是相流形.

[3]与哈密顿正则方程相应的几何往往被称为辛几何 (symplectic geometry).

从这个公式中可以反解出 $\dot{q}_i$ 作为广义动量的函数[④]：

$$\dot{q}_i = a_{ij}^{-1}(q)p_j, \tag{6.9}$$

其中 $a^{-1}(q)$ 表示对称矩阵 $a(q)$ 的逆矩阵. 简单的计算表明，系统的哈密顿量为

$$H = \frac{1}{2}a_{ij}^{-1}(q)p_ip_j + V(q_1, q_2, \cdots, q_f). \tag{6.10}$$

也就是说，保守系统的哈密顿量可以写成动能项[⑤] 加上势能项.

例 6.1 电磁场中粒子的哈密顿量. 考虑一个相对论性的粒子与外加电磁场的相互作用. 它的拉格朗日量由第 8 节中的 (2.35) 式给出. 求它的哈密顿量.

解 按照定义，粒子的正则动量

$$\boldsymbol{P} = \frac{m\boldsymbol{v}}{\sqrt{1 - \boldsymbol{v}^2/c^2}} + \frac{e}{c}\boldsymbol{A} = \boldsymbol{p} + \frac{e}{c}\boldsymbol{A}. \tag{6.11}$$

于是，哈密顿量可以直接写出 (注意将原来拉格朗日量中所有的速度都换成正则动量 $\boldsymbol{P}$)：

$$H = \sqrt{m^2c^4 + c^2\left(\boldsymbol{P} - \frac{e}{c}\boldsymbol{A}(\boldsymbol{r}, t)\right)^2} + e\Phi(\boldsymbol{r}, t). \tag{6.12}$$

这就是一个带电粒子在外加电磁场中的哈密顿量 (相对论性的)，其中电磁势四矢量为 $A^\mu = (\Phi, \boldsymbol{A})$. 如果我们取非相对论近似，那么 (6.12) 式的根号中可以假定 $m^2c^4 \gg c^2[\boldsymbol{P} - (e/c)\boldsymbol{A}]^2$，因而我们展开根号并且略去静止能量的常数项，得到

$$H = \frac{1}{2m}\left(\boldsymbol{P} - \frac{e}{c}\boldsymbol{A}(\boldsymbol{r}, t)\right)^2 + e\Phi(\boldsymbol{r}, t). \tag{6.13}$$

这就是非相对论近似下一个带电粒子与外电磁场相互作用的哈密顿量.

例 6.2 相对论性开普勒问题. 利用哈密顿力学的方法求解一个相对论性的粒子在 $V(r) = -\alpha/r$ 的吸引势中的轨道问题.

[④]我们假定对称矩阵 $a(q)$ 不奇异.

[⑤]不难验证，这个哈密顿量中的动能项 (第一项) 在数值上与拉格朗日量中的动能项 (第一项) 是相等的. 只不过哈密顿量的动能项必须用广义坐标和广义动量表达，而拉格朗日量中的动能项是用广义坐标和广义速度表达的.

解 为了方便我们取 $c = 1$ 的单位, 这时粒子的哈密顿量可以表达为

$$H = \sqrt{\boldsymbol{p}^2 + m^2} - \frac{\alpha}{r}. \tag{6.14}$$

与非相对论的情形一样, 这实际上是个二维问题. 在选择了二维极坐标 (r, θ) 之后, 我们有 $\boldsymbol{p}^2 = p_r^2 + p_\theta^2/r^2$, 因此

$$H = \sqrt{p_r^2 + \frac{p_\theta^2}{r^2} + m^2} - \frac{\alpha}{r}. \tag{6.15}$$

哈密顿量不显含时间也不显含 θ, 因此机械能 E(哈密顿量的数值) 以及角动量 $p_\theta \equiv J$ 都是守恒量, 有

$$\left(E + \frac{\alpha}{r}\right)^2 = p_r^2 + \frac{J^2}{r^2} + m^2.$$

另一方面我们可以验证 $p_r = \gamma m \dot{r}$ 以及 $p_\theta = J = \gamma m r^2 \dot{\theta}$. 因此, 有

$$p_r = \frac{p_\theta}{r^2} \frac{\mathrm{d}r}{\mathrm{d}\theta} = \frac{J}{r^2} \frac{\mathrm{d}r}{\mathrm{d}\theta} = -J \frac{\mathrm{d}u}{\mathrm{d}\theta}, \tag{6.16}$$

其中在最后一步进行了通常的替换 $u \equiv 1/r$. 这样粒子径向的运动方程可以写为

$$(E + \alpha u)^2 = J^2 \left[(u')^2 + u^2\right] + m^2,$$

其中 $u' = \mathrm{d}u/\mathrm{d}\theta$. 如果你对这个方程还看不出如何处理的话, 最简单的方法是将其对 θ 再微商一次, 得到

$$u'' + \left(1 - \frac{\alpha^2}{J^2}\right)u = \frac{\alpha E}{J^2}. \tag{6.17}$$

这看上去是一个典型的 "谐振子" 型的微分方程, 因此它的解为

$$u \equiv \frac{1}{r} = \frac{1}{l_0}\left(1 + e\cos\left(\Omega(\theta - \theta_0)\right)\right), \tag{6.18}$$

其中 θ_0 是一个无关紧要的常数 (标记极轴的选取), 而其他参数由下式给出:

$$\Omega^2 = 1 - \frac{\alpha^2}{J^2}, \quad l_0 = \frac{J^2}{\alpha E}\left(1 - \frac{\alpha^2}{J^2}\right),$$

$$e^2 = 1 + \frac{\left(1 - \frac{\alpha^2}{J^2}\right)\left(1 - \frac{m^2}{E^2}\right)}{(\alpha^2/J^2)}. \tag{6.19}$$

需要注意的是，这里的能量 E 是包含了粒子静止能量的总能量. 如果我们要将上述各式与第三章第 14 节中非相对论情形下的相应公式进行比较的话，需要令 $E \approx m + \hat{E}$，其中 $|\hat{E}| \ll m$（注意，对应束缚的情形，$\hat{E} < 0$）. 同时，非相对论极限下 $\alpha^2 \ll J^2 \equiv J^2 c^2$. 于是读者可以比较容易地验证，在非相对论极限下这些公式的确都回到第 14 节中相应的公式. 有兴趣的读者还可以将这里的公式与第 17 节中获得的同样问题的近似解进行比较.

这个问题在历史上是索末菲（Sommerfeld）在 1916 年首先研究的. 利用所谓旧量子论的量子化条件，他成功地获得了可以描述氢原子精细结构的能级. 这个结果实际上还是相当令人吃惊的，因为标准的基于量子力学的推导需要用到关于电子的狄拉克 (Dirac) 方程，而这是 1928 年后才出现的. 无怪乎当时爱因斯坦就认为量子化条件必定包含了一些重要的信息[⑥]. 由于具体的计算涉及所谓的绝热不变量和作用量 – 角度变量，我们将在后面 (见第 34.3 小节的例 6.12) 讨论这个问题.

29   刘维尔定理

在哈密顿正则体系中广义坐标和广义动量变得更加平等了. 为此，我们可以将两者集合在一个变量里. 我们定义一个变量 ξ：

$$\begin{aligned}
\xi^j &= q^j, \quad j = 1, \cdots, n, \\
\xi^j &= p_{j-n}, \quad j = n+1, \cdots, 2n.
\end{aligned} \tag{6.20}$$

容易验证哈密顿正则方程可以改写为

$$\dot{\xi}^j = \omega^{jk} \partial_k H, \tag{6.21}$$

其中 $\partial_j = \partial/\partial \xi^j$，而 ω^{jk} 为下列 $2n \times 2n$ 反对称矩阵：

$$\omega = \begin{pmatrix} \mathbb{0}_{n \times n} & \mathbb{1}_{n \times n} \\ -\mathbb{1}_{n \times n} & \mathbb{0}_{n \times n} \end{pmatrix}. \tag{6.22}$$

它的逆矩阵为 $\omega^{-1} = -\omega = \omega^{\mathrm{T}}$，其矩阵元将用下标表示为 ω_{jk}，因此哈密顿正则方程亦可写为 $\omega_{jk} \dot{\xi}^k = \partial_j H$.

[⑥]更多细节参见 Vickers P. Historical magic in old quantum theory. European Journal for Philosophy of Science, 2012, 2(1): 1.

考虑 $t = 0$ 时刻相空间的一个小体积元 $d^{2n}\xi(0)$，现在让该体积元中的点按照哈密顿正则方程演化. 经过一段时间 t 之后，它变为体积元 $d^{2n}\xi(t)$. 我们感兴趣的是这个体积元是如何随时间演化的. 按照微积分它们之间相差一个雅可比行列式

$$J(\xi(t); \xi(0)) = \det\left(\frac{\partial\xi(t)}{\partial\xi(0)}\right) = \det\left(\frac{\partial(\xi^1(t), \cdots, \xi^{2n}(t))}{\partial(\xi^1(0), \cdots, \xi^{2n}(0))}\right). \tag{6.23}$$

现在我们定义一个矩阵 $M(t)$，其矩阵元为

$$M_{ij}(t) = \frac{\partial\xi_t^i}{\partial\xi_0^j},$$

那么显然 $J(t) = \det M(t)$. 于是利用对于矩阵的公式 $\ln\det M = \mathrm{Tr}\ln M$，有

$$\frac{dJ(t)}{dt} = \frac{d}{dt}e^{\ln\det M(t)} = \frac{d}{dt}e^{\mathrm{Tr}\ln M(t)} = J(t)\mathrm{Tr}\left(M^{-1}(t)\dot{M}(t)\right).$$

另一方面有

$$\mathrm{Tr}\left(M^{-1}\dot{M}\right) = \frac{\partial\xi_0^i}{\partial\xi_t^j}\frac{\partial\dot{\xi}_t^j}{\partial\xi_0^i},$$

其中重复的指标隐含求和. 又因为有

$$\frac{\partial\dot{\xi}_t^j}{\partial\xi_0^i} = \frac{\partial\dot{\xi}_t^j}{\partial\xi_t^k}\frac{\partial\dot{\xi}_t^k}{\partial\xi_0^i},$$

于是上面的求迹表达式化为

$$\mathrm{Tr}\left(M^{-1}\dot{M}\right) = \frac{\partial\xi_0^i}{\partial\xi_t^j}\frac{\partial\dot{\xi}_t^j}{\partial\xi_t^k}\frac{\partial\dot{\xi}_t^k}{\partial\xi_0^i} = \delta_{jk}\frac{\partial\dot{\xi}_t^j}{\partial\xi_t^k}, = \frac{\partial\dot{\xi}_t^j}{\partial\xi_t^j},$$

其中我们将第三个因子与第一个因子结合并且利用了 $\partial\xi_t^k/\partial\xi_t^j = \delta_{jk}$. 因此我们最后得到 $J(t)$ 的时间演化规律为

$$\frac{dJ}{dt} = J\,\partial_j\dot{\xi}^j. \tag{6.24}$$

由于 ω^{jk} 的反对称性质，按照 (6.21) 式显然有 $\partial_j\dot{\xi}^j = 0$，这意味着相空间的体积元随时间是不变的，即 $dJ/dt = 0$. 这个结论被称为刘维尔 (Liouville) 定理. 这个定理对于统计力学来说非常有启发性.

对于任何哈密顿系统，其运动方程由哈密顿正则方程给出，或者用等价的 ξ 符号描述，即由 (6.21) 式给出. 因此我们看到，刘维尔定理对所有的哈密

顿系统都是成立的. 特别地，即使对非保守的哈密顿系统 (其哈密顿量显含时间，从而其能量并不守恒)，刘维尔定理也是成立的. 对于非哈密顿系统，可以有 $\partial_j \dot{\xi}^j \equiv \kappa(\xi) \neq 0$. 这时我们可以对方程 (6.24) 积分，给出

$$J(\xi(t); \xi(0)) = \exp\left[\int_0^t \mathrm{d}s \, \kappa(\xi(s))\right]. \tag{6.25}$$

这意味着我们可以引入一个权函数 $W(\xi)$，它是函数 $\kappa(\xi)$ 的原函数，并且有 $J(\xi(t); \xi(0)) = \exp(W(\xi(t)) - W(\xi(0)))$. 这时可以定义一个权重函数 $\sqrt{g(t)} \equiv \mathrm{e}^{-W(\xi(t))}$，再根据 (6.23) 式中 J 的定义，得到相空间体积元的变化规律

$$\sqrt{g(t)}\mathrm{d}^{2n}\xi(t) = \sqrt{g(0)}\mathrm{d}^{2n}\xi(0). \tag{6.26}$$

也就是说，即使在非哈密顿系统中，只要适当引入权函数，我们仍然可以得到一个守恒的相空间体积元. 只不过在这样的一个系统中，系统的相空间看起来更像是一个具有弯曲度规的空间，其度规张量的行列式由 $g(\xi)$ 给出. 这个结论称为推广的刘维尔定理[⑦].

30   泊 松 括 号

我们现在来考察一个力学量 $f(p, q, t)$，它可以是广义动量、广义坐标和时间的任意函数. 它随时间的变化率可以写成

$$\frac{\mathrm{d}f}{\mathrm{d}t} = \frac{\partial f}{\partial t} + \frac{\partial f}{\partial q_i}\dot{q}_i + \frac{\partial f}{\partial p_i}\dot{p}_i.$$

将正则方程 (6.5) 代入，得到

$$\frac{\mathrm{d}f}{\mathrm{d}t} = \frac{\partial f}{\partial t} + [f, H], \tag{6.27}$$

其中我们定义了力学量 f 与哈密顿量 H 的泊松括号

$$[f, H] \equiv \frac{\partial f}{\partial q_i}\frac{\partial H}{\partial p_i} - \frac{\partial f}{\partial p_i}\frac{\partial H}{\partial q_i}. \tag{6.28}$$

[⑦]更多细节可以参考 Tuckerman M E, Mundy C J, and Martyna G J. On the classical statistical mechanics of non-Hamiltonian systems. Europhys. Lett., 1999, 45(2): 149.

事实上，对于任意两个力学量 f 和 g 而言，我们可以定义它们之间的泊松括号如下[8]：

$$[f,g] \equiv \frac{\partial f}{\partial q_i}\frac{\partial g}{\partial p_i} - \frac{\partial f}{\partial p_i}\frac{\partial g}{\partial q_i}. \tag{6.29}$$

注意，这个定义也可以利用前面 (6.22) 式中定义的 ω 写为

$$[g,f] \equiv (\partial_j g)\omega^{jk}(\partial_k f). \tag{6.30}$$

如果一个力学量 $f(p,q,t)$ 随时间的变化率为零，它被称为力学系统的一个运动积分或守恒量．按照 (6.27) 式，一个力学量 $f(p,q,t)$ 是运动积分的条件可以表达为

$$\frac{\partial f}{\partial t} + [f,H] = 0. \tag{6.31}$$

特别对于不显含时间的力学变量 $f(p,q)$，它是一个运动积分 (守恒量) 的条件是

$$[f,H] = 0. \tag{6.32}$$

也就是说，它与哈密顿量的泊松括号必须等于零．

上面定义的两个力学量的泊松括号 (6.29) 满足一些基本的性质，它对于两个量是反对称的，同时是双线性的：

$$[c_1 f_1 + c_2 f_2, g] = -[g, c_1 f_1 + c_2 f_2] = c_1[f_1,g] + c_2[f_2,g], \tag{6.33}$$

其中 c_1，c_2 是任意常数. 另外，两个函数乘积的泊松括号可以表达为

$$[f_1 f_2, g] = f_1[f_2,g] + f_2[f_1,g]. \tag{6.34}$$

还有一个重要的关系是所谓的雅可比等式：

$$[f,[g,h]] + [g,[h,f]] + [h,[f,g]] = 0. \tag{6.35}$$

利用上述这些关系，任意两个已知函数的泊松括号都可以化简为基本的泊松括号：

$$[q_i,q_j] = [p_i,p_j] = 0, \quad [q_i,p_j] = \delta_{ij}. \tag{6.36}$$

---

[8]注意，有的教科书中泊松括号的定义与我们这里的相差一个负号，例如参考书 [1]. 这里的定义与参考书 [2, 3] 一致.

例 6.3 角动量的泊松括号. 考虑一个质点的角动量 $\boldsymbol{L} = \boldsymbol{r} \times \boldsymbol{p}$. 计算角动量各个分量之间的泊松括号.

解 直接利用基本泊松括号的性质, 可以得到

$$[L_1, L_2] = L_3, \quad [L_2, L_3] = L_1, \quad [L_3, L_1] = L_2. \tag{6.37}$$

当然, 任何一个分量与自身的泊松括号恒等于零. 这三个等式可以统一地写成

$$[L_i, L_j] = \epsilon_{ijk} L_k. \tag{6.38}$$

泊松括号的一个重要的性质是: 如果 f, g 是力学系统的两个运动积分, 那么它们的泊松括号 $[f, g]$ 一定也是该力学系统的运动积分. 这个结论被称为泊松定理. 如果函数 f, g 都不显含时间, 这个结论的证明是十分简单的. 只要在雅可比等式中令 $h = H$, 同时利用 $[f, H] = [g, H] = 0$, 我们立刻得到 $[H, [f, g]] = 0$, 即 $[f, g]$ 也是力学系统的运动积分[⑨]. 泊松定理的一个应用就是可能产生新的运动积分. 如果我们已知系统的两个运动积分 f 和 g, 且 $[f, g]$ 并不是常数, 或者简单的 f 和 g 的函数, 那么 $[f, g]$ 就给出了系统的一个新的运动积分.

特别值得一提的是, 这一节对于运动积分 (守恒量) 的讨论完全可以移植到量子力学中, 我们所需要做的只是将经典的泊松括号换成量子力学中的对易括号.

31   作用量作为端点的函数

在第二章的第 6 节讨论最小作用量原理的时候, 我们考虑了作用量

$$S = \int_{t_1}^{t_2} L(q, \dot{q}, t) \mathrm{d}t. \tag{6.39}$$

为了得到力学系统的运动方程, 我们考虑了端点固定的所有可能轨道. 最小作用量原理告诉我们, 力学系统真实的运动轨道是所有这些端点固定的轨道中使得作用量取极小值的那个轨道. 它的方程可以利用变分法给出, 也就是欧拉－拉格朗日方程. 现在, 我们来考虑另外一种情形. 假设系统处在它的真实

[⑨]对于 f, g 显含时间的情况, 也可以证明泊松定理.

轨道上，也就是说其轨迹满足运动方程，我们考察作用量 S 对端点的依赖关系. 具体来说，我们希望了解，在下端点仍然保持固定的情况下，作用量对于上端点的依赖关系.

为此我们假设系统起始点 t_0 仍然固定，但是分别沿着两个无穷接近的轨道 $\eta_1(t)$ 和 $\eta_2(t)$ 运动，即

$$\eta_1(t_0) = \eta_2(t_0) = q^{(0)}.$$

下面将分别考虑这两条无穷接近的轨道所对应的作用量，只不过一条是到 $(t, q(t) = \eta_1(t))$，另一条则是到 $(t + \mathrm{d}t, \eta_2(t + \mathrm{d}t) = q(t) + \mathrm{d}q(t))$，两者的出发点是共同的，都是 $(t_0, q^{(0)})$，如图 6.1 所示. 因此我们实际上是在研究作用量作为后端点 (t, q) 的函数的依赖关系. 上述两条无限接近的路径所对应的作用量之差为

$$\mathrm{d}S = \int_{t_0}^{t+\mathrm{d}t} \mathrm{d}t L[\eta_2(t'), \dot{\eta}_2(t'), t'] - \int_{t_0}^{t} \mathrm{d}t L[\eta_1(t'), \dot{\eta}_1(t'), t']$$

$$= L[\eta_2(t), \dot{\eta}_2(t), t]\mathrm{d}t + \int_{t_0}^{t} \mathrm{d}t \delta L[\eta_1(t'), \dot{\eta}_1(t'), t']. \tag{6.40}$$

上式等号右边的第二项可以利用通常的变分法以及分部积分进行计算，结果为

$$\left(\frac{\partial L}{\partial \dot{q}_i}\delta q_i\right)\bigg|_{t_0}^{t} + \int_{t_0}^{t} \mathrm{d}t \left(\frac{\partial L}{\partial q_i} - \frac{\mathrm{d}}{\mathrm{d}t}\frac{\partial L}{\partial \dot{q}_i}\right)\delta q_i, \tag{6.41}$$

其中 $q(t) = \eta_1(t)$，而 $\delta q(t) = \eta_2(t) - \eta_1(t)$. 我们现在要求 $\eta_1(t) = q_c(t)$ 满足

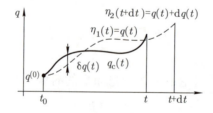

图 6.1   作用量作为后端点的函数.

欧拉–拉格朗日方程，从而 (6.40) 式等号右边的第二项为零. 根据图 6.1 中的轨道变化，可以得到

$$\mathrm{d}q(t) = \eta_2(t + \mathrm{d}t) - \eta_1(t) = \eta_2(t + \mathrm{d}t) - \eta_2(t) + \eta_2(t) - \eta_1(t)$$

$$= \dot{\eta}_2(t)\mathrm{d}t + \delta q(t) \approx \dot{\eta}_1(t)\mathrm{d}t + \delta q(t), \tag{6.42}$$

或者说 $\delta q(t) = \mathrm{d}q(t) - \dot{q}\mathrm{d}t$. 将 δq 代入 (6.41) 式，注意 $\delta q(t_0) = 0$, (6.40) 式变为

$$\mathrm{d}S = p_i \mathrm{d}q_i + (L - p_i \dot{q}_i)\mathrm{d}t. \tag{6.43}$$

考虑哈密顿量和拉格朗日量的关系 (6.3)，我们可以将作用量的微分写为

$$\mathrm{d}S = p_i \mathrm{d}q_i - H\mathrm{d}t. \tag{6.44}$$

这个微分式表明了作用量作为上端点的时间 t 和广义坐标 q_i 的函数的依赖关系. 它的等价描述是

$$\frac{\partial S}{\partial q_i} = p_i, \quad \frac{\partial S}{\partial t} = -H, \tag{6.45}$$

其中第二个式子可以表达为

$$\frac{\partial S}{\partial t} + H = 0. \tag{6.46}$$

这就是著名的哈密顿–雅可比方程. 关于它的进一步讨论与具体运用，我们在后面 (第 33 节) 会更细致地涉及.

事实上，如果我们对 (6.44) 式两边积分，就得到系统的作用量

$$S = \int \left(p_i \mathrm{d}q_i - H\mathrm{d}t \right). \tag{6.47}$$

对于这个作用量运用变分法，假定广义坐标 q_i 和广义动量 p_i 为独立变量，同时哈密顿量 $H(p, q, t)$ 是广义坐标和广义动量的函数，我们就得到哈密顿正则方程 (6.5). 如果对路径两端固定，可以得到 (下面推导中对 $p_i \delta \dot{q}_i$ 一项做了分部积分)

$$
\begin{aligned}
\delta S &= \int_{t_1}^{t_2} \mathrm{d}t\, \delta\left[p_i \dot{q}_i - H \right] \\
&= \int_{t_1}^{t_2} \mathrm{d}t \left[\dot{q}_i \delta p_i + p_i \delta \dot{q}_i - \frac{\partial H}{\partial p_i}\delta p_i - \frac{\partial H}{\partial q_i}\delta q_i \right] \\
&= \int_{t_1}^{t_2} \mathrm{d}t \left[\left(\dot{q}_i - \frac{\partial H}{\partial p_i} \right)\delta p_i - \left(\dot{p}_i + \frac{\partial H}{\partial q_i} \right)\delta q_i \right] = 0.
\end{aligned} \tag{6.48}
$$

令被积函数中 δq_i 和 δp_i 的系数为零，我们就获得了正则方程.

本节中讨论的作用量作为终点的函数可以改换原始的最小作用量原理的表述形式. 在这种形式中，我们更关心粒子所经历的路径的形状，而不关心粒子在什么时间走过该路径. 对路径两端固定，初始点为 $(t_0, q^{(0)}(t_0))$，终止点

为 $q(t)$（即 $\delta q = 0$），但允许终止时间有个虚变动 δt 的那些能量守恒的轨道，按照 (6.44) 式，有 $\delta S = -E\delta t$，其中 E 为系统守恒的能量值. 另一方面，按照 (6.47) 式，有

$$\delta S = \delta S_0 - E\delta t, \tag{6.49}$$

其中 S_0 为系统的简约作用量 (abbreviated action)：

$$S_0 = \int p_i \mathrm{d}q_i. \tag{6.50}$$

因此，这个利用简约作用量表述的最小作用量原理为：在所有满足能量守恒、固定初始坐标和时间，并且 (在某个时刻) 通过终点的运动路径中，真实的运动使得简约作用量取极小值. 这种形式的最小作用量原理通常被称为莫佩尔蒂原理[⑩]. 当然，要利用这个原理我们必须将简约作用量中的动量利用坐标和坐标的微分表达. 这一点可以通过广义动量的定义

$$p_i = \frac{\partial L}{\partial \dot{q}_i}, \tag{6.51}$$

以及能量守恒条件

$$H(q, \dot{q}) = E \tag{6.52}$$

得到. 具体来说，只要从能量守恒条件中将 $\mathrm{d}t$ 表达为坐标及其微分，代入广义动量的定义之中，就得到了动量作为坐标及其微分的表达式.

以一个通常的保守系统为例，如果它的拉格朗日量为

$$L = \frac{1}{2}a_{ij}(q)\dot{q}_i\dot{q}_j - V(q), \tag{6.53}$$

则它的广义动量为 $p_i = a_{ij}(q)\dot{q}_j$，能量为

$$E = \frac{1}{2}a_{ij}(q)\dot{q}_i\dot{q}_j + V(q), \tag{6.54}$$

因此我们得到

$$\mathrm{d}t = \sqrt{\left[\frac{a_{ij}(q)\mathrm{d}q_i\mathrm{d}q_j}{2(E - V(q))}\right]}. \tag{6.55}$$

[⑩]虽然通常以莫佩尔蒂原理来命名它，但是它实际上首先出现在欧拉和拉格朗日的工作中.

于是我们可以构造出系统的简约作用量

$$S_0 = \int \sqrt{[2(E - V(q))a_{ij}(q)\mathrm{d}q_i\mathrm{d}q_j]}. \tag{6.56}$$

一个特别有意思的情况是一个简单粒子 $(a_{ij} = m)$ 的运动. 这时的莫佩尔蒂原理变为

$$\delta \int \mathrm{d}s\sqrt{2m(E - V)} = 0, \tag{6.57}$$

其中 $\mathrm{d}s$ 是该粒子在空间轨迹上的一个微分线元. 这种形式的最小作用量原理 (莫佩尔蒂原理) 又被称为雅可比原理[①].

需要指出的是, 在莫佩尔蒂原理或者雅可比原理中, 时间变量被消去了, 因此, 它更适合直接得到运动轨道的形状 (方程). 这在我们不关心时间依赖, 只关心轨道形状的时候是方便的. 如果要将时间依赖也求出来, 我们可以运用莫佩尔蒂原理或者雅可比原理所确定的轨道方程, 再结合 (6.55) 式, 这样就可以完全确定力学系统的所有运动信息.

例 6.4 利用雅可比原理求一个粒子在势中的运动轨道. 考虑在势 $V(\boldsymbol{r})$ 中的一个质点的运动, 我们将利用雅可比原理 (6.57) 来求解它的轨道.

解 利用雅可比原理 (6.57) 直接取变分:

$$\delta \int \sqrt{E - V(\boldsymbol{r})}\,\mathrm{d}s = \int \sqrt{E - V(\boldsymbol{r})}\,\delta\mathrm{d}s + \int \mathrm{d}s\,\delta\sqrt{E - V(\boldsymbol{r})}$$

$$= \int \sqrt{E - V(\boldsymbol{r})}\,\delta\mathrm{d}s - \int \frac{\partial V}{\partial \boldsymbol{r}} \cdot \frac{\delta\boldsymbol{r}}{2\sqrt{E - V(\boldsymbol{r})}}\mathrm{d}s. \tag{6.58}$$

由于 $\mathrm{d}s^2 = \mathrm{d}\boldsymbol{r}\cdot\mathrm{d}\boldsymbol{r}$, 因此有 $\delta\mathrm{d}s = (\mathrm{d}\boldsymbol{r}/\mathrm{d}s)\cdot\delta\mathrm{d}\boldsymbol{r}$. 代入 (6.58) 式并将第一项分部积分, 我们就可以令正比于 $\delta\boldsymbol{r}$ 的系数为零:

$$\frac{\mathrm{d}^2\boldsymbol{r}}{\mathrm{d}s^2} = \frac{\boldsymbol{F} - (\boldsymbol{F}\cdot\boldsymbol{l})\boldsymbol{l}}{2[E - V(\boldsymbol{r})]}, \tag{6.59}$$

其中 $\boldsymbol{l} = \mathrm{d}\boldsymbol{r}/\mathrm{d}s$ 是质点运动轨道上切向的单位矢量, $\boldsymbol{F} = -\partial V(\boldsymbol{r})/\partial\boldsymbol{r}$ 是粒子所受到的力. 我们发现 (6.59) 式右边的分子上的矢量正好是粒子所受的力的法向分量. 另外, 二阶导数 $\mathrm{d}^2\boldsymbol{r}/\mathrm{d}s^2 = \mathrm{d}\boldsymbol{l}/\mathrm{d}s = \boldsymbol{n}/R$, 其中 $\boldsymbol{n}$ 是粒子轨道法向的单位矢量, R 是轨道的曲率半径. 因此, 这个方程实际上就是

[①]细心的读者可能已经发现这个形式与几何光学中的费马 (Fermat) 原理的相似性. 这一点我们会在第 33.3 小节中讨论.

$\boldsymbol{F} \cdot \boldsymbol{n} = mv^2/R$. 这正如我们所预料的一样，只不过它的形式仅仅涉及粒子运动的轨道 (纯几何) 性质，不直接涉及时间.

例 6.5   利用莫佩尔蒂–雅可比原理求开普勒问题中的轨道形状.

解   下面具体验证开普勒问题中的解恰好满足例 6.4 中的方程 (6.59). 为此，我们首先将二维极坐标中一条曲线 $r = r(\theta)$ 的切向量、法向量等表达出来. 容易验证，对于切向的单位矢量而言，有

$$\boldsymbol{l} = \frac{\mathrm{d}\boldsymbol{r}}{\mathrm{d}s} = \frac{r'}{\sqrt{r^2 + (r')^2}}\hat{\boldsymbol{r}} + \frac{r}{\sqrt{r^2 + (r')^2}}\hat{\boldsymbol{\theta}}.$$

按照定义，曲率矢量（它的大小 κ 是曲率半径的倒数）为

$$\frac{\mathrm{d}\boldsymbol{l}}{\mathrm{d}s} = \frac{r^2 + 2(r')^2 - rr''}{(r^2 + (r')^2)^{3/2}}\boldsymbol{n}, \tag{6.60}$$

其中 $\boldsymbol{n}$ 是法向的单位矢量. 一个更为方便的做法是利用变换 $u = 1/r$，因此 $u'/u = -r'/r$，即 $r' = -u'/u^2$，再取一次对 θ 的导数我们就获得了 u'' 的表达式. 这样一来曲率的表达式可以写为

$$\kappa = \frac{u'' + u}{[1 + (u'/u)^2]^{3/2}}.$$

于是 (6.59) 式给出

$$u'' + u = \frac{\alpha(u'^2 + u^2)}{2(E + \alpha u)}. \tag{6.61}$$

因此，如果有 $u'' + u = 1/l_0$，其中 l_0 是一个常数，注意 (6.61) 式右边的分子的微分正比于 $u'' + u$，可以确定这个常数与标准解中各个常数之间的关系. 这些关系就是第 14 节中的 (3.12) 和 (3.13) 式. 总之，这就验证了椭圆的轨道方程的确满足所有的条件.

32   正则变换

我们在本章一开始提到过，哈密顿形式的分析力学与拉格朗日形式的分析力学实际上是等价的. 但是哈密顿形式的分析力学体现出一种优势，那就是它的广义坐标和广义动量是被看作独立变量处理的，因此两者完全可以独立选择. 事实上，如果一个力学系统的广义坐标和广义动量分别为 q 和 p，相应

的哈密顿量为 $h(q,p,t)$[⑫]. 我们可以将它们变换为一组新的广义坐标和广义动量 Q 和 P:

$$Q_i = Q_i(q,p,t), \quad P_i = P_i(q,p,t). \tag{6.62}$$

如果能够使得变换后的正则方程保持不变，即存在一个新的哈密顿量 $H(Q,P,t)$ 使得 Q 和 P 的运动方程和变换前的形式完全一样：

$$\dot{Q}_i = \frac{\partial H}{\partial P_i}, \quad \dot{P}_i = -\frac{\partial H}{\partial Q_i}, \tag{6.63}$$

我们就称这样的变换为正则变换.

　　寻找正则变换最为直接的做法是从最小作用量原理出发. 上一节末尾提到了，利用广义坐标和广义动量来表述，最小作用量原理 (6.47) 可以表述为

$$\delta \int (p_i \mathrm{d}q_i - h(q,p,t)\mathrm{d}t) = 0. \tag{6.64}$$

这个变分原理正好给出哈密顿正则方程 (6.48). 因此，如果要求新的广义坐标、广义动量和哈密顿量也满足正则方程，则新的表述的最小作用量原理一定成立：

$$\delta \int (P_i \mathrm{d}Q_i - H\mathrm{d}t) = 0. \tag{6.65}$$

这两个表述完全等价的条件是被积函数仅仅相差一个任意函数 F 的完全微分：

$$p_i \mathrm{d}q_i - h\mathrm{d}t = P_i \mathrm{d}Q_i - H\mathrm{d}t + \mathrm{d}F.$$

稍微整理一下，得到

$$\mathrm{d}F = p_i \mathrm{d}q_i - P_i \mathrm{d}Q_i + (H - h)\mathrm{d}t. \tag{6.66}$$

(p,q) 到 (P,Q) 的正则变换相应的函数 F 被称为该正则变换的生成函数，或者母函数. 正则变换 (6.66) 可以视为生成函数 $F(q,Q,t)$ 的微分展开式. 这种类型的正则变换的生成函数被看作旧的坐标 q、新的坐标 Q 和时间 t 的函数，有的书上又称之为第一型 (type 1) 正则变换. 正则变换的母函数总是可以选

[⑫]这里我们稍微更改了一下符号. 我们将利用小写的 (q,p) 代表变换前的正则变量对，其相应的哈密顿量记为 $h(q,p,t)$. 正则变换之后的正则变量对则记为 (Q,P)，与之相应的哈密顿量记为 $H(Q,P,t)$.

择表达为新/旧的坐标或者新/旧的动量以及时间的函数，因此按照这种分类，会有四类正则变换：

第一型（type 1）：(q, Q, t) 为独立变量；

第二型（type 2）：(q, P, t) 为独立变量；

第三型（type 3）：(p, Q, t) 为独立变量；

第四型（type 4）：(p, P, t) 为独立变量.

注意，母函数一定是包含一个旧的变量和一个新的变量再加上时间.

第一型正则变换 (6.66) 可以等价地写为

$$p_i = \frac{\partial F}{\partial q_i}, \quad P_i = -\frac{\partial F}{\partial Q_i}, \quad H = h + \frac{\partial F}{\partial t}. \tag{6.67}$$

也就是说，如果生成函数 $F(q, Q, t)$ 的函数形式已知，(6.67) 式中的第三式就给出了新的哈密顿量，第二式给出了新的广义动量 P_i，第一式经过反解，可以给出新的广义坐标 Q_i.

有的时候生成函数并不是表达成广义坐标和时间的函数，而是 (比如说) 依赖于旧的广义坐标和新的广义动量. 这时的正则变换可以通过勒让德变换得到：

$$\mathrm{d}(F + P_i Q_i) = p_i \mathrm{d}q_i + Q_i \mathrm{d}P_i + (H - h)\mathrm{d}t. \tag{6.68}$$

这样我们就得到第二型正则变换：

$$p_i = \frac{\partial \Phi}{\partial q_i}, \quad Q_i = \frac{\partial \Phi}{\partial P_i}, \quad H = h + \frac{\partial \Phi}{\partial t}, \tag{6.69}$$

其中 $\Phi(q, P, t) = F + Q_i P_i$ 是这种情形下的生成函数. 显然，通过勒让德变换还可以构造其他形式 (例如用新的广义坐标和旧的广义动量、新旧广义动量等等) 的生成函数.

经过正则变换，力学系统的哈密顿正则方程的形式不变. 但是由于在正则变换中原来的广义坐标和广义动量可能相互混合，因此对于变换以后的广义坐标和广义动量而言，它们可能已经完全失去了"坐标"或者"动量"的原始意义 (甚至连量纲都不一定保持). 换句话说，在哈密顿力学体系中，广义坐标和广义动量是完全等价、相互共轭的一对独立变量. 更为科学的称呼应当将 (q_i, p_i) 这一对变量统一称为正则共轭变量. 事实上，如果取生成函数

$F = q_i Q_i$, 简单的计算表明, 第一型变换后 $P_i = -q_i$, $Q_i = p_i$. 也就是说, 这个正则变换刚好将原先的坐标与动量互换.

正则变换的另外一个重要性质是它不改变力学量的泊松括号:

$$[f, g]_{p,q} = [f, g]_{P,Q}. \tag{6.70}$$

这个结论可以通过直接计算加以验证. 例如我们假定有如下的关系:

$$q_i = q_i(Q, P, t), \quad p_i = p_i(Q, P, t), \tag{6.71}$$

如果 f, g 看成 (Q, P) 正则变量的函数, 那么按照泊松括号的定义 (6.29),

$$[f, g]_{P,Q} = \frac{\partial f}{\partial Q_i} \frac{\partial g}{\partial P_i} - \frac{\partial g}{\partial Q_i} \frac{\partial f}{\partial P_i}, \tag{6.72}$$

其中我们假定了重复的指标隐含求和. 但是利用求导的锁链法则, 有

$$\frac{\partial f}{\partial Q_i} = \frac{\partial f}{\partial q_k} \frac{\partial q_k}{\partial Q_i} + \frac{\partial f}{\partial p_k} \frac{\partial p_k}{\partial Q_i}, \tag{6.73}$$

类似地有

$$\frac{\partial g}{\partial P_i} = \frac{\partial g}{\partial q_l} \frac{\partial q_l}{\partial P_i} + \frac{\partial g}{\partial p_l} \frac{\partial p_l}{\partial P_i}, \tag{6.74}$$

于是我们代入 $[f, g]_{P,Q}$ 的表达式, 得到

$$\begin{aligned}
[f, g]_{P,Q} &= \left(\frac{\partial f}{\partial q_k} \frac{\partial q_k}{\partial Q_i} + \frac{\partial f}{\partial p_k} \frac{\partial p_k}{\partial Q_i} \right) \left(\frac{\partial g}{\partial q_l} \frac{\partial q_l}{\partial P_i} + \frac{\partial g}{\partial p_l} \frac{\partial p_l}{\partial P_i} \right) \\
&\quad - \left(\frac{\partial g}{\partial q_l} \frac{\partial q_l}{\partial Q_i} + \frac{\partial g}{\partial p_l} \frac{\partial p_l}{\partial Q_i} \right) \left(\frac{\partial f}{\partial q_k} \frac{\partial q_k}{\partial P_i} + \frac{\partial f}{\partial p_k} \frac{\partial p_k}{\partial P_i} \right) \\
&= \frac{\partial f}{\partial q_k} \frac{\partial g}{\partial q_l} [q_k, q_l] + \frac{\partial f}{\partial q_k} \frac{\partial g}{\partial p_l} [q_k, p_l] + \frac{\partial f}{\partial p_k} \frac{\partial g}{\partial q_l} [p_k, q_l] \\
&\quad + \frac{\partial f}{\partial p_k} \frac{\partial g}{\partial p_l} [p_k, p_l] \\
&= \left(\frac{\partial f}{\partial q_k} \frac{\partial g}{\partial p_l} - \frac{\partial f}{\partial p_k} \frac{\partial g}{\partial q_l} \right) \delta_{kl} = [f, g]_{p,q}, \tag{6.75}
\end{aligned}$$

其中我们运用了基本泊松括号

$$[q_i, q_j]_{Q,P} = 0, \quad [p_i, p_j]_{Q,P} = 0, \quad [q_i, p_j]_{Q,P} = \delta_{ij}. \tag{6.76}$$

这里我们假定了最基本的泊松括号是不变的.

其实上面的选择并不是最一般的选择. 20 世纪 70 年代, 萨莱坦 (Saletan) 等人证明了实际上可以有

$$[f, g]_{Q,P} = \lambda [f, g]_{q,p}, \tag{6.77}$$

其中 λ 为一常数. 通常的选择对应于 $\lambda = 1$ [13].

首先, 文献中存在对正则变换的两种不同的定义. 其中一个定义是, 对一个不显含时间的系统, 其哈密顿量为 $h(q,p)$, 那么正则方程为

$$\dot{q} = \frac{\partial h}{\partial p}, \quad \dot{p} = -\frac{\partial h}{\partial q}. \tag{6.78}$$

如果某个不依赖于时间的坐标和动量变换

$$Q = Q(q,p), \quad P = P(q,p) \tag{6.79}$$

不改变正则方程的形式, 且存在一个新的哈密顿量 $H(Q,P)$ 使得

$$\dot{Q} = \frac{\partial H}{\partial P}, \quad \dot{P} = -\frac{\partial H}{\partial Q}, \tag{6.80}$$

那么这样的变换就被定义为正则变换 (本节开始时使用的定义).

另外一种定义是要求变换保持任意两个力学量之间的泊松括号, 即对任意的两个力学量 $F(Q,P) \equiv f(q,p)$ 和 $G(Q,P) \equiv g(q,p)$, 必定有

$$[F, G]_{Q,P} = [f, g]_{q,p}, \tag{6.81}$$

其中关于 (Q,P) 的泊松括号的定义为 [相应于 (q,p) 的泊松括号定义 (6.29)]

$$[F, G]_{Q,P} = \frac{\partial F}{\partial Q_i} \frac{\partial G}{\partial P_i} - \frac{\partial F}{\partial P_i} \frac{\partial G}{\partial Q_i}. \tag{6.82}$$

这两种定义实际上第一种更宽松一些, 第二种更严格一些. 一个典型的例子是简单的标度变换:

$$Q_i = q_i, \quad P_i = \lambda p_i, \quad i = 1, \cdots, f, \tag{6.83}$$

---

[13] 参见 Gelman Y and Saletan E J. q-equivalent partical Hamiltonians. Nuovo Cimento B, 1973, 18: 53.

其中 λ 是任意实常数. 显然这个变换符合第一种定义的要求, 事实上可以证明新的哈密顿量恰好是 $H = \lambda h$. 因此, 按照第一种定义, 它是一个正则变换. 但是, 这个变换显然不符合第二种定义, 原因是基本的坐标和 动量的泊松括号并没有保持:

$$\delta_{ij} = [Q_i, P_j]_{Q,P} \neq \lambda[q_i, p_j]_{q,p} = \lambda\delta_{ij}, \tag{6.84}$$

除非 $\lambda = 1$. 事实上, 居里 (Currie) 和萨莱坦证明了, 这是唯一的可能[14]. 也就是说, 对于不显含时间的问题, 如果我们额外要求新的哈密顿量与旧的一致, 那么第二类变换就只有 $\lambda = 1$ 的可能性存在了.

为了区别这两类不同的变换, 萨莱坦等人称第一类变换为 "canonoid" 变换, 我姑且将其翻译为正典变换, 而将 $\lambda = 1$ 的第二类变换仍然称为正则 (canonical) 变换.

33　哈密顿 – 雅可比方程

33.1　一般的讨论

在第 31 节中, 我们曾经考虑了一个哈密顿量为 $h(q, p, t)$ 的力学系统的作用量对于终点坐标的依赖. 我们得到了一个重要的方程 [参见方程 (6.46)]:

$$\frac{\partial S}{\partial t} + h\left(q, \frac{\partial S}{\partial q}, t\right) = 0. \tag{6.85}$$

这个关于函数 $S(q, t)$ 的一阶偏微分方程就是著名的哈密顿 – 雅可比方程.

哈密顿 – 雅可比方程是一个 (一般是非线性的) 一阶偏微分方程. 它的解一般来说可以依赖于任意的函数. 在力学上讲, 我们感兴趣的是方程的所谓完全积分. 这类解中包含与独立自由度数目相同的任意常数. 对于一个自由度数目为 f 的力学系统, 这类解包含 f 个独立常数加上一个任意常数 S_0. 由于哈密顿 – 雅可比方程仅仅依赖于 $S(q, t)$ 的偏微商, 所以常数 S_0 显然是作用量的一个相加常数. 也就是说, 我们可以将哈密顿 – 雅可比方程的完全积分写为

$$S = S(q_1, \cdots, q_f; Q_1, \cdots, Q_f; t) + S_0, \tag{6.86}$$

---

[14] 参见 Currie D G and Saletan E J. Canonical transformations and quadratic Hamiltonians. Nuovo Cimento B, 1972, 9: 143.

其中 $Q_1, \cdots, Q_f$ 是 f 个任意常数，S_0 是一个任意相加常数.

为了给 f 个任意常数 $Q_1, \cdots, Q_f$ 一个物理的解释，我们注意到哈密顿–雅可比方程与我们在第 32 节中讨论的正则变换的类似之处. 将哈密顿–雅可比方程与第一型正则变换 (6.67) 比较，我们发现，如果取 Q 为正则变换后新的广义坐标，取作用量 $S(q, Q, t)$ 为正则变换的母函数 F，那么哈密顿–雅可比方程 (6.85) 告诉我们，这个正则变换以后的哈密顿量正好恒等于零：

$$H = h + \frac{\partial F}{\partial t} = 0. \tag{6.87}$$

对于变换以后的系统，由于其哈密顿量恒等于零，它的运动方程的解是平庸的. 也就是说，新的广义坐标 Q 和新的广义动量 P 都是常数. 由此我们看到，完全可以将函数 $S(q_1, \cdots, q_f; Q_1, \cdots, Q_f; t)$ 中的任意常数 $Q_1, \cdots, Q_f$ 解释为以 S 为生成函数的第一型正则变换后的新的广义坐标[15]. 相应的新的广义动量可以由作用量对于新的广义坐标的偏微商得到：

$$P_i = -\frac{\partial S}{\partial Q_i}, \tag{6.88}$$

这正是公式 (6.67) 所指出的[16]. 因此，利用哈密顿–雅可比方程求解力学问题的过程可以分为以下几个步骤：

(1) 根据系统的哈密顿量写下哈密顿–雅可比方程 (6.85).

(2) 求出形如 (6.86) 式的所有完全积分 S，其中包含一系列任意常数 $Q_1, \cdots, Q_f$.

(3) 以 $Q_1, \cdots, Q_f$ 为新的广义坐标，由 (6.88) 式定义新的广义动量. 新的广义坐标 $Q_1, \cdots, Q_f$ 和新的广义动量 $P_1, \cdots, P_f$ 都是不随时间变化的常数.

(4) 从 (6.88) 式可以反解出系统变换前的广义坐标 q_i 作为 $2f$ 个任意常数 (即新的广义坐标 $Q_1, \cdots, Q_f$ 和新的广义动量 $P_1, \cdots, P_f$) 和时间 t 的函数.

(5) 系统原先的广义动量则可以由 $p_i = \partial S / \partial q_i$ 得到. 至此我们就得到了一个力学系统运动的完全解.

---

[15] 当然，如果愿意，也可以将常数 Q_i 视为正则变换后的广义动量. 这时我们也许应当用 P_i 来标记它们，那么哈密顿–雅可比方程也可以视为第二型正则变换的结果.

[16] 事实上，由于 Q_i 和 P_i 都是常数，因此，很多时候我们也将 (6.88) 式中等号右边的负号略去. 这时 P_i 的物理含义是变换后的正则动量的负值.

由此我们看到, 利用哈密顿–雅可比方程求解力学问题的关键一步 (往往也是最困难的一步) 是求出形如 (6.86) 式的完全积分, 即上述步骤中的第 (2) 步.

如果系统的哈密顿量 $H(q, p)$ 不显含时间[①], 那么哈密顿–雅可比方程的形式可以稍微简化. 这时, 系统的哈密顿量 $H(q, p)$ 是一个守恒量 $H(q, p) = E$, 其中 E 是系统的能量, 因此作用量对于时间的依赖可以完全分离出来: $S(q, t) = S'(q) - Et$. 这样一来, 我们就得到 [下面我们略去 $S'(q)$ 中的一撇]

$$H\left(q_1, \cdots, q_f; \frac{\partial S}{\partial q_1}, \cdots, \frac{\partial S}{\partial q_f}\right) = E. \tag{6.89}$$

这就是一个保守系统的哈密顿–雅可比方程, 即能量守恒定律.

33.2 分离变量法

哈密顿–雅可比方程是一个一阶非线性偏微分方程, 它的一般解是十分复杂的. 但是, 对于一些重要的物理情况, 哈密顿–雅可比方程的解可以由分离变量法给出. 本节将结合这些实例, 简单介绍一下这种方法.

一类最为常见的情形是某一个广义坐标和相应的广义动量只出现在一个与其他广义坐标和广义动量分离的组合 ϕ 之中. 也就是说, 哈密顿–雅可比方程可以写为

$$\Phi\left[\phi\left(q_1, \frac{\partial S}{\partial q_1}\right); q_i, \frac{\partial S}{\partial q_i}; t, \frac{\partial S}{\partial t}\right] = 0, \tag{6.90}$$

其中 $\phi(q_1, \partial S/\partial q_1)$ 是任意的已知函数, q_i 和 $\partial S/\partial q_i$ 则代表其他的 (也就是 $i \neq 1$ 的) 广义坐标和相应的偏微商 (广义动量). 这个时候我们可以寻求如下形式的解:

$$S = S'(q_i, t) + S_1(q_1). \tag{6.91}$$

这时哈密顿–雅可比方程可以分离成下列两个方程:

$$\phi\left(q_1, \frac{\mathrm{d}S_1}{\mathrm{d}q_1}\right) = \alpha_1, \tag{6.92}$$

$$\Phi\left[\alpha_1; q_i, \frac{\partial S'}{\partial q_i}; t, \frac{\partial S'}{\partial t}\right] = 0, \tag{6.93}$$

[①]鉴于新的变换之后的哈密顿量恒等于零, 我们没有必要让它再占用珍贵的字母 H. 因此, 在讨论完哈密顿–雅可比方程与正则变换的关系之后, 我们将使用 $H(q, p, t)$ 来表示系统的哈密顿量.

其中 α_1 为一个常数. 这个方程组的第一个方程是一个一阶常微分方程. 我们可以求解它得到 $S_1(q_1)$. 剩下的关于 S' 的哈密顿–雅可比方程是减少了一个自由度的方程. 一个最为常见的例子是某个广义坐标根本不出现在哈密顿量之中. 这样的坐标变量被称为循环坐标. 这时, $\phi\left(q_1, \dfrac{\mathrm{d}S_1}{\mathrm{d}q_1}\right) = \dfrac{\mathrm{d}S_1}{\mathrm{d}q_1}$, 于是很容易积分得到 $S_1(q_1) = \alpha_1 q_1$, 从而

$$S = S'(q_i, t) + \alpha_1 q_1. \tag{6.94}$$

注意, 这个论证其实同样适用于时间变量. 如果哈密顿量不显含时间, 也就是说时间变量是一个循环变量, 这时哈密顿–雅可比方程的解的形式就是 $S = S' - Et$, 这正是 (6.89) 式. 因此, 如果哈密顿量具有对称性, 同时这种对称性意味着循环坐标变量的存在, 那么我们就可以将哈密顿–雅可比方程分离变量, 从而将循环坐标的对称性考虑在内. 显然, 广义坐标的选取有时候是十分重要的. 正确的选取有可能直接简化循环坐标的辨认, 从而大大简化一个力学问题的求解. 作为一个例子, 我们这里将利用哈密顿–雅可比方程再次求解一个 $1/r$ 中心势中的粒子的运动 (开普勒问题).

例 6.6   利用哈密顿–雅可比方法求解开普勒问题. 考虑在 $1/r$ 中心势中一个非相对论性的质点的运动, 我们将利用哈密顿–雅可比方法来求解这个问题.

解   显然, 这是一个二维问题. 我们选取极坐标来讨论这个问题. 这时两个独立的广义坐标为 (r, θ), 其中 r 是质点到力心的距离, θ 是相对于某个固定方向的极角. 系统的哈密顿量可以写为

$$H = \frac{1}{2m}\left(p_r^2 + \frac{p_\theta^2}{r^2}\right) + V(r), \tag{6.95}$$

其中对于开普勒问题, 有

$$V(r) = \frac{\alpha}{r}. \tag{6.96}$$

由于哈密顿量不显含时间, 因此我们可以直接利用不含时的哈密顿–雅可比方程 (6.89):

$$\frac{1}{2m}\left[\left(\frac{\partial W}{\partial r}\right)^2 + \frac{1}{r^2}\left(\frac{\partial W}{\partial \theta}\right)^2\right] + V(r) = E. \tag{6.97}$$

由于势能 $V(r)$ 中不含坐标 θ (循环坐标), 因此函数 $W = S + Et$ 可以进一步分解为

$$W(r,\theta) = W_1(r) + W_2(\theta). \tag{6.98}$$

将此式代入哈密顿−雅可比方程可得到

$$r^2 \left(\frac{\partial W_1}{\partial r} \right)^2 + 2mr^2[V(r) - E] = - \left(\frac{\partial W_2}{\partial \theta} \right)^2. \tag{6.99}$$

这个等式的左边只是 r 的函数, 而右边只是 θ 的函数, 要使它能够成立, 必须两边都等于一个常数, 因此

$$\begin{aligned} \frac{\mathrm{d} W_2}{\mathrm{d}\theta} &= J, \\ \frac{\mathrm{d} W_1}{\mathrm{d} r} &= \sqrt{2m\left[E - V(r)\right] - \frac{J^2}{r^2}}. \end{aligned} \tag{6.100}$$

积分后给出

$$\begin{aligned} W_2(\theta) &= J\theta, \\ W_1(r) &= \int^r \mathrm{d} r' \sqrt{2m\left[E - V(r')\right] - \frac{J^2}{r'^2}}. \end{aligned} \tag{6.101}$$

(6.101) 式的第一式告诉我们, $p_\theta = J$ 是一个常数 (角动量). 对于 $V(r) = \alpha/r$, (6.101) 式第二式原则上可以积分给出 $W_1(r)$. 因此, 我们得到哈密顿−雅可比方程的完全解

$$S = J\theta + \int^r \mathrm{d} r' \sqrt{2m\left[E - V(r')\right] - \frac{J^2}{r'^2}} - Et. \tag{6.102}$$

这里面两个常数 (因为自由度数目是 2)$Q_1 = E$, $Q_2 = J$. 于是, 我们可以利用 (6.88) 式来定义新的 "动量", 它们也都是常数[⑮]. 例如, 对于 $Q_2 = J$ 的偏微商, 我们得到 $P_2 = \theta_0$:

$$\theta_0 = \frac{\partial S}{\partial J} = \theta - \int^r \mathrm{d} r' \frac{(J/r'^2)}{\sqrt{2m\left[E - V(r')\right] - \frac{J^2}{r'^2}}}. \tag{6.103}$$

读者可以将这里利用哈密顿−雅可比方程得到的结果与我们在第 13 节中的结果 (3.9) 比较一下, 就会发现它们是完全一致的. 对于开普勒问题, 代入势能 $V(r) = \alpha/r$, 这个积分表达式可以直接积出而得到圆锥曲线的轨道方程.

[⑮]事实上, 这些新的所谓 "动量" 并不具有动量的量纲. 因此, 在正则变换的体系下, 所谓坐标和动量实际上已经很难区分了, 它们构成一对正则变量.

例 6.7　用哈密顿 – 雅可比方法求解均匀磁场中一个非相对论性的带电粒子的运动. 考虑沿 z 轴有一个均匀磁场 $\boldsymbol{B} = B\hat{z}$ 时，一个非相对论性的带电粒子 (电荷为 e，质量为 m) 在该均匀磁场中的运动. 我们将利用哈密顿 – 雅可比方法来求解这个问题.

解　首先我们将选取 $c = 1$ 的单位制. 这样一来，该粒子的哈密顿量为

$$H = \frac{1}{2m}(\boldsymbol{p} - e\boldsymbol{A})^2, \tag{6.104}$$

其中 $\boldsymbol{p}$ 是粒子的正则动量[19]，$\boldsymbol{A}$ 是与均匀磁场对应的磁矢势，其选择依赖于规范. 一个常用的规范选取是

$$A_x = 0, \ A_y = Bx, \ A_z = 0.$$

很容易验证：$\boldsymbol{B} = \nabla \times \boldsymbol{A} = B\hat{z}$. 于是上面的哈密顿量可以明显地写为

$$H = \frac{p_x^2}{2m} + \frac{1}{2m}(p_y + bx)^2 + \frac{p_z^2}{2m},$$

其中参数 $b \equiv -eB$. 显然，哈密顿量不显含 t，因此粒子的总能量 $E \equiv E_\parallel + E_\perp$ 是守恒的. 同时，粒子沿 z 轴方向的动量 $p_z = Q_3$ [因此相应的动能 $E_\parallel = Q_3^2/(2m)$] 也是守恒的. 我们可以直接求解不含时的哈密顿 – 雅可比方程 (6.89)：

$$\frac{1}{2m}\left(\frac{\partial S}{\partial x}\right)^2 + \frac{1}{2m}\left(\frac{\partial S}{\partial y} + bx\right)^2 + E_\parallel = E,$$
$$\frac{1}{2m}\left(\frac{\partial S}{\partial z}\right)^2 = E_\parallel. \tag{6.105}$$

由于哈密顿量中不出现 y，因此与其共轭的动量 p_y 也守恒. 我们总体上分离变量为 $S = X(x) + Y(y) + Z(z) - Et$，有

$$X(x) = \int \sqrt{2mQ_1 - (Q_2 + bx)^2}\,\mathrm{d}x, \ Y(y) = Q_2 y, \ Z(z) = Q_3 z.$$

而总的能量 $E = E_\parallel + E_\perp$，$E_\perp = Q_1$，$E_\parallel = Q_3^2/(2m)$. 这些积分可以暂时不积出，因为下面很快就要计算其导数.

---

[19]读者请注意，这里与前面讨论中一些记号上的变化. 在例 6.1 中我们用 $\boldsymbol{P}$ 来代表粒子的正则动量而用 $\boldsymbol{p}$ 代表它的机械动量. 这里由于我们一般用 $\boldsymbol{P}$ 来标记正则变换后的新动量，因此我们将用 $\boldsymbol{p}$ 来标记粒子的正则动量.

按照哈密顿-雅可比方程的解法，我们令 $P_i = -\partial S/\partial Q_i$，并且在积出相应的积分后得到

$$
\begin{aligned}
P_1 &= -\frac{\partial S}{\partial Q_1} = t - \frac{m}{b}\sin^{-1}\left(\frac{Q_2 + bx}{\sqrt{2mQ_1}}\right), \\
P_2 &= -\frac{\partial S}{\partial Q_2} = -y - \frac{1}{b}\sqrt{2mQ_1 - (Q_2 + bx)^2}, \\
P_3 &= -\frac{\partial S}{\partial Q_3} = -z + \frac{Q_3}{m}t.
\end{aligned}
\tag{6.106}
$$

这些式子可以等价地化为下列式子：

$$
\begin{aligned}
x(t) &= x_0 + R_0\sin\left[\omega_0(t - t_0)\right], \\
(y - y_0)^2 + (x - x_0)^2 &= R_0^2, \\
z &= z_0 + (Q_3/m)(t - t_0),
\end{aligned}
\tag{6.107}
$$

其中的常数为 $x_0 = -Q_2/b$，$R_0 = \sqrt{2mQ_1}/b$，$t_0 = P_1$，$\omega_0 = b/m$，$z_0 + P_3 = Q_3 t_0/m$。(6.107) 式中 z 分量的运动 (又称为纵向运动) 就是匀速直线运动，垂直于磁场的横向运动是匀速圆周运动，(x_0, y_0) 为匀速圆周运动的圆心，R_0 为半径，运动的圆频率称为回旋频率，它直接与带电粒子的荷质比以及外磁场的磁感应强度大小成正比，$\omega = \omega_0 = b/m = -eB/m$。注意其正负号其实只影响带电粒子的回旋方向 (顺时针、逆时针)，真正的圆频率是其绝对值。

带电粒子在均匀磁场中的运动对于经典物理和量子物理来说都是十分重要的案例。经典物理中它是粒子加速器上探测以及调制带电粒子束流的最主要手段；量子物理中它是研究磁场中固体磁性质 [特别是所谓的量子霍尔效应 (quantum Hall effect)] 的重要手段。

例 6.8　在柱坐标系中求解同样的问题。我们将在柱坐标系中利用哈密顿-雅可比方法来求解同样的问题。

解　在柱坐标系中哈密顿量可以表达为

$$
H = \frac{1}{2m}\left[(p_r - eA_r)^2 + \left(\frac{p_\theta}{r} - eA_\theta\right)^2 + (p_z - eA_z)^2\right].
\tag{6.108}
$$

注意其中第二项的形式。$\boldsymbol{A}$ 的形式仍然依赖于规范的选取。这时一个比较方便的选择是

$$
A_r = 0, \quad A_\theta = \frac{1}{2}Br, \quad A_z = 0.
\tag{6.109}
$$

读者可以验证，这个选取给出沿 z 方向的均匀磁场[20]：

$$\boldsymbol{B} = \nabla \times \boldsymbol{A} = \frac{1}{r} \begin{vmatrix} \boldsymbol{e}_r & r\boldsymbol{e}_\theta & \boldsymbol{e}_z \\ \dfrac{\partial}{\partial r} & \dfrac{\partial}{\partial \theta} & \dfrac{\partial}{\partial z} \\ A_r & rA_\theta & A_z \end{vmatrix} = B\boldsymbol{e}_z. \tag{6.110}$$

因此我们可以直接写出哈密顿 – 雅可比方程

$$\frac{\partial S}{\partial t} + \frac{1}{2m}\left[\left(\frac{\partial S}{\partial r}\right)^2 + \left(\frac{1}{r}\frac{\partial S}{\partial \theta} - \frac{e}{2}Br\right)^2 + \left(\frac{\partial S}{\partial z}\right)^2\right] = 0.$$

进一步我们可以写出其完全解 $S = W(r) + Q_2\theta + Q_3 z - Et$. 如果我们令 $Q_1 = E - Q_3^2/(2m)$ 为横向的能量，那么函数 $W(r)$ 的解为

$$W(r) = \int \mathrm{d}r \sqrt{2mQ_1 - \left(\frac{Q_2}{r} + \frac{1}{2}br\right)^2}.$$

这个积分实际上是初等积分，不过我们这里就不去进一步完成它了. 建议读者自行完成并与上个例题的结果进行一下比较. 一般来说，一个问题既可以在直角坐标系又可以在柱坐标系中分离变量求解，往往意味着它具有多余的对称性. 这个问题也不例外.

例 6.9   共焦椭圆坐标中的双力心问题. 前面我们看到，同样的问题可以在不同坐标系中求解，下面我们来看一个为求解二维中两个力心的引力问题而特制的坐标系——共焦椭圆坐标系 (confocal elliptic coordinates).

解   所谓共焦椭圆坐标系是指一对坐标 (ξ, η)，它们与通常的笛卡儿坐标 (x, y) 的关系为

$$\begin{aligned} x &= c\cosh\xi\cos\eta, \\ y &= c\sinh\xi\sin\eta, \end{aligned} \tag{6.111}$$

其中 $\xi \in (-\infty, +\infty)$，$\eta \in [0, 2\pi)$ 称为共焦椭圆坐标. 这个名称的由来是：如果我们考察 ξ 为常数的 (x, y) 平面的曲线，会发现它们是

$$\frac{x^2}{A^2} + \frac{y^2}{B^2} = c^2,$$

---

[20]一般来说，一个三维正交曲线坐标系中如果矢量的微分 $\mathrm{d}\boldsymbol{r} = h_i(q)\mathrm{d}q_i\boldsymbol{e}_i$，其中 $\boldsymbol{e}_i$ 是三个正交的单位矢量，$h_i(q)$ 一般可以依赖于各个 q_i，这时的矢量场 $\boldsymbol{A}(\boldsymbol{r})$ 的旋度可以写为 $\nabla \times \boldsymbol{A} = (1/h_1h_2h_3)\epsilon_{ijk}(h_i\boldsymbol{e}_i)\partial_j(h_k A_k)$. 具体到柱坐标系，如果选 r，θ，z 分别对应于 1,2,3 的方向，我们发现 $h_1 = h_3 = 1$，$h_2 = r$，于是矢量 $\boldsymbol{A}$ 的旋度可以写为 (6.110) 式的形式.

其中 $A = \cosh\xi$，$B = \sinh\xi$. 这是 (x, y) 平面的一系列椭圆. 而且由于 $A^2 - B^2 \equiv 1$，因此它代表了一系列拥有焦点的椭圆，它们的焦点都位于 $(\pm c, 0)$. 类似地，如果我们固定 η，会发现它代表了 (x, y) 平面的具有共同焦点 [焦点仍然位于 $(\pm c, 0)$!] 的一系列双曲线. 因此这样的坐标系被称为共焦椭圆坐标系.

这个坐标系可以用于处理具有两个力心的二维引力问题. 显然，我们将两个无穷重的力心选择在两个焦点上. 这时在两个力心的联合引力场中运动的一个质量为 m 的粒子的哈密顿量为

$$H = \frac{\boldsymbol{p}^2}{2m} - \frac{\alpha_1}{r_1} - \frac{\alpha_2}{r_2},$$

其中 r_1，r_2 是粒子到两个力心 (即两个焦点) 的距离. 之所以运用这个坐标系，是因为上式中的势能部分可以比较简单地用 (ξ, η) 来表达：

$$V(r_1, r_2) = -\frac{\alpha_1}{r_1} - \frac{\alpha_2}{r_2} = -\frac{1}{c}\frac{\alpha\cosh\xi - \alpha'\cos\eta}{\cosh^2\xi - \cos^2\eta}, \tag{6.112}$$

其中 $\alpha = \alpha_1 + \alpha_2$，$\alpha' = \alpha_1 - \alpha_2$. 同样地，粒子的动能也可以用 (ξ, η) 表达出来：

$$T = \frac{1}{2}m(\dot{x}^2 + \dot{y}^2) = \frac{m}{2}c^2(\cosh^2\xi - \cos^2\eta)(\dot{\xi}^2 + \dot{\eta}^2). \tag{6.113}$$

我们可以进一步写出粒子的哈密顿量：

$$H = \left(\frac{1}{2c^2m}\right)\frac{p_\xi^2 + p_\eta^2 - \alpha\cosh\xi + \alpha'\cos\eta}{\cosh^2\xi - \cos^2\eta}. \tag{6.114}$$

这个哈密顿量的形式虽然并不具有循环坐标，但是在共焦椭圆坐标系中恰好可以分离变量. 写出哈密顿–雅可比方程并且利用 $S = W_\xi(\xi) + W_\eta(\eta) - Et$ 的形式来求出完全解，我们得到

$$
\begin{aligned}
(W_\xi')^2 &= Q + 2Emc^2\cosh^2\xi + \alpha\cosh\xi, \\
(W_\eta')^2 &= -Q + 2Emc^2\cos^2\eta - \alpha'\cos\eta,
\end{aligned}
\tag{6.115}
$$

其中 Q 是分离变量时出现的常数. 这两个方程可以分别积分 (虽然会涉及椭圆积分) 给出最后的解 $W_\xi(\xi)$ 和 $W_\eta(\eta)$，以及作用量 S.

33.3　哈密顿–雅可比方程与波动力学

这一小节来讨论哈密顿–雅可比方程与量子力学的波动力学描述以及光学的联系[21]. 与量子力学的联系，初想起来是十分优美而出人意料的，但是实际上，恰恰是这种形式上的联系，在量子论的初期催生了量子力学. 至于说与光学的联系，早在哈密顿原始的工作中就已经有相当多的讨论了[22]. 事实上，从惠更斯 (Huygens) 的波动光学到几何光学的过渡与从量子力学到经典力学的过渡是完全类似的.

我们考虑一个粒子在三维空间运动，它感受到的势能是 $V(\boldsymbol{r}, t)$. 系统的作用量取为积分终点坐标和时间的函数 $S(\boldsymbol{r}, t)$. 我们构造一个波函数

$$\psi(\boldsymbol{r}, t) = \sqrt{\rho(\boldsymbol{r})}\mathrm{e}^{\mathrm{i}S(\boldsymbol{r}, t)/\hbar}. \tag{6.116}$$

我们将假定波函数的振幅 $\rho(\boldsymbol{r})$ 几乎是一个常数. 在波函数的相因子中，$\hbar$ 是一个具有作用量量纲的常数. 我们进一步假定对于经典的力学系统，$S(\boldsymbol{r}, t) \gg \hbar$. 这样一来，波函数的相因子是一个随位置和时间快速振荡的函数，而它的模则是随位置缓变的函数. 现在我们要求波函数 $\psi(\boldsymbol{r}, t)$ 满足著名的薛定谔方程：

$$\mathrm{i}\hbar\frac{\partial\psi}{\partial t} = -\frac{\hbar^2}{2m}\nabla^2\psi + V(\boldsymbol{r}, t)\psi. \tag{6.117}$$

将 (6.116) 式代入 (6.117) 式，简单的计算表明，函数 S 所满足的方程为

$$\left[\frac{(\nabla S)^2}{2m} + V\right] + \frac{\partial S}{\partial t} = \frac{\mathrm{i}\hbar}{2m}\nabla^2 S, \tag{6.118}$$

其中 $\boldsymbol{p} = \nabla S$ 是广义动量，对于平面波，$S = \boldsymbol{p}\cdot\boldsymbol{x} - Et$. 如果我们假定

$$\hbar\nabla^2 S \ll (\nabla S)^2, \tag{6.119}$$

那么我们可以略去 (6.118) 式的右边从而得到 S 所满足的方程，它正好具有哈密顿–雅可比方程 (6.85) 的形式. 粗略地说，如果我们令 $\hbar \to 0$，那么薛定谔方程就会变成经典的哈密顿–雅可比方程. 事实上，哈密顿–雅可比方程可以看成 $\hbar \to 0$ 极限下薛定谔方程的零阶近似. 如果将作用量 S 按照 $\hbar$ 的幂次

---

[21]可以阅读参考书 [2] 的第 10-8 节的讨论.

[22]读者也许还记得，哈密顿本人最为热衷的不是力学，而是光学. 他是在对于光学的观测和研究中发现哈密顿力学的.

展开并且比较同阶项，我们就得到了量子力学中所谓的准经典近似，又被称为 WKB 近似. 这个近似足够好的条件 (6.119)，在物理上实际上是说粒子的动量在其德布罗意（de Broglie）波长的范围内的改变相对于其动量本身是一个无穷小量. 由于粒子的动量在一个范围内的改变依赖于势能函数，因此这个条件很多时候可以等价地描述为势能函数在粒子的德布罗意波长内变化不大.

上面讨论的是从量子力学到经典力学的过渡，它体现了一种从波动的观点 (量子力学) 向粒子的观点 (经典力学) 的过渡（粒子的波粒二象性）. 这种过渡实际上我们在纯粹经典物理的范畴之内也曾经遇到过，那就是从波动光学到几何光学的过渡. 这个过渡发生在光波的波长极短 (相对于其传播介质中的特征尺度) 的情况之下. 在这个过渡中，哈密顿–雅可比方程曾经扮演了重要的角色.

在惠更斯的波动光学描述中，描写光的波函数 $\phi(\boldsymbol{r}, t)$ 满足经典波动方程[23]

$$\nabla^2 \phi - \frac{n^2}{c^2} \frac{\partial^2 \phi}{\partial t^2} = 0, \tag{6.120}$$

其中 $n(\boldsymbol{r})$ 是光学中的折射率，它可能是空间位置的函数. 如果折射率是不依赖于位置的常数，这个方程具有简单的平面波解

$$\phi = \phi_0 \mathrm{e}^{\mathrm{i}\boldsymbol{k} \cdot \boldsymbol{r} - \omega t}, \tag{6.121}$$

其中波数 $k = |\boldsymbol{k}|$ 由折射率和频率给出[24]：

$$k = \frac{n\omega}{c}. \tag{6.122}$$

这称为相应介质的色散关系. 如果折射率存在空间依赖，那么平面波并不是波动方程的解. 现在我们着重考虑折射率随空间缓慢变换的情形. 所谓缓慢是指折射率在一个光波波长的范围内几乎没有显著的变化. 这时，我们可以寻求波动方程下列形式的解：

$$\phi = \mathrm{e}^{A(\boldsymbol{r})} \mathrm{e}^{\mathrm{i}k_0(L(\boldsymbol{r}) - ct)}, \tag{6.123}$$

---

[23]事实上，要完全描述一个光波 (电磁波)，我们需要一个矢量波函数. 惠更斯的波动理论只是该理论 (实际上就是麦克斯韦电磁理论) 一个近似的标量描述而已.

[24]原则上讲，折射率 n 会依赖于波的频率 (色散)，不过这种复杂性并不影响我们这里的讨论.

其中 $k_0 = \omega/c$ 是真空中的波数，$A(\boldsymbol{r})$ 和 $L(\boldsymbol{r})$ 都是位置的实函数. $L(\boldsymbol{r})$ 在光学中被称为光程，有时又称为光程函或程函. 将 (6.123) 式代入波动方程 (6.120)，再分别令实部和虚部等于零，我们得到

$$\nabla^2 A + (\nabla A)^2 + k_0^2[n^2 - (\nabla L)^2] = 0, \tag{6.124}$$

$$\nabla^2 L + 2\nabla A \cdot \nabla L = 0. \tag{6.125}$$

现在我们假定介质的变化在一个光波波长范围内是可以忽略的，也就是说我们取短波近似（这个近似在光学上称为几何光学近似），则 (6.124) 式中含有 k_0^2 的项是主要的，因此我们得到光程函数 $L(\boldsymbol{r})$ 所满足的方程

$$(\nabla L(\boldsymbol{r}))^2 = n^2(\boldsymbol{r}). \tag{6.126}$$

另一方面，一个势场 $V(\boldsymbol{r})$ 中单粒子的哈密顿–雅可比方程是（作用量 $S = W - Et$）

$$(\nabla W)^2 = 2m(E - V(\boldsymbol{r})). \tag{6.127}$$

显然，方程 (6.126) 与方程 (6.127) 的形式是高度相似的. 光学中的程函 $L(\boldsymbol{r})$ 对应于单粒子哈密顿–雅可比方程的作用量函数 $W(\boldsymbol{r})$；光学中的折射率 $n(\boldsymbol{r})$ 则对应于哈密顿–雅可比方程中的速度函数 $\sqrt{2m(E - V(\boldsymbol{r}))}$. 特别应当指出的是，几何光学中的费马原理

$$\delta \int n\mathrm{d}s = 0 \tag{6.128}$$

恰恰对应于雅可比形式的最小作用量原理 [参见第 31 节中的 (6.57) 式]

$$\delta \int \sqrt{2m(E - V(\boldsymbol{r}))}\mathrm{d}s = 0. \tag{6.129}$$

由此我们看到：波动光学在几何光学极限下光程 $\int n\mathrm{d}s$ 取极小的费马原理，在数学形式上与哈密顿–雅可比形式的最小作用量原理是完全一致的. 我们现在也许可以理解，为什么当年哈密顿发表的论文有一个奇怪的名称："光线系统的理论" (Theory of Systems of Rays)，原来在哈密顿看来，力学和光学都是统一的[25].

---

[25]该文成文于 1827 年，发表于 1828 年的 *Transactions of the Royal Irish Academy* 杂志. 该文不仅仅统一了经典的力学和几何光学，而且在客观上帮助了波动光学的建立.

34 绝热不变量与正则变量

本节讨论系统在外参数缓慢变化下的行为. 一个力学系统的运动本身具有一定的时间尺度. 如果系统感受到的外场或者它的某些参数相对于系统本身的特征时间尺度来说是缓慢变化的, 则我们称这样的变化是绝热的 (adiabatic). 在此条件下, 力学系统的某些量是不变的, 它们称为绝热不变量. 我们将首先讨论一维运动的力学系统, 随后将相关概念推广到多自由度系统.

34.1 绝热不变量

首先考虑一个处在外场中的一维周期运动的粒子. 我们假定粒子只在有限的范围之内运动 (周期的), 同时粒子的运动受外界的影响. 这种影响体现在某个参数 λ 之中. 我们假定外参数 $\lambda(t)$ 仅仅随时间缓慢地变化:

$$T\frac{\mathrm{d}\lambda(t)}{\mathrm{d}t} \ll \lambda(t), \tag{6.130}$$

其中 T 是该粒子运动的周期. 满足这种条件的缓变参数常常被称为绝热变化参数.

当参数 λ 随时间不改变的时候, 力学系统的哈密顿量不显含时间, 从而它的能量 E 守恒. 如果现在参数 λ 随时间缓慢地变化, 那么系统的能量一般也会随着时间缓慢变化. 我们可以将其能量的变化率 $\dot{E}(t)$ 在系统的一个周期 T 中平均, 这样 $\langle \dot{E} \rangle$ 将与 $\dot{\lambda}$ 成正比. 事实上, 有

$$\frac{\mathrm{d}E}{\mathrm{d}t} = \frac{\partial H}{\partial t} = \frac{\partial H}{\partial \lambda}\frac{\mathrm{d}\lambda}{\mathrm{d}t}. \tag{6.131}$$

这里系统的哈密顿量 $H(q,p;\lambda)$ 依赖于绝热变化参数 λ. 在一个周期之中平均, 我们得到

$$\left\langle \frac{\mathrm{d}E}{\mathrm{d}t} \right\rangle = \left\langle \frac{\partial H}{\partial \lambda} \right\rangle \frac{\mathrm{d}\lambda}{\mathrm{d}t}. \tag{6.132}$$

这里我们假定 $\dot{\lambda}$ 也是缓变的函数, 也就是说在一个周期之中它几乎不变. 现在注意到

$$\left\langle \frac{\partial H}{\partial \lambda} \right\rangle = \frac{1}{T}\int_0^T \frac{\partial H}{\partial \lambda}\mathrm{d}t. \tag{6.133}$$

利用哈密顿正则方程, 可以将 (6.133) 式中对时间的积分换成对坐标的积分:

$$\left\langle \frac{\partial H}{\partial \lambda} \right\rangle = \frac{\int_0^T \frac{\partial H}{\partial \lambda} \mathrm{d}t}{\int_0^T \mathrm{d}t} = \frac{\oint \frac{\partial H}{\partial \lambda} \frac{\mathrm{d}q}{\partial H/\partial p}}{\oint \frac{\mathrm{d}q}{\partial H/\partial p}}. \tag{6.134}$$

这个公式中对坐标的积分遍及它的一个闭合周期. 在一个周期中我们可以将能量 E 看成常数, 由此得到

$$\frac{\mathrm{d}E}{\mathrm{d}\lambda} = 0,$$

因而

$$\frac{\partial H/\partial \lambda}{\partial H/\partial p} = -\frac{\partial p}{\partial \lambda}. \tag{6.135}$$

这里动量 p 可以在一个周期中可以看成坐标 q、能量 E 和参数 λ 的函数, 即 $p = p(q; E, \lambda)$. 将 (6.135), (6.134) 式代入 (6.132) 式, 有

$$\left\langle \frac{\mathrm{d}E}{\mathrm{d}t} \right\rangle = -\frac{\mathrm{d}\lambda}{\mathrm{d}t} \frac{\oint (\partial p/\partial \lambda) \mathrm{d}q}{\oint (\partial p/\partial E) \mathrm{d}q}. \tag{6.136}$$

将上式整理一下, 可以重新写成一个完全微分:

$$\left\langle \oint \frac{\partial p}{\partial E} \frac{\mathrm{d}E}{\mathrm{d}t} \mathrm{d}q + \oint \frac{\partial p}{\partial \lambda} \frac{\mathrm{d}\lambda}{\mathrm{d}t} \mathrm{d}q \right\rangle = 0. \tag{6.137}$$

动量 $p = p(q; E, \lambda)$ 中 E 和 λ 是随时间缓变的, 因此 (6.137) 式可等价地写为

$$\left\langle \frac{\mathrm{d}I}{\mathrm{d}t} \right\rangle = 0, \quad I \equiv \frac{1}{2\pi} \oint p \mathrm{d}q. \tag{6.138}$$

也就是说, 如果参数 λ 仅仅发生绝热的缓慢变化, 那么物理量 (称为作用量变量) I 在一个周期内的平均值不随时间变化. 具有这样性质的物理量被称为绝热不变量. 这个结果告诉我们, (6.138) 式中定义的 I (称为作用量变量) 是系统的一个绝热不变量. 它有一个十分简单的几何解释. 对于一个一维系统, 如果系统的运动是周期的, 那么它的轨道在其相空间中是一条闭合的曲线, 而作用量变量 I 恰好正比于该闭合曲线所包围的面积. 因此, 我们的结果也可以表达为: 一个一维周期运动的力学系统的相空间中, 闭合相轨道所包围的面积在系统的参数随时间发生缓慢变化时是不变的.

例 6.10 一维谐振子的作用量变量. 考虑一个一维简谐振子的作用量变量 I.

解 直接利用作用量变量 I 正比于其闭合相轨道所包围的面积的事实，同时记住谐振子的相轨道 (q,p) 是一个椭圆，

$$E = \frac{p^2}{2m} + \frac{1}{2}m\omega^2 q^2, \tag{6.139}$$

我们可以得到椭圆的半长轴和半短轴分别为 $p_0 = \sqrt{2mE}$ 和 $q_0 = \sqrt{2E/(m\omega^2)}$，因此

$$I = \frac{\pi q_0 p_0}{2\pi} = \frac{E}{\omega}, \tag{6.140}$$

其中 ω 是谐振子的圆频率.

上面讨论的作用量变量 I 与系统的简约作用量相当，实际上是系统能量的函数. 作用量变量 I 对于能量的偏微商正好正比于系统的周期：

$$2\pi\frac{\partial I}{\partial E} = \oint \frac{\partial p}{\partial E}\mathrm{d}q = \oint \frac{\mathrm{d}q}{\dot{q}} = T, \tag{6.141}$$

或者用圆频率写成

$$\frac{\partial E}{\partial I} = \omega. \tag{6.142}$$

显然，这个等式对于一维谐振子 [参见 (6.140) 式] 是平庸地成立的.

34.2 正则变量

现在我们假定 λ 不随时间改变. 这样一来，系统的能量也是常数. 这时，系统的简约作用量

$$S_0(q, E; \lambda) = \int p(q, E; \lambda)\mathrm{d}q \tag{6.143}$$

实际上也可以看成 q, I, λ 的函数，因为这时能量 E 只是作用量变量 I 的函数. 现在我们以 $S_0(q, I; \lambda)$ 为生成函数，以作用量变量 I 为新的动量进行一个正则变换. 为此，我们可以参考第 32 节中的 (6.69) 式. 相应的变换后的广义坐标记为 w，有

$$p = \frac{\partial S_0}{\partial q}, \quad w = \frac{\partial S_0}{\partial I}. \tag{6.144}$$

这个公式的第一个式子等价于 (6.143) 式，第二个式子则确定了变化后的新坐标 w. 坐标 w 被称为角度变量. 它与作用量变量 I 一起构成一对正则共轭变量.

由于原来的哈密顿量以及正则变换的生成函数都不显含时间，因此正则变换后的哈密顿量与变换前的哈密顿量在数值上是相等的，只不过它应当表达为新的正则变量 (w, I) 的函数. 我们前面刚刚论证了，对于一个不显含时间的系统，它的能量仅仅依赖于作用量变量，因此利用新的正则变量表达，哈密顿运动方程为

$$\dot{I} = 0, \quad \dot{w} = \frac{\mathrm{d}E(I)}{\mathrm{d}I} \equiv \omega(I). \tag{6.145}$$

这组方程中的第一个就是绝热不变性的特例 (6.138) 式，第二个方程说明角度变量随时间的变化率也是常数. 因此有

$$w(t) = \omega(I)t + const.. \tag{6.146}$$

也就是说，角度变量随着时间线性增加. 另外一个结论是 $S_0(q, I)$ 实际上是坐标 q 的多值函数，当坐标走遍一个周期时，函数 $S_0(q, I)$ 会改变 [见 (6.138) 式]

$$\Delta S_0(q, I) = 2\pi I, \tag{6.147}$$

或者等价地说，在粒子走遍一个周期的时候，它的角度变量改变为

$$\Delta w = \frac{\partial S_0}{\partial I} = 2\pi. \tag{6.148}$$

这就是为什么我们称 w 为角度变量. 这个结论可以推广到任意坐标和动量的单值函数 $F(q, p)$. 如果我们用作用量–角度变量来表达，这个函数实际上是角度变量 w 的周期函数，其周期为 2π.

34.3 完全可分离系统的正则变量

前面关于绝热不变量以及作用量–角度正则变量的讨论都限于一维系统，现在我们试图将这种讨论推广到具有多个自由度的系统. 对于具有多个自由度的力学系统，我们仅仅讨论所谓完全可分离的系统，有时又被称为完全可积的力学系统. 对一般力学系统的讨论我们就不再涉及了.

考虑一个 f 个自由度的保守力学系统. 我们同时假定系统的每一个广义坐标 q_i 都限制在有限的区域之内. 我们进一步假定这个系统是完全可分离的. 我们这里所说的完全可分离是在哈密顿–雅可比意义下的. 也就是说, 如果一个多自由度系统的哈密顿–雅可比方程可以完全分离变量, 则有

$$S_0 = \sum_i S_i(q_i), \tag{6.149}$$

而对于每一个 i, 有[26]

$$S_i = \int p_i \mathrm{d}q_i = 2\pi I_i. \tag{6.150}$$

所有的作用量变量 I_i 都是绝热不变量, 当哈密顿量不随时间改变的时候, 它们都是常数. 因此, 我们可以以 I_i 为新的动量, 与它们共轭的角度变量为

$$w_i = \frac{\partial S_0}{\partial I_i}. \tag{6.151}$$

用新的作用量–角度变量来描写, 哈密顿方程的解为

$$I_i = const., \quad w_i = \frac{\partial E(I)}{\partial I_i} t + const.. \tag{6.152}$$

当力学系统的某个坐标 q_i 走遍一个周期后, 相应的角度变量 w_i 改变 2π, 而系统的作用量改变 $2\pi I_i$. 因此, 任何 q, p 的单值函数 $F(q, p)$ 一定是各个角度变量的周期函数, 因此我们可以做傅里叶展开:

$$F = \sum_{n_i} A_{n_1, \cdots, n_f} \exp\left[\mathrm{i}t \left(n_1 \frac{\partial E}{\partial I_1} + \cdots + n_f \frac{\partial E}{\partial I_f} \right) \right]. \tag{6.153}$$

由此我们看到, 任意坐标与动量的单值函数都可以表达成一系列周期函数的级数. 这个级数的每一项的频率都是一系列基本频率的整数倍之和. 这些基本频率的个数等于系统自由度数目, 并且可以由下式给出:

$$\omega_i(I) = \frac{\partial E(I)}{\partial I_i}, \quad i = 1, 2, \cdots, f. \tag{6.154}$$

特别需要指出的是, (6.153) 式一般并不一定意味着对时间的周期性, 也就是说, 对于完全可分离的, 在有限区域运动的多自由度系统, 一般来说它的运动不一定随时间是周期的. 这是一个多自由度系统与前面讨论的单自由度系统

---

[26]注意, 这里重复的指标 i 不求和.

的重要区别. 对于一个单自由度保守力学系统, 只要它的运动是局限在有限区域的, 该运动就一定是周期的. 但是对于多自由度系统, 这一点并不成立. 一个多自由度的系统, 对时间的周期性只是出现在上式中各个频率之比都是有理数的情形下. 这时, 我们称系统的各个频率 ω_i 是公度的; 反之, 我们则称它们是非公度的.

因此, 一般来说一个完全可分离的多自由度力学系统的运动不是周期的, 尽管它的每一个坐标都局域于一个有限的区域内. 如果系统的任意两个基本频率都是非公度的, 那么系统的运动在任何坐标上的投影也不是周期性的. 这时, 虽然系统从一个坐标出发不会完全周期地回到初始点, 但是它可以任意接近地回到初始点附近. 因此, 我们称系统的运动是准周期的. 如果系统的两个或更多的基本频率是公度的, 这时我们称这个力学系统是简并的. 如果系统的所有基本频率都是公度的, 我们称该力学系统是完全简并的. 如果系统是完全简并的, 那么显然它的运动是周期的, 或者说它的轨道是闭合的. 如果系统只是部分简并的, 那么系统的运动向那些公度的频率所对应的运动模式的投影将是周期的, 尽管系统整体的运动并不是.

一般来说, 系统的能量 $E(I)$ 会分别依赖于所有的作用量变量 I_i, 但是在出现简并的情形下, 系统的能量实际上只依赖于更少的独立变量. 例如, 如果频率 ω_1 与 ω_2 出现简并, 即

$$n_1 \frac{\partial E}{\partial I_1} = n_2 \frac{\partial E}{\partial I_2}, \tag{6.155}$$

其中 n_1, n_2 是两个整数, 那么因为这个式子必须对于任意的 I 都成立, 所以能量实际上只能依赖于 $n_2 I_1 + n_1 I_2$ 这个线性组合而不能分别独立地依赖于 I_1 和 I_2. 这个结论的逆命题也是对的: 如果系统的能量仅仅依赖于某两个作用量变量的特殊线性组合, 那么系统中一定出现了简并. 简并的出现可以分为偶然的和必然的两类. 所谓必然简并, 主要是指由系统的对称性所造成的简并. 另一类简并则称为偶然简并, 其中特别有意思的例子是所谓的动力学简并. 这是由于势能的某种特殊形式而产生的偶然简并. 典型的例子是有心力场中的开普勒问题和高维各向同性谐振子.

例 6.11 利用作用量–角度变量讨论开普勒问题. 考虑在 $1/r$ 中心势中的质点的运动, 我们将利用作用量–角度变量来处理这个问题.

解　在第 33.2 小节的例 6.2 中，我们已经论证了开普勒问题在哈密顿 – 雅可比理论框架中是完全可分离的. 由此我们得到 $S_0 = W_1(r) + W_2(\theta)$，而 W_1 和 W_2 由 (6.101) 式给出. 于是

$$I_\theta = \frac{1}{2\pi} \int_0^{2\pi} \frac{\partial W_2}{\partial \theta} \mathrm{d}\theta = J, \tag{6.156}$$

也就是说 I_θ 就等于粒子的角动量 (守恒量). 类似地，我们可以构造出

$$I_r = \frac{1}{2\pi} \oint \frac{\partial W_1}{\partial r} \mathrm{d}r = \frac{1}{2\pi} \oint \mathrm{d}r \sqrt{2m\left[E - V(r)\right] - \frac{J^2}{r^2}}. \tag{6.157}$$

这个积分可以利用复变函数中留数定理的方法求出 (可能是最为方便、快捷的方法)，结果是

$$I_r = -I_\theta + \alpha \sqrt{\frac{m}{2|E|}}. \tag{6.158}$$

由于我们已经知道角动量 I_θ 是守恒量，因此，根据 (6.158) 式，I_r 守恒等价于能量是守恒. 我们可以得到粒子的能量作为作用量变量的函数：

$$E = -\frac{m\alpha^2}{2(I_r + I_\theta)^2}. \tag{6.159}$$

这个能量表达式仅仅依赖于组合 $I_r + I_\theta$，而不分别依赖于 I_r, I_θ. 这意味着系统存在简并：对应于坐标 r 和坐标 θ 的基本频率正好相等，因此粒子的轨道一定是周期的 (闭合的).

另外值得注意的一点是，粒子的轨道参数 (正焦弦 l_0 和离心率 e) 只与 I_r 和 I_θ 有关：

$$l_0 = \frac{I_\theta^2}{m\alpha}, \ \ e^2 = 1 - \left(\frac{I_\theta}{I_r + I_\theta}\right)^2. \tag{6.160}$$

由于我们知道 I_r 和 I_θ 都是绝热不变量，因此，开普勒问题中粒子轨道的离心率是一个绝热不变量. 即使在某些参数 (例如粒子的能量) 缓慢变化时，轨道的离心率也是不变的.

例 6.12　相对论性开普勒问题. 仍然考虑上例中的运动，只不过讨论的是相对论性的开普勒问题.

解　相对论性的开普勒问题我们在前面讨论过 (见例 6.2). 那里我们提到过这个问题的历史背景，它最早是索末菲在 1916 年研究原子能级时得到的.

这里我们来回顾一下当年索末菲的一些推导, 同时说明它对于旧量子论的作用.

我们仍然取 $c = 1$ 的单位制. 有心势系统在极坐标中的哈密顿量为

$$H = \sqrt{p_r^2 + \frac{p_\theta^2}{r^2} + m^2} - \frac{\alpha}{r}. \tag{6.161}$$

H 不显含 θ, 因此 p_θ 是守恒量, 与之对应的绝热不变量为

$$I_\theta = \frac{1}{2\pi} \oint p_\theta \mathrm{d}\theta = p_\theta = J. \tag{6.162}$$

另外一个绝热不变量 I_r 的计算要稍微复杂一些. 一个比较方便的方法是利用 p_θ 与 p_r 之间的关系

$$p_r = \frac{p_\theta}{r^2} \frac{\mathrm{d}r}{\mathrm{d}\theta} = \frac{J}{r^2} r' = -Ju', \tag{6.163}$$

其中 $u = 1/r$, $u' = \mathrm{d}u/\mathrm{d}\theta$. 于是我们可以将 I_r 表达为

$$I_r = \frac{1}{2\pi} \oint p_r \mathrm{d}r = \frac{1}{2\pi J} \oint u^{-2} [J^2 (u')^2] \mathrm{d}\theta. \tag{6.164}$$

这里的 $u \equiv (1/r)$ 必须用轨道方程来替代, 对 θ 的积分从 0 到 2π. 据能量守恒, 有

$$J^2 (u')^2 = (E + \alpha u)^2 - J^2 u^2 - m^2, \tag{6.165}$$

因此 (6.164) 式的积分可以化为

$$I_r = \frac{1}{2\pi J} \oint \left[\frac{E^2 - m^2}{u^2} + \frac{2\alpha E}{u} + (\alpha^2 - J^2) \right] \mathrm{d}\theta. \tag{6.166}$$

(6.166) 式中的轨道方程可以取为

$$\frac{1}{u} = r = \frac{l_0}{1 + e \cos \Omega\theta},$$

其中 l_0 和 e 由例 6.2 处的公式给出. 于是, 上面的积分化为

$$I_r = \frac{\alpha^2 - J^2}{J} + \frac{2(J^2 - \alpha^2)}{J} \frac{1}{2\pi} \int_0^{2\pi} \frac{\mathrm{d}\theta}{1 + e \cos \Omega\theta}$$
$$+ \frac{(E^2 - m^2)l_0^2}{J} \frac{1}{2\pi} \int_0^{2\pi} \frac{\mathrm{d}\theta}{(1 + e \cos \Omega\theta)^2}. \tag{6.167}$$

通常的做法是令 $z = e^{i\theta}$ 并试图在 z 的复平面上完成这个积分. 这个积分对于任意的 Ω 还是有一定难度的, 由于 $\Omega \neq 1$, 这使得 $z = 0$ 实际上是被积函数

的一个支点. 当然, 在非相对论极限下, $\Omega \approx 1$, 此时这些积分还是可以比较容易地算出来的. 下面我们直接令 $\Omega = 1$, 分别计算上式中的两个积分.

第一个积分为

$$
\begin{aligned}
I_1 &\equiv \frac{1}{2\pi} \int_0^{2\pi} \frac{\mathrm{d}\theta}{1 + e\cos\theta} \\
&= \left(\frac{2}{e}\right) \frac{1}{2\pi\mathrm{i}} \oint \frac{\mathrm{d}z}{z} \frac{1}{(2/e) + (z + z^{-1})} \\
&= \left(\frac{2}{e}\right) \frac{1}{2\pi\mathrm{i}} \oint \frac{\mathrm{d}z}{(z - z_1)(z - z_2)},
\end{aligned}
\tag{6.168}
$$

其中 z_1 和 z_2 是 $z^2 + (2/e)z + 1 = 0$ 的两个根, 即

$$
z_{1,2} = -(1/e) \pm \sqrt{(1/e)^2 - 1},
\tag{6.169}
$$

z_1 对应于根号前取加号, z_2 则对应于取减号. 注意这两个根的乘积恒等于 1, 因此一个 (z_1) 位于单位圆内, 另一个 (z_2) 则位于单位圆外, 所以积分只会挑出那个在单位圆内的奇点. 计算留数后给出

$$
I_1 = \left(\frac{2}{e}\right) \cdot \frac{1}{z_1 - z_2} = \frac{1}{\sqrt{1 - e^2}}.
\tag{6.170}
$$

第二个积分为

$$
I_2 \equiv \frac{1}{2\pi} \int_0^{2\pi} \frac{\mathrm{d}\theta}{(1 + e\cos\theta)^2} = \frac{1}{(1 - e^2)^{3/2}}.
\tag{6.171}
$$

因此, 在将例 6.2 处的 (6.19) 式代入后得到

$$
I_r = \frac{J^2 - \alpha^2}{J} \left(-1 + \frac{1}{\sqrt{1 - e^2}}\right).
\tag{6.172}
$$

注意, 上面我们是直接令 $\Omega = 1$ 得到的结果, 但是实际上 $\Omega \approx 1$. 即使考虑到这点, 也只需要将 (6.172) 式分母上的 J 替换为 $\sqrt{J^2 - \alpha^2}$. 因此我们得到

$$
I_r = \sqrt{J^2 - \alpha^2} \left(-1 + \frac{1}{\sqrt{1 - e^2}}\right).
\tag{6.173}
$$

这就是当年索末菲得到的神奇的公式.

在索末菲的量子论假设中, 两个绝热不变量都满足一定的量子化条件:

$$
I_r = n_r\hbar, \quad I_\theta \equiv J = n_\theta\hbar,
\tag{6.174}
$$

其中 n_r, n_θ 都是非负整数. 利用 (6.173) 式可以反解出能量 [e^2-E 的关系见 (6.19) 式][20]:

$$\frac{E}{m} = \left[1 + \frac{\alpha^2}{\left(n_r + \sqrt{n_\theta^2 - \alpha^2}\right)^2}\right]^{-1/2}. \qquad (6.175)$$

需要注意的是, 这个能量中包含了粒子的静止能量, 真正粒子的束缚能量是上式再减去 1 (这样能量 E 为负值). 这是一个超越时代的结果! 如果我们将 (6.175) 式对 α 进行展开, 会得到

$$E = m - \frac{m\alpha^2}{2n^2} + \frac{m\alpha^4}{2n^4}\left(\frac{3}{4} - \frac{n}{n_\theta}\right) + \cdots, \qquad (6.176)$$

其中所谓的主量子数 $n \equiv n_r + n_\theta$. 这个式子的第一项是粒子的静止能量. 第二项就是氢原子的主能级, 它只与主量子数 n 有关, 并不分别依赖于 n_r 和 n_θ. 由于有根号, 索末菲自然地要求 $n_\theta \geqslant 1$. 对于另一个量子数, 索末菲要求它从 0 开始: $n_r = 0, 1, 2, \cdots$, 因此主量子数 $n = 1, 2, 3, \cdots$. 当我们取 $n = 1$ 的时候, 第二项正好给出著名的氢原子的基态能量 -13.6 eV. 但是, 当我们考察第三项的时候会发现, 它不仅仅依赖于主量子数 n, 还直接依赖于 n_θ. 换句话说, 对于 $n = 2, n_\theta = 1$ 和 $n = 2, n_\theta = 2$ 这两种情形, 第三项给出的数值是不同的. 这是磁量子数第一次出现.

第三项的贡献非常小 (α^4), 因此它称为氢原子的精细结构, 与相对论性的椭圆轨道有关. 我们称之为超越时代的结果, 是因为这个结果 (1916 年) 远远早于量子力学的诞生 (1925 年), 更加早于相对论性量子力学方程的诞生 (1929 年). 事实上, 索末菲对精细结构的计算与相对论性理论, 即狄拉克方程给出的结果完全一致.

35　决定性中的混沌

在这一节中, 我们稍微介绍一下动力学系统中的非线性问题. 这是一个内容十分广泛的问题, 足够单独写成一部几百页的著作, 我们在这里不可能完全介绍. 有兴趣的读者可以阅读参考书 [3] 的第七章, 那里有对该问题的一个导引式的介绍. 这里只能够更为简略地介绍一些比较重要的概念.

---

[20]我们这里取了自然单位制 $\hbar = c = 1$, 因此对于氢原子而言, 下式中的 α 可以理解为精细结构常数. 对于带有电荷 Z 的类氢原子, 只需要将 α^2 替换为 $\alpha^2 Z^2$ 即可.

在哈密顿分析力学框架中，特别是在讨论了正则变换以后，我们知道所谓坐标和动量很难严格区分，它们实际上是共生的整体. 因此，我们可以引入变量

$$\xi = (q_1, \cdots, q_f; p_1, \cdots, p_f) \tag{6.177}$$

来统一地表达这些共轭变量对. 利用变量 ξ[29]，一个力学系统的哈密顿正则方程可以统一写成

$$\dot{\xi} = f(\xi, t). \tag{6.178}$$

也就是说，力学系统的运动方程实际上是一组一阶常微分方程. 微分方程的理论告诉我们，只要给定初始的相空间位置 $\xi(t = t_0) = \xi_0$，系统以后的运动就被方程 (6.178) 唯一地确定了. 这个性质常常被称为经典力学的决定性. 但是，一般来说微分方程 (6.178) 并不是线性微分方程，因此它的求解并不是简单的，往往只能利用各种数值方法求近似解，其难度取决于函数 $f(\xi, t)$ 的具体行为.

上面讨论的唯一性定理的一个推论就是，微分方程 (6.178) 所确立的相轨道在相空间中是不可能相交的. 否则在轨道的交点就会存在两条不同的轨道，这直接与唯一性定理矛盾. 既然同样的初始点一定产生同样的相轨道，我们可以考察两个无限接近的初始点的轨道随时间如何演化. 假定在某个时刻 (取为 $t = 0$ 时刻) 系统的初始位置为 ξ_0，它确立了一个轨道 $\xi(t; \xi_0)$，我们希望了解一个初始位置在 $\xi_0 + \delta\xi_0$ 处的轨道如何随时间演化，其中 $\delta\xi_0$ 是一个无穷小量. 这可以通过将两者的微分方程相减得到：

$$\dot{\delta\xi} = \left(\frac{\partial f}{\partial \xi}\right)_{\xi_0} \delta\xi, \tag{6.179}$$

其中 $\delta\xi(t) = \xi(t; \xi_0 + \delta\xi_0) - \xi(t; \xi_0)$. 注意，这个微分方程现在对于 $\delta\xi$ 来说是线性的，它告诉了我们两个在 $t = 0$ 时刻无限接近的轨道，在以后的时间内 (其实是不太长的时间内) 其相对位置将如何变化. 相对于 $\delta\xi$ 而言，矩阵

$$D_{ij}(\xi_0) \equiv \left(\frac{\partial f_i}{\partial \xi_j}\right)_{\xi = \xi_0} \tag{6.180}$$

---

[29]为了简化记号，我们一般用 ξ 来统一标记系统的所有广义坐标和广义动量. 如果需要表明其分量，我们会加一个下标，用 ξ_i 来表示，这里 $i = 1, 2, \cdots, 2f$.

实际上是一个常数矩阵. 如果我们能够选取适当的 $\delta\xi_i$ 的线性组合 η_i 将矩阵 (6.180) 对角化, 那么它的本征值中一般会存在实部为正的本征值. 于是我们发现, 对于这种模式, 微分方程 (6.179) 告诉我们 $\eta_i(t)$ 会随着时间指数增加. 事实上, 在这些本征值中存在一个实部最大的本征值 λ_1, 与其对应的本征矢量为 $\eta^{(1)}$, 我们假定 $\mathrm{Re}(\lambda_1) > 0$, 于是得到

$$\eta^{(1)}(t) \propto \mathrm{e}^{\mathrm{Re}(\lambda_1)t}. \tag{6.181}$$

由于 λ_1 是实部最大的本征值, 因此它所对应的本征模式随时间增长最快. 经过一段时间后, 它几乎完全左右了 $\delta\xi(t)$ 的长时间行为. 也就是说, 如果有这样的 λ_1 存在, 那么初始位置无限接近的两个轨道会随着时间的增加而指数地分离, 分离的速率在长时间后完全由动力学系统的矩阵 $D_{ij}(\xi_0)$ 的具有最大实部的本征值 λ_1 所控制. 本征值 λ_1 的实部被称为这个动力学系统的第一李雅普诺夫指数 (Lyapunov exponent). 对于一般的非线性动力学系统, 它的李雅普诺夫指数往往都是大于零的. 这个效应有时又被夸张地称为蝴蝶效应. 一般来说, 系统的李雅普诺夫指数依赖于所考虑的位置 ξ_0. 当 ξ_0 发生变化后, 一般它的李雅普诺夫指数也会变化. 在相空间中第一李雅普诺夫指数小于零的区域, 我们称系统的轨道是稳定的. 这时对轨道的任何一个微小偏移都会随时间指数衰减. 反之, 在相空间中第一李雅普诺夫指数大于零的区域, 我们称系统的轨道是不稳定的.

动力学系统轨道的不稳定性往往是与所谓的混沌联系在一起的. 混沌实际上并没有很一致的定义. 例如, 有人称我们上面提到的轨道的不稳定性为混沌, 也有人称我们前一节提到的系统准周期运动为混沌. 无论如何, 对于轨道的指数偏离意味着任何初始小的偏差都会随时间而放大. 这一点在利用数值方法求解微分方程 (6.178) 的时候特别应当引起注意. 我们知道几乎任何数值的计算都必定存在舍入误差 (roundoff errors), 我们必须保证这些误差在我们能够控制的范围之内. 由于这些误差很可能随着时间指数增加, 因此这一点必须考虑在相应的算法中.

总之, 尽管动力学系统是完全决定性的, 但是它的相轨道并不一定是十分 "规则的". 由于相空间中不稳定区域的存在, 其相轨道在相空间中看上去可以是相当混乱的. 事实上, 如果我们让两个初始位置无限接近的轨道演化足

够长的时间, 会发现它们很快就"忘记"了对方, 分别在相空间中四处徜徉. 这就体现了所谓的决定性中的混沌. 当然, 混沌还会出现在所谓的分立映射 (discrete maps) 过程中. 不过这些内容与理论力学的内容相距比较远, 我们就不讨论了.

 相关的阅读

本章中我们讨论了哈密顿形式的分析力学. 这种讨论很大程度上是纯形式的. 但是这种形式上的发展, 由于褪去了实际的、具体的内容, 因而具有更大的适用性, 这使它成为很多其他物理学分支可以借鉴的方法. 例如, 只要将泊松括号换成量子力学的对易括号, 其形式几乎可以完全照搬到海森堡的量子力学描述中, 哈密顿–雅可比方程与薛定谔的波动方程有着天然的联系等等. 因此, 哈密顿分析力学的重要性不在于它能够解决多少具体的纯力学问题, 而在于它提供的这种形式可以运用到多个物理学的领域. 这是我们这一章所希望传递的最重要的信息.

从本章的具体内容来说, 第 28 节和第 30 节的内容可以参考朗道书[1] 的 §40, §42. 第 29 节主要介绍 ξ 符号和刘维尔定理, 这对于统计力学非常重要. 这部分内容可见参考书 [1] 和 [3] 的相关章节. 第 31 节的讨论可参考朗道书[1] 的 §43. 第 32 节的讨论可参考朗道书[1] 的 §45. 第 33 节的讨论则可参考朗道书[1] 的 §47, §48. 这一节中关于哈密顿–雅可比方程与波动力学的关系, 以及波动光学与几何光学的关系的讨论可见参考书 [2] 的 10-8 节. 第 34 节的内容可参考朗道书[1] 的 §49, §50, §52. 有关哈密顿力学的讨论也可见参考书 [2] 中的第八、九、十章的相关讨论.

习　题

1. 电磁场中相对论性粒子的哈密顿量. 利用相对论性粒子的四动量满足的恒等关系 (质能关系) $p^\mu p_\mu = m^2 c^2$ 以及正则四动量与粒子机械四动量的关系 $P^\mu = p^\mu + (e/c)A^\mu$, 证明外加电磁场中一个相对论性粒子的哈密顿量由 (6.12) 式给出.

2. 雅可比原理与开普勒轨道的求解. 验证例 6.5 中的 (6.61) 式, 并说明它的解具有 $u'' + u = 1/l_0$ 的形式.

3. 二维各向同性谐振子. 考虑一个二维各向同性的谐振子, 其哈密顿量为 $H = \boldsymbol{p}^2/(2m) + (m/2)\omega^2 \boldsymbol{x}^2$. 按以下步骤利用哈密顿–雅可比方法求解它的运动.

   (1) 在直角坐标中写出作用量函数 $S(\boldsymbol{x}, t)$ 所满足的哈密顿–雅可比方程.

   (2) 进行分离变量, 即令 $S(x_1, x_2, t) = T(t) + S_1(x_1) + S_2(x_2)$, 写出各个 T 及各个 $S_i(x_i)$ 所满足的常微分方程.

   (3) 选取两个方向的机械能为相应的 Q_i, 给出 $T(t)$ 和 $S_i(x_i)$ 的表达式, 从而给出 $S(x, y, t)$ 的完全解 (积分先不着急计算).

   (4) 利用 $P_i = -\partial S/\partial Q_i$ 定义新的广义动量并给出粒子的轨迹 $x_i(t)$, 说明 P_i 与不同方向上振动的相位相关联. 提示: 你可能需要积分公式 (6.182).

   (5) 利用上问中粒子的轨迹方程 $\boldsymbol{x}(t)$, 说明粒子的轨道是否闭合及其形状.

   (6) 系统在每个方向上的绝热不变量为 $I_i = \dfrac{1}{2\pi} \oint p_i \mathrm{d}x_i$, $i = 1, 2$, 计算 I_i 并给出总的机械能与它们的关系. 说明总能量仅仅依赖于它们的特殊线性组合, 按照 $\omega_i(I) = \partial E/\partial I_i$ 计算各个 ω_i.

   (7) 利用哈密顿–雅可比理论在二维极坐标 (r, θ) 中求解同样的力学问题. 极坐标中粒子的哈密顿量为

   $$H = \frac{1}{2m}\left[p_r^2 + \frac{p_\theta^2}{r^2} \right] + \frac{1}{2}m\omega^2 r^2.$$

   令 $S(r, \theta, t) = T(t) + \Theta(\theta) + R(r)$ 进行分离变量, 给出相应的完全解 (积分表达式即可).

   (8) 给出粒子的轨道方程 $r(\theta)$ 的显式. 这个轨道的形状如何? 说明你的结论与前面 (5) 问中在直角坐标中的结论一致. 提示: 仅仅需要积出 $r(\theta)$ 的部分, 不需要时间依赖 $r(t)$. 在完成积分的过程中, 你可以令新的变量 $u = 1/r^2$, 这样可以简化积分并且可以利用下面的积分公式:

   $$\int \frac{\mathrm{d}x}{\sqrt{a + bx - x^2}} = \cos^{-1}\left(\frac{b - 2x}{\sqrt{b^2 + 4a}} \right). \tag{6.182}$$

   (9) 计算极坐标下的两个绝热不变量 I_θ 和 I_r, 并找出它们与粒子的总能量的关系.

第七章　连续介质力学

分析力学不仅可以处理有限多质点系统的经典动力学，原则上也可以处理不可数无穷多自由度的经典力学系统. 这就是所谓的连续介质力学 (continuum mechanics). 连续介质力学所研究的对象是十分广泛的，如流体力学、弹性力学、经典场论等等，因此它既可以用于纯粹物理学中，也可以用于工学中的材料力学等领域. 本书的初衷是为了物理学中的理论力学而写作的，因此侧重点并不放在连续介质力学方面，特别是其中涉及的工学中的理论力学的内容. 但对物理学专业的读者来说，接触一些与工学密切相关的概念，对于拓宽视野也是很有帮助的.

　　本章首先将讨论最简单，也是欧拉最早研究的连续介质对象：沿一维传播的声波，以及沿一维分布的弦上的振动和波. 我们将主要利用拉格朗日形式来讨论这个力学系统，从拉格朗日量得到著名的欧拉一维波动方程. 也就是说，从分析力学的角度，欧拉一维波动方程就是一维连续介质中的欧拉-拉格朗日方程. 同时，由于存在空间中连续分布的自由度，因此它的小振动实际上会沿空间传播，这就是典型的机械波的波动问题.

　　接下来，我们会简单介绍相对论性弦的作用量. 在非相对论性一维弦的波动的基础上，如果将伽利略对称性提升到洛伦兹对称性，我们就可获得相对论性弦的分析力学. 读者也许会觉得诧异，因为我们日常生活中所熟悉的琴弦这类宏观物体, 几乎不可能是相对论性的, 为何还需要研究一个相对论性的弦的力学呢? 这个问题的答案在于, 研究它的初衷当然不是宏观尺度的弦, 而是微观尺度的弦. 弦理论的一个基本假设就是我们目前发现的基本粒子有可能并不是点状的, 而是一个微观尺度的弦, 只不过弦的长度非常小, 例如可能是所谓的普朗克尺度 (Planck scale), 以至于在目前的能量情况下, 它看起来像是一个点. 由此衍生出的超弦理论就是试图研究这类对象的一个数学物理分支.

之后, 我们将转换思路, 考察在工学中非常重要的三维连续介质 —— 弹性介质的力学. 这可以看作对物理学中的分析力学和工学中的力学的衔接. 显然, 在一节之中完整地探讨工学中的理论力学、工程力学、材料力学等如此广袤的范围是不可能的, 我们将以钢铁材料的力学性质为例来说明工学中所关注的一系列重要概念和问题. 具体来说, 我们将从理想的三维布拉维 (Bravais) 点阵出发, 首先讨论晶格谐振理论, 然后从原子层面的三维格波的晶格谐振理论过渡到长波的连续介质弹性理论 (theory of elasticity). 随后我们将说明, 当理想的弹性理论与接近单晶的实验比较时, 其力学性质符合度并不好, 两者可以相差 4 个量级之多. 理论和实验不符的原因在于位错 (dislocation) 的存在及其运动. 此外, 实际的钢铁材料的强度比弹性理论中的预测要低两个量级, 但比接近理想的铁单晶的强度仍然高两个量级, 这是由钢铁材料中线缺陷位错运动受到阻塞造成的. 这个例子生动地说明了在工程应用中, 从理想的理论模型出发的计算往往只是其第一步, 真实材料的力学性质还依赖于材料微结构等诸多方面因素的影响.

36   一维振动与波

声音传播的理论源于 17 世纪牛顿的工作, 他得到波速 $v = \sqrt{\kappa}$, 其中 κ 是压强涨落 ΔP 与密度涨落 $\Delta \rho$ 之比:

$$v = \sqrt{\kappa} = \sqrt{\frac{\Delta P}{\Delta \rho}}. \tag{7.1}$$

18 世纪中叶, 欧拉在解决物理问题的过程中, 创立了微分方程这门学科, 其中最重要的是给出了图 7.1(a) 中一维空气中的声波, 或图 7.1(b) 中一维弦上的机械波的波动方程，这个偏微分方程针对的是位于 x、位移为 y 的微元的时空运动：

$$\frac{1}{v^2}\frac{\partial^2 y}{\partial t^2} - \frac{\partial^2 y}{\partial x^2} = 0. \tag{7.2}$$

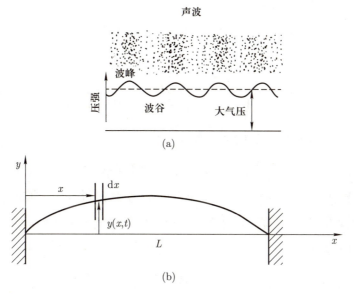

图 7.1　一维的波. (a) 空气中的一维纵波 —— 声波；(b) 一维弦上的横波.

36.1　一维声波的方程

欧拉得到 (7.2) 式中的一维声波波动方程时，分析力学尚未建立. 欧拉是根据当时已知的物理规律，即牛顿第二定律得到波动方程的. 在静止的时候，从 x 到 $x+\Delta x$ 的空气微元中空气密度是平衡态值 ρ_0. 在声波传播的时候，空气的密度为 ρ、涨落为 ρ_s，空气微元的尺度变为 Δy，根据质量守恒定律，有

$$\rho_0 \Delta x = \rho \Delta y = (\rho_0 + \rho_s)\left(\Delta x + \frac{\partial y}{\partial x}\Delta x\right), \tag{7.3}$$

其中 Δy 围绕静止的 Δx 做了展开. 忽略（7.3）式中的二级小量 $\rho_s(\Delta y - \Delta x)$，可得空气微元中的密度涨落为

$$\rho_s = -\rho_0 \frac{\partial y}{\partial x}. \tag{7.4}$$

根据牛顿第二定律，截面积为 A 的空气微元的运动方程为

$$\rho_0 \Delta x A \frac{\partial^2 y}{\partial t^2} = [P(x) - P(x + \Delta x)]\, A,$$
$$\rho_0 \frac{\partial^2 y}{\partial t^2} = -\frac{\partial P}{\partial x} = -\kappa \frac{\partial \rho_s}{\partial x} = \kappa \rho_0 \frac{\partial^2 y}{\partial x^2}, \tag{7.5}$$

其中 $P(x)$ 是 x 处的纵向压强，空气的"应力" $\kappa = \Delta P / \Delta \rho$，证明了牛顿给出的声速表达式 (7.1). 18 世纪已经知道理想气体的玻意耳 (Boyle) 定律，所以声速与温度的关系为

$$v = \sqrt{\frac{\Delta P}{\Delta \rho}} = \sqrt{\frac{RT}{M_{\text{mol}}}} = \sqrt{\frac{k_{\text{B}} T}{\bar{m}}}. \tag{7.6}$$

当然，最后一个等号中我们用了更微观的表达，即 $R = N_{\text{A}} k_{\text{B}}$, $M_{\text{mol}} = N_{\text{A}} \bar{m}$.

拉普拉斯仔细考虑了欧拉的波动方程以及牛顿的声速，他认为声波传播的时候，局域的空气微元来不及达到热平衡. 也就是说，当声波波长远大于空气分子的平均自由程，即 (λ 为声波波长，$\bar{v}$ 为空气分子平均运动速率，τ 为平均碰撞时间)

$$\lambda \gg \bar{v} \tau \tag{7.7}$$

时，当地的空气微元的膨胀或收缩是在经历一个绝热过程，而非等温过程. 所以声速

$$v = \sqrt{\left(\frac{\partial P}{\partial \rho}\right)_Q} = \sqrt{\gamma \frac{\Delta P}{\Delta \rho}} = \sqrt{\frac{\gamma k_{\text{B}} T}{\bar{m}}}. \tag{7.8}$$

也就是说，拉普拉斯声速 (7.8) 比牛顿声速 (7.1) 大 $\sqrt{\gamma}$ 倍，其中 γ 是绝热过程的状态方程 $P = \eta \rho^\gamma$ 中的绝热系数. 实验测量空气的绝热系数 $\gamma = 1.4$，平均分子量为 29，根据 (7.8) 式估算出声速

$$v = \sqrt{\frac{\gamma k_{\text{B}} T}{\bar{m}}} = \sqrt{\frac{1.4 \times 1.38 \times 10^{-23} \times 300}{29 \times 1.67 \times 10^{-27}}} = 346 \text{ m/s}, \tag{7.9}$$

确实是符合空气中声速的实验测量值 340 m/s 的，而用牛顿声速 (7.1) 估算会偏小 20%.

除了声速以外，拉普拉斯还通过拉普拉斯算符 ∇^2 给出了三维波动方程：

$$\frac{1}{v^2} \frac{\partial^2 y}{\partial t^2} - \nabla^2 y = 0,$$
$$\nabla^2 = \frac{\partial^2}{\partial x^2} + \frac{\partial^2}{\partial y^2} + \frac{\partial^2}{\partial x^2}. \tag{7.10}$$

36.2　一维弦上的横波

对图 7.1(b) 中沿着一维 x 轴分布的弦上的机械波，我们可以通过拉格朗日力学获得其波动方程. 假定弦单位长度的质量可以用 $\mu(x)$ 来描述，弦内的张力则由 $T(x)$ 所描写，弦的 (偏离平衡位置 $y = 0$ 的) 位移由 $y(x,t)$ 所描写. 考虑从 x 到 $x + \mathrm{d}x$ 的一个弦的微分线元，这个微分线元的长度相对于平衡位置的偏离为

$$\mathrm{d}\ell = \sqrt{\mathrm{d}x^2 + \mathrm{d}y^2} - \mathrm{d}x \approx \frac{1}{2}\left(\frac{\partial y}{\partial x}\right)^2 \mathrm{d}x. \tag{7.11}$$

由于弦内的张力为 $T(x)$，这段微元的长度变化贡献的微分势能为

$$\mathrm{d}U = T(x)\mathrm{d}\ell = \frac{T(x)}{2}\left(\frac{\partial y}{\partial x}\right)^2 \mathrm{d}x. \tag{7.12}$$

这个微元的运动主要在垂直弦的方向，那么微元的动能显然是

$$\mathrm{d}K = \frac{\mu(x)}{2}\left(\frac{\partial y}{\partial t}\right)^2 \mathrm{d}x. \tag{7.13}$$

于是我们就得到弦的作用量 S 为

$$S = \int \mathrm{d}t L = \int \mathrm{d}t \int \mathrm{d}x \mathcal{L}, \tag{7.14}$$

其中

$$\mathcal{L} = \frac{\mu(x)}{2}\left(\frac{\partial y}{\partial t}\right)^2 - \frac{T(x)}{2}\left(\frac{\partial y}{\partial x}\right)^2$$

表示单位长度上的拉格朗日量，称为 (一维连续系统的) 拉格朗日密度. 如果是更高维的连续系统，例如二维或三维的连续系统，则应当换为单位面积、单位体积上的拉格朗日量. 总之，连续系统的总拉格朗日量是相应拉格朗日密度的积分. 为了符号上的方便，我们将引入记号

$$\dot{y} = \frac{\partial y}{\partial t}, \qquad y' = \frac{\partial y}{\partial x}. \tag{7.15}$$

这样一来，拉格朗日密度可以视为时空坐标 t, x，位移 $y(x,t)$ 及其时空偏导数 $\dot{y}$ 和 y' 的函数：

$$\mathcal{L}(x,t,y,\dot{y},y') = \frac{1}{2}\mu(x)\dot{y}^2 - \frac{1}{2}T(x)(y')^2. \tag{7.16}$$

系统的运动方程仍然可以由最小作用量原理导出. 为此我们考虑场 $y(x,t)$ 的一个无穷小变分 $\delta y(x,t)$，这时作用量的变分为

$$
\begin{aligned}
\delta S &= \int_{t_1}^{t_2} \mathrm{d}t \int_{x_1}^{x_2} \mathrm{d}x \left[\frac{\partial \mathcal{L}}{\partial y}\delta y + \mu(x)\dot{y}\dot{\delta y} - T(x)y'(\delta y)'\right] \\
&= \int_{t_1}^{t_2} \mathrm{d}t \int_{x_1}^{x_2} \mathrm{d}x \left[\frac{\partial \mathcal{L}}{\partial y} - \frac{\partial}{\partial t}\left(\frac{\partial \mathcal{L}}{\partial \dot{y}}\right) - \frac{\partial}{\partial x}\left(\frac{\partial \mathcal{L}}{\partial y'}\right)\right]\delta y \\
&\quad + \int_{x_1}^{x_2} \mathrm{d}x \left[\frac{\partial \mathcal{L}}{\partial \dot{y}}\delta y\right]_{t_1}^{t_2} + \int_{t_1}^{t_2} \mathrm{d}t \left[\frac{\partial \mathcal{L}}{\partial y'}\delta y\right]_{x_1}^{x_2}.
\end{aligned} \tag{7.17}
$$

上式的最后一行包含了两类边界项：第一项是通常时间端点处的边界项，第二项则是空间端点处的边界项. 对于系统的运动方程而言，其时间端点处总是固定的，即总是有对任意的 x，$\delta y(x,t) = 0$. 如果空间端点处也有 $\delta y(x_1,t) = \delta(x_2,t) = 0$，抑或在端点处有 $\partial \mathcal{L}/\partial y' = 0$，我们都得到如下的运动方程：

$$
\frac{\partial \mathcal{L}}{\partial y} - \frac{\partial}{\partial t}\left(\frac{\partial \mathcal{L}}{\partial \dot{y}}\right) - \frac{\partial}{\partial x}\left(\frac{\partial \mathcal{L}}{\partial y'}\right) = 0. \tag{7.18}
$$

对于 (7.16) 式中的具体形式，我们得到

$$
\frac{\partial}{\partial x}\left(T(x)\frac{\partial y}{\partial x}\right) - \mu(x)\frac{\partial^2 y}{\partial t^2} = 0. \tag{7.19}
$$

对于给定的函数 $T(x)$ 和 $\mu(x)$，这是一个关于 $y(x,t)$ 的二阶偏微分方程，结合具体的边条件，就可以完全确定该方程的解. 特别地，对于最为简单的情形，即 $T(x) = T$ 和 $\mu(x) = \mu$ 都是常数的情况，我们就得到标准的波动方程

$$
\frac{1}{c^2}\frac{\partial^2 y}{\partial t^2} - \frac{\partial^2 y}{\partial x^2} = 0, \tag{7.20}
$$

其中 $c = \sqrt{T/\mu}$ 为波速. 本节将主要讨论上述两类一维的非相对论性弦的动力学问题. 我们称 (7.20) 式为一维的波动方程，而称更为一般的 (7.19) 式为推广的波动方程.

36.3　弦上的波与能量守恒

本小节中我们简单讨论一下弦上的行波解. 前面导出的一维波动方程 (7.20) 具有一个非常直观的行波解. 为此我们定义

$$
x_{\pm} = x \pm (ct), \tag{7.21}
$$

于是简单的变量替换告诉我们, 一维的二阶微分算符 (一维的达朗贝尔算符) 可以写为

$$\Box = -\frac{\partial^2}{c^2 \partial t^2} + \frac{\partial^2}{\partial x^2} = 4\frac{\partial^2}{\partial x_+ \partial x_-}. \tag{7.22}$$

于是波动方程可以写为

$$\frac{\partial^2 y}{\partial x_+ \partial x_-} = 0. \tag{7.23}$$

它的最一般的解显然是

$$y(x_+, x_-) = f(x_-) + g(x_+), \tag{7.24}$$

用原先的时空坐标 x 和 t 写出来就是

$$y(x, t) = f(x - ct) + g(x + ct), \tag{7.25}$$

其中 f 和 g 是任意的函数. 显然, $f(x - ct)$ 描写了一个沿着 x 轴向右 (也就是 x 轴的正方向) 传播的扰动, 而 $g(x + ct)$ 则描写了沿着 x 轴向左传播的扰动. 这个一般解的任意函数 f 和 g 需要运用相应具体问题的初条件或边条件来加以确定. 人们一般称一维波动方程 (7.20) 的 (7.25) 式形式的解为达朗贝尔解.

对一个无边界空间中的无穷弦, 没有边条件需要满足. 要求解一条无穷弦的力学问题, 我们需要知道它的初始位移 $y(x, 0)$ 以及初始速度 $\dot{y}(x, 0)$, 两者都是关于位置 x 的已知函数. 进一步假定这是一个张力和质量分布都均匀的弦, 从而满足波动方程 (7.20). 这时候利用 (7.25) 式, 我们发现最后的问题的解可以写为

$$y(x, t) = \frac{1}{2}[y(x - ct, 0) + y(x + ct, 0)] + \frac{1}{2c}\int_{x-ct}^{x+ct} d\xi\, \dot{y}(\xi, 0). \tag{7.26}$$

这就是一维波动方程 (7.20) 的初值问题的解.

下面我们讨论弦的机械能及其传播. 首先从一维弦的一般的拉格朗日密度 (7.14) 出发, 获得其哈密顿密度

$$\mathcal{H} = \Pi\dot{y} - \mathcal{L}, \tag{7.27}$$

其中

$$\Pi = \frac{\partial \mathcal{L}}{\partial \dot{y}} = \mu\dot{y}.$$

这给出以一对共轭变量 (y, Π) 为自变量的一维弦的一般的哈密顿密度

$$\mathcal{H} = \frac{\Pi^2}{2\mu} + \frac{1}{2}T\left(\frac{\partial y}{\partial x}\right)^2. \tag{7.28}$$

(7.28) 式中的哈密顿密度是用正则动量密度 Π 以及坐标 y 来表达的，如果用原来的广义速度 $\dot{y}$ 和 y 来表达，就是系统的机械能密度

$$\mathcal{E} = \frac{1}{2}\mu\dot{y}^2 + \frac{1}{2}Ty'^2. \tag{7.29}$$

对于一个满足推广的波动方程 (7.19) 的解 $y(x, t)$ 而言，我们现在考察 (7.29) 式中的机械能密度随时间的变化率：

$$\frac{\partial \mathcal{E}}{\partial t} = \mu(x)\dot{y}\ddot{y} + T(x)y'\dot{y}' = \dot{y}[Ty']' + Ty'\dot{y}' = \frac{\partial}{\partial x}\left[T(x)\dot{y}y'\right], \tag{7.30}$$

其中的第二步到第三步我们运用了运动方程 (7.19)，即 $\mu\ddot{y} = [Ty']'$. 现在我们令

$$j_{\mathcal{E}}(x, t) \equiv -T(x)\dot{y}y', \tag{7.31}$$

它称为一维系统的能流密度，那么系统机械能密度和能流密度满足如下的连续性方程：

$$\frac{\partial \mathcal{E}}{\partial t} + \frac{\partial}{\partial x}\cdot j_{\mathcal{E}} = 0. \tag{7.32}$$

这实际上是一个连续体的总机械能守恒定律. 要看清这一点，我们只需要将上面的连续性方程在任何一段空间 $[x_a, x_b]$ 上进行积分，就得到

$$\frac{\partial}{\partial t}\left(\int_{x_a}^{x_b} \mathcal{E}\mathrm{d}x\right) = \left[j_{\mathcal{E}}(x_a) - j_{\mathcal{E}}(x_b)\right]. \tag{7.33}$$

这说明任意一段区间上弦的能量变化率，一定等于它两端流入的能流之差. 更准确地说，(7.31) 式中的 $j_{\mathcal{E}}(x, t)$ 代表了在位置 x、时刻 t 处，单位时间内从 x 的左侧流入右侧 (也就是沿着 x 轴的正方向) 的能量. 因此 (7.33) 式的左边就是整个区间 $[x_a, x_b]$ 上弦的机械能的时间变化率，而该式的右边就是该区间两端流入的净机械能的能流. 换句话说，(7.33) 式就是一段弦的机械能守恒律.

　　显然，如果我们考虑的连续体的维度不是一维的，比如说是三维的，那么在微分形式的能量守恒定律 (7.32) 中，能流密度 $\boldsymbol{j}_{\mathcal{E}}$ 就将变为一个三维矢量，而相应的空间算符 $\partial/\partial x$ 需要替换为三维的梯度算符 ∇，并对 $\boldsymbol{j}_{\mathcal{E}}$ 求散度.

对波动方程 (7.20)，可以很容易地写出其上的向左和向右传播的波动模式的能量密度和能流密度. 对于达朗贝尔解 (7.25) 而言，能量密度和能流密度为

$$
\begin{aligned}
\mathcal{E}(x,t) &= T \left(f'(x-ct) \right)^2 + T \left(g'(x+ct) \right)^2, \\
j_{\mathcal{E}}(x,t) &= cT \left(f'(x-ct) \right)^2 - cT \left(g'(x+ct) \right)^2.
\end{aligned}
\tag{7.34}
$$

36.4 边条件：波的反射与透射

如果我们对弦加上边条件，即考虑在 x 方向有边界的弦，这时候弦的运动方程的解会受到边条件的影响. 首先我们考虑一个定义在区间 $[0,\infty)$ 上的弦的振动问题. 假定在 $x=0$ 处我们加上一个固定边条件 (又称为狄利克雷边条件、第一类边条件)

$$
y(x=0,t) \equiv 0,
\tag{7.35}
$$

我们仍运用达朗贝尔解 (7.25) 就得到

$$
y(0,t) = f(-ct) + g(ct) = 0, \qquad f(\xi) = -g(-\xi),
\tag{7.36}
$$

于是一般的达朗贝尔解 (7.25) 必须满足

$$
y(x,t) = g(ct+x) - g(ct-x).
\tag{7.37}
$$

这就是一端固定的半无限弦的波动方程的最一般解，其中 $g(\xi)$ 仍然可以是任意的函数. 如果假定 $g(\xi)$ 是一个只在 $\xi=0$ 附近一定范围内才不为零的脉冲型的函数，那么由于 $x>0$，(7.37) 式中的第二项 (向右传播的部分) 在 $t \to -\infty$ 的地方完全没有贡献，只有第一项 (向左传播的部分) 有贡献，而且脉冲位于 $x \approx -(ct) > 0$ 处，它代表了一个向左传播的入射波. 在 $t>0$ 并且趋于正无穷时，上述情形刚好反过来：第一项将没有贡献，第二项则有贡献并且等于 $-g(ct-x)$，这个脉冲位于 $x \approx ct > 0$ 处并且代表一个向右运行的反射波. 注意其中的负号，它意味着在关于 $t=0$ 对称的时间点，入射波和反射波刚好相差一个相位 π.

类似的讨论可以用于第二类边条件. 如果我们的边条件是

$$
y'(0,t) = f'(-ct) + g'(ct) = 0, \qquad f'(\xi) = g'(-\xi),
\tag{7.38}
$$

则给出

$$y(x,t) = g(ct+x) + g(ct-x). \tag{7.39}$$

这个解的物理诠释与第一类边条件类似，只不过反射波没有 π 的相位差.

下面我们讨论 $x = 0$ 的左右两个区间都有波的情况. 考虑在 $x = 0$ 处有一个质量为 m 的质点，它的左右两端都是标准的弦. 如果在 $t \to -\infty$ 时有一个脉冲从左向右入射，假定在 $t = 0$ 时，它影响到 $x = 0$ 点附近，则由于这里存在的质点，它将在弦的左右两边分别产生透射波和反射波. 为此，我们可以令

$$\begin{aligned} y(x,t) &= f(ct-x) + g(ct+x), & x < 0, \\ y(x,t) &= h(ct-x), & x > 0, \end{aligned} \tag{7.40}$$

其中 $f(ct-x)$, $g(ct+x)$ 分别代表入射波和反射波，$h(ct-x)$ 则表示透射波. 这些函数都是在其宗量的原点附近不为零. 作为入射波，函数 $f(\xi)$ 的形式应当是已知的.

在 $x = 0$ 处的质点 m 的运动方程就是其牛顿方程:

$$m\ddot{y}(0,t) = T \left[y'(0^+,t) - y'(0^-,t) \right]. \tag{7.41}$$

如果 $y(x,t)$ 是连续的函数，根据 (7.19) 式，力为 $(Ty')'$，但原点有质量为 m 的质点，因此在原点附近 $Ty'(0,t)$ 的跃变代表了作用在质点 m 上的力. 虽然 $y(x,t)$ 对 x 的偏微商在原点不连续，但是 $y(x,t)$ 本身在 $x = 0$ 处是连续的. 这个连续条件给出

$$h(\xi) = f(\xi) + g(\xi), \tag{7.42}$$

而质点 m 的运动方程 (7.41) 则给出

$$g''(\xi) + \frac{2T}{mc^2} g'(\xi) = -f''(\xi). \tag{7.43}$$

注意，作为入射波，函数 f 一般来说是已知的. 上述微分方程可以利用傅里叶变换来求解. 为此，我们对于所有的脉冲函数 f, g 和 h 都引入相应的傅里叶变换，分别记为 $\tilde{f}$, $\tilde{g}$ 和 $\tilde{h}$. 它们之间的联系由下式给出:

$$f(\xi) = \frac{1}{2\pi} \int_{-\infty}^{\infty} dk\, \tilde{f}(k) e^{ik\xi}, \qquad \tilde{f}(k) = \int_{-\infty}^{\infty} d\xi\, f(\xi) e^{-ik\xi}. \tag{7.44}$$

当然，类似的定义式也适用于另外两个函数 g 和 h. 我们知道，如果 $f(\xi)$ 仅仅在 $\xi=0$ 附近 Δx 的范围内不为零，那么相应的 $\tilde{f}(k)$ 也一定在 $k=0$ 附近 Δk 的范围内不为零，并且两者之间满足著名的不确定关系

$$\Delta x \cdot \Delta k \approx 1. \tag{7.45}$$

利用傅里叶变换，关于 g 的微分方程 (7.43) 变为相应的傅里叶振幅的代数方程，并且可以直接解出来：

$$\left(-k^2 + \mathrm{i}k_0 k\right)\tilde{g}(k) = k^2\tilde{f}(k), \qquad \tilde{g}(k) = \frac{-k}{k - \mathrm{i}k_0}\tilde{f}(k), \tag{7.46}$$

其中我们令 $k_0 \equiv 2T/(mc^2)$. 类似地，我们可以解出 $\tilde{h}(k)$. 因此，我们可以统一写为

$$\tilde{g}(k) \equiv r(k)\tilde{f}(k), \quad \tilde{h}(k) \equiv t(k)\tilde{f}(k),$$
$$r(k) = \frac{-k}{k - \mathrm{i}k_0}, \quad t(k) = 1 + r(k). \tag{7.47}$$

复系数 $r(k)$ 和 $t(k)$ 分别被称为形如 $\mathrm{e}^{\mathrm{i}k\xi}$ 的复行波的反射系数 (reflection coefficient) 和透射系数 (transmission coefficient). 注意，这两个系数不简单地是实的而是复的，主要是因为在经典物理学中经常会利用波的复形式来表达它. 真正物理的振幅则是相应复形式的实部. 因此，反射和透射系数不一定是实的，反映了在波的反射和透射过程中，除了振幅大小的变化之外，还有可能存在波的相位的改变.

如果我们对实空间的行为感兴趣，可以把 (7.47) 式直接代入傅里叶变换 (7.44) 中，得到相应的反射或透射波的行为. 以透射波 h 为例，

$$\begin{aligned}
h(\xi) &= \int_{-\infty}^{\infty} \frac{\mathrm{d}k}{2\pi} t(k)\tilde{f}(k)\mathrm{e}^{\mathrm{i}k\xi} \\
&= \int \mathrm{d}\xi' \left[\int_{-\infty}^{\infty} \frac{\mathrm{d}k}{2\pi} t(k)\mathrm{e}^{\mathrm{i}k(\xi-\xi')}\right] f(\xi') \\
&= \int \mathrm{d}\xi' G(\xi - \xi')f(\xi'),
\end{aligned} \tag{7.48}$$

其中第二步我们将 $\tilde{f}(k)$ 用其定义式代入，即写回到实空间，最后一步我们定义了一维的推迟格林函数 (Green's function)，其中 $\Theta(x)$ 为阶梯函数 (step function):

$$G(\xi - \xi') = \int_{-\infty}^{\infty} \frac{\mathrm{d}k}{2\pi} t(k)\mathrm{e}^{\mathrm{i}k(\xi-\xi')} = k_0 \mathrm{e}^{-k_0(\xi-\xi')}\Theta(\xi - \xi'). \tag{7.49}$$

因此，对已知的入射波 f 而言，原点处质点 m 的透射波可以写为

$$h(\xi) = \int_{-\infty}^{\infty} d\xi' G(\xi - \xi') f(\xi')$$

$$= k_0 \int_{-\infty}^{\xi} d\xi' e^{-k_0(\xi - \xi')} f(\xi'), \tag{7.50}$$

其中 $k_0 = 2T/(mc^2)$. 当然，相应的反射波 g 也可以由 $g(\xi) = h(\xi) - f(\xi)$ 给出.

36.5　驻波：伯努利解

如果我们考虑的弦在两端都有边界，例如两端固定的弦，或者一根自由端点的弦，那么弦上面的波动解需要额外的考量. 这时候的解仍然可以写成左行和右行的模式的叠加，只不过两种模式必须以恰当的方式进行叠加，以保证两端的边条件都得到满足.

从达朗贝尔解 (7.25) 出发，令 $y(0, t) = 0$ 得到

$$y(x, t) = g(ct + x) - g(ct - x). \tag{7.51}$$

再利用 $x = L$ 处的边条件 $y(L, t) = 0$，就得到 $g(ct - L) = g(ct + L)$. 这意味着函数 $g(\xi)$ 是以 $2L$ 为周期的函数：

$$g(\xi + 2L) = g(\xi), \tag{7.52}$$

所以 $g(\xi)$ 一定可以展开为傅里叶级数，体现了古老的毕达哥拉斯 (Pythagoras) 音乐与整数的关系：

$$g(\xi) = \sum_{n=0}^{\infty} \left(A'_n \cos\left(\frac{n\pi\xi}{L}\right) + B'_n \sin\left(\frac{n\pi\xi}{L}\right) \right). \tag{7.53}$$

将这个形式代入达朗贝尔解，我们发现它可以写为标准的级数展开形式. 为了简化记号，我们定义

$$k_n = \frac{n\pi}{L}, \quad \omega_n = \frac{n\pi c}{L} \equiv n\omega_1, \qquad n = 1, 2, \cdots, \tag{7.54}$$

以及归一化的函数

$$\psi_n(x) \equiv \sqrt{\frac{2}{\mu L}} \sin\left(\frac{n\pi x}{L}\right), \qquad n = 1, 2, \cdots, \tag{7.55}$$

它们满足正交归一关系

$$\langle \psi_m | \psi_n \rangle \equiv \mu \int_0^L \mathrm{d}x \psi_m^*(x)\psi_n(x), \quad \mu \sum_{n=1}^{\infty} \psi_n(x)\psi_m^*(x') = \delta(x - x'). \quad (7.56)$$

这时一般解可以写为

$$y(x,t) = \sum_{n=1}^{\infty} \psi_n(x) \left[A_n \cos\omega_n t + B_n \sin\omega_n t \right], \quad (7.57)$$

而系数 A_n 和 B_n 则由初始条件 $y(x,0)$ 和 $\dot{y}(x,0)$ 共同确定：

$$\begin{aligned} A_n &= \mu \int_0^L \mathrm{d}x \psi_n(x)y(x,0), \\ \omega_n B_n &= \mu \int_0^L \mathrm{d}x \psi_n(x)\dot{y}(x,0), \end{aligned} \quad (7.58)$$

其中的 ω_n 和 $\psi_n(x)$ 分别由 (7.54) 和 (7.55) 式给出. 由 (7.57) 式所给出的解说明两端固定的弦的振动实际上由一系列固定频率 $\omega_1 = \pi c/L$ 的整数倍的谐振三角函数构成. 我们的解法是通过达朗贝尔形式的行波解进行叠加, 它们在有限的区间上恰好形成驻波解. 这种形式的驻波解在历史上首先是由丹尼尔·伯努利 (Daniel Bernoulli) 在 1728—1733 年左右获得的, 因此这个解常常被称为伯努利解[①].

37　相对论性弦的作用量

本节将简要介绍相对论性弦的作用量. 前面讨论的都是非相对论性弦的振动问题. 原则上, 利用分析力学的方法, 我们也可以讨论相对论性弦的振动问题. 回忆我们建立非相对论性分析力学的过程不难发现, 我们在第 7 节首先建立了相对论性的自由粒子的作用量. 这个作用量实际上正比于其世界线的长度. 然后我们再取非相对论极限, 就获得了非相对论粒子的拉格朗日量. 本节中, 我们将试图建立相对论性弦的作用量.

我们知道一个相对论性的点粒子由其世界线描写, 其作用量实际上就正比于它的世界线的 "长度". 于是, 一个相对论性弦 (一个一维的延展物体) 的运动就会扫出一片世界面 (world sheet). 对一个具有确定长度 ℓ_0 的弦, 我们可以区分它的闭合和开放两种情形, 分别称为闭弦 (closed string) 和开弦 (open

---

[①]这个时期他正在圣彼得堡与欧拉一起工作.

string). 它们的世界面将有所不同：闭弦会形成桶状的世界面，而开弦的世界面就是敞开的一片. 无论是哪一种情形，我们期待这时相对论性弦的作用量将会正比于其扫出的世界面的"面积". 这样的作用量被称为南部－后藤作用量 (Nambu-Goto action).

在直接讨论推广的闵氏时空中世界面的面积之前，我们将首先讨论一个标准的三维欧氏空间中一个二维曲面的面积，随后我们将这个表述推广到一般的 $d+1$ 维的闵氏时空中，从而获得著名的南部－后藤作用量.

37.1　欧氏空间中二维曲面的面积

本小节中，让我们首先回顾三维欧氏空间中的一个二维曲面的面积的计算方法. 就像三维欧氏空间中的一条曲线可以由一个参数方程 $\boldsymbol{x} = \boldsymbol{x}(\tau)$ 来描写一样，对于三维欧氏空间中的一片二维曲面，总是可以用一对内禀的参数 $\xi = (\xi^1, \xi^2)$ 来刻画它. 不失一般性，我们将这两个参数取在一定的范围之内，比如说都在 $[0, \pi)$ 之内. 那么三维空间中的曲面可以由下列参数表示刻画：

$$\boldsymbol{x}(\xi) = (x^1(\xi), x^2(\xi), x^3(\xi))^{\mathrm{T}}. \tag{7.59}$$

这非常类似于三维曲线的参数描述方法，只不过对于曲线来说，我们只需要一个参数 τ 来刻画，而一个曲面则由两个参数 ξ 刻画.

我们将称 ξ 所在的参数空间为曲面的内禀参数空间，而称曲面的三维坐标 x^i，$i = 1, 2, 3$ 为曲面参数表示的靶空间 (target space). 我们现在希望计算在给定的内禀空间中的一个范围内，曲面在靶空间中所张成的曲面的面积. 这一点可以直接从微分面元的积分来获得. 考虑 ξ^1 和 ξ^2 的一个微分变化，相应的靶空间的矢量改变分别为

$$\mathrm{d}\boldsymbol{v}_1 = \frac{\partial \boldsymbol{x}}{\partial \xi^1} \mathrm{d}\xi^1, \quad \mathrm{d}\boldsymbol{v}_2 = \frac{\partial \boldsymbol{x}}{\partial \xi^2} \mathrm{d}\xi^2. \tag{7.60}$$

上述两个矢量在靶空间张成一个平行四边形. 如果令上述两个微分矢量之间的夹角为 θ，那么这个平行四边形的面积可以写为

$$\begin{aligned} \mathrm{d}A &= |\mathrm{d}\boldsymbol{v}_1||\mathrm{d}\boldsymbol{v}_2| \sin\theta = |\mathrm{d}\boldsymbol{v}_1||\mathrm{d}\boldsymbol{v}_2| \sqrt{1 - \cos^2\theta} \\ &= \sqrt{(\mathrm{d}\boldsymbol{v}_1 \cdot \mathrm{d}\boldsymbol{v}_1)(\mathrm{d}\boldsymbol{v}_2 \cdot \mathrm{d}\boldsymbol{v}_2) - (\mathrm{d}\boldsymbol{v}_1 \cdot \mathrm{d}\boldsymbol{v}_2)^2}. \end{aligned} \tag{7.61}$$

将上述 $\mathrm{d}\boldsymbol{v}_1$ 和 $\mathrm{d}\boldsymbol{v}_2$ 的表达式代入并积分，我们就获得了一个三维空间的任意曲面的面积表达式：

$$A = \int \mathrm{d}\xi^1 \mathrm{d}\xi^2 \sqrt{\left(\frac{\partial \boldsymbol{x}}{\partial \xi^1} \cdot \frac{\partial \boldsymbol{x}}{\partial \xi^1}\right)\left(\frac{\partial \boldsymbol{x}}{\partial \xi^2} \cdot \frac{\partial \boldsymbol{x}}{\partial \xi^2}\right) - \left(\frac{\partial \boldsymbol{x}}{\partial \xi^1} \cdot \frac{\partial \boldsymbol{x}}{\partial \xi^2}\right)^2}. \qquad (7.62)$$

曲面面积的表达式 (7.62) 还可以写为更优雅的形式. 考虑曲面上任意一点 ξ 处的切平面上的一个微分距离的平方

$$\mathrm{d}s^2 = \mathrm{d}\boldsymbol{x} \cdot \mathrm{d}\boldsymbol{x} = \frac{\partial \boldsymbol{x}}{\partial \xi^i} \cdot \frac{\partial \boldsymbol{x}}{\partial \xi^j} \mathrm{d}\xi^i \mathrm{d}\xi^j = g_{ij}(\xi)\mathrm{d}\xi^i \mathrm{d}\xi^j, \qquad (7.63)$$

其中重复的指标隐含对其求和. 这相当于在曲面上面定义了一个度规张量 $g_{ij}(\xi)$，它一般来说是随着 ξ 而变化的：

$$g_{ij}(\xi) \equiv \frac{\partial \boldsymbol{x}}{\partial \xi^i} \cdot \frac{\partial \boldsymbol{x}}{\partial \xi^j}. \qquad (7.64)$$

显然 $g_{ij} = g_{ji}$. 利用这个二维曲面上的度规张量 (一个 2×2 的矩阵)，我们发现上面给出的曲面面积可以写为

$$A = \int \mathrm{d}\xi^1 \mathrm{d}\xi^2 \sqrt{g}, \qquad g \equiv \det(g_{ij}). \qquad (7.65)$$

写成这个形式的面积不仅更为简洁，而且它明确地体现出所谓的重参数化不变性. 也就是说，我们不一定用 ξ 来参数化这个曲面，而是可以利用另外一套参数 $\tilde{\xi} = \tilde{\xi}(\xi)$ 来刻画该曲面，所得到的曲面面积当然是不会改变的. 由于曲面切空间中的微分线元的平方 $\mathrm{d}s^2 = \mathrm{d}\boldsymbol{x} \cdot \mathrm{d}\boldsymbol{x}$ 是不依赖于曲面的内禀参数化形式的，因此有

$$g_{ij}(\xi)\mathrm{d}\xi^i \mathrm{d}\xi^j = \tilde{g}_{lm}(\tilde{\xi})\mathrm{d}\tilde{\xi}^l \mathrm{d}\tilde{\xi}^m. \qquad (7.66)$$

由此出发可以验证

$$A = \int \mathrm{d}\xi^1 \mathrm{d}\xi^2 \sqrt{g(\xi)} = \int \mathrm{d}\tilde{\xi}^1 \mathrm{d}\tilde{\xi}^2 \sqrt{\tilde{g}(\tilde{\xi})}. \qquad (7.67)$$

这其实就是二维曲面上的重参数化不变性. 作为对比，读者可以参考第 7 节中的 (2.21) 式处关于一维世界线的相应重参数化不变性的讨论.

37.2 闵氏空间中世界面的面积

前面一小节讨论了一般的三维欧氏空间中一个标准的二维曲面的面积的计算，下面我们正式进入相对论性经典弦的作用量. 正如我们前面提及的，相对论性粒子的作用量正比于它的世界线的长度，相对论性弦的作用量正比于它的世界面的面积. 为了与后续的讨论更为一致，我们假定需要考虑的世界面位于一个 $d+1$ 维的闵氏空间. 我们仍然选择时间方向为 0 方向，剩余的 d 个维度是空间方向，其中 $d \geqslant 3$. 做这样的选择在我们所要讨论的经典层面并不会有什么区别，但是当我们希望将一个弦系统量子化的时候会发现，只有在特定的维度 d 中才可能实现自洽的量子化. 因此，为了与后续可能的量子的弦理论的讨论相一致，我们选择了一般的空间维度 d. 我们仍然假定闵氏空间是平直的，即它的度规为 $\eta_{\mu\nu} = \mathrm{Diag}(+, -, \cdots, -)$.

在这种情形下，我们有以下几点需要进行适当的调整.

(1) 与二维曲面讨论中的 $\xi = (\xi^1, \xi^2)$ 不同，相对论性弦的世界面将由一对参数 (τ, σ) 来刻画. 这两个参数中的 τ 是类时方向的，另一个 σ 则是类空方向的. 为了与弦理论中的约定一致，我们将使用大写的 X 来刻画弦的坐标：

$$X^\mu = X^\mu(\tau, \sigma), \qquad \mu = 0, 1, 2, \cdots, d. \tag{7.68}$$

(2) 类似于 (7.60) 式中的两个矢量，有

$$\mathrm{d}v_1^\mu = \frac{\partial X^\mu}{\partial \tau}\mathrm{d}\tau, \quad \mathrm{d}v_2^\mu = \frac{\partial X^\mu}{\partial \sigma}\mathrm{d}\sigma, \tag{7.69}$$

我们需要的是以这两个矢量为边的平行四边形的 "世界面面积". 同时考虑到两个四矢量缩并时，距离平方实际上与完全类空的情形相差了一个符号，这会导致 "面积" 的表达式中的根号内的物理量需要加一个负号，这可以保证根号下的物理量对于真正物理的相对论性弦而言是正的. 因此我们可以将一个相对论性弦的作用量写为

$$A = \int \mathrm{d}\tau\mathrm{d}\sigma \sqrt{\left(\frac{\partial X^\mu}{\partial \tau}\frac{\partial X_\mu}{\partial \sigma}\right)^2 - \left(\frac{\partial X^\mu}{\partial \tau}\frac{\partial X_\mu}{\partial \tau}\right)\left(\frac{\partial X^\mu}{\partial \sigma}\frac{\partial X_\mu}{\partial \sigma}\right)}. \tag{7.70}$$

这是世界面的表达式，它的确具有面积的量纲. 现在假定弦的长度为 ℓ_0，我们只需要利用弦张力 T 和光速 c 的恰当幂次就可以构造出具有正确量纲的作

用量. 如果我们引入四矢量记号

$$\dot{X}^\mu = \frac{\partial X^\mu}{\partial \tau}, \qquad X^{\mu\prime} = \frac{\partial X^\mu}{\partial \sigma},$$ (7.71)

则有

$$S = -\frac{T}{c} \int_{\tau_1}^{\tau_2} \mathrm{d}\tau \int_0^{\ell_0} \mathrm{d}\sigma \sqrt{\left(\dot{X} \cdot X'\right)^2 - \left(\dot{X}\right)^2 (X')^2}.$$ (7.72)

(3) 类似于 (7.64) 式中引入的曲面的度规张量, 我们可以引入世界面上的度规张量 $\gamma_{\alpha\beta}$:

$$\gamma_{\alpha\beta} = \eta_{\mu\nu} \frac{\partial X^\mu}{\partial \xi^\alpha} \frac{\partial X^\nu}{\partial \xi^\beta},$$ (7.73)

其中我们约定 $\xi^1 = \tau$, $\xi^2 = \sigma$. 于是我们获得的这个世界面上的度规张量的矩阵形式为

$$\gamma_{\alpha\beta} = \begin{pmatrix} \left(\dot{X}\right)^2 & \dot{X} \cdot X' \\ \dot{X} \cdot X' & (X')^2 \end{pmatrix}.$$ (7.74)

我们引入记号 $\gamma = \det(\gamma_{\alpha\beta})$, 这样上述作用量可以写为

$$S = -\frac{T}{c} \int \mathrm{d}\tau \mathrm{d}\sigma \sqrt{-\gamma}.$$ (7.75)

这个表达式可以更明确地体现出所谓的重参数化不变性. 作用量 (7.72) 和 (7.75) 都被称为南部 – 后藤作用量.

37.3 静态规范下的弦的经典作用量

前面曾经提及, 南部 – 后藤作用量实际上具有一个重参数化不变性. 这实际上是一种规范不变性. 利用这种不变性, 我们可以大大简化相对论性弦的运动方程. 这个运动方程, 如果运用我们在处理相对论性粒子时的四维运动方程的形式进行推导还是颇为复杂的. 我们还曾提到, 弦的世界面上的两个方向, 例如沿 τ 和沿 σ 的两个方向, 分别对应于类时、类空的方向. 这与重参数化不变性一起, 使得对于相对论性弦的时间的定义变得 "复杂" 起来. 本节中我们将介绍一个简化的办法, 它将使得这种情形有所缓解, 这就是所谓的静态规范 (static gauge), 相当于取弦的零分量 (也就是时间) $X^0 = t = \tau$ (我们已经选取了 $c = 1$ 的单位). 这样一来, 弦的坐标的空间分量 $\boldsymbol{X} = \boldsymbol{X}(t,\sigma)$ 可以认为是刻画了时刻 t 处弦在 d 维空间中的位置, 其中参数 σ 则描写了弦的内

部的具体位置，对于开弦来说它一般取在一定区间之内，例如 $\sigma \in [0, \sigma_0]$. 因此在静态规范下，有

$$X^\mu = (t, \boldsymbol{X}(t, \sigma))^{\mathrm{T}}, \quad X^{\mu\prime} = \frac{\partial X^\mu}{\partial \sigma} = \left(0, \frac{\partial \boldsymbol{X}}{\partial \sigma}\right)^{\mathrm{T}},$$

$$\dot{X}^\mu = \frac{\partial X^\mu}{\partial \tau} = \left(1, \frac{\partial \boldsymbol{X}}{\partial t}\right)^{\mathrm{T}}. \tag{7.76}$$

在静态规范下，我们可以采用沿着弦的曲线长度 s 为参数来描写弦的类空方向. 例如我们考虑 $\sigma \in [0, \sigma_0]$ 的一个有限弦，可以定义 $s(\sigma)$ 为从 $\sigma = 0$ 起，一直到 σ 的弦的弧长. 这样 $\sigma = 0$ 的地方弧长 $s(\sigma) = 0$，而在弦的终点，我们有 $s(\sigma_0) = \ell_0$ 是弦的总长度. 沿着弦的空间方向的微分弧长大小为

$$\mathrm{d}s = |\mathrm{d}\boldsymbol{X}| = \left|\frac{\partial \boldsymbol{X}}{\partial \sigma}\right| |\mathrm{d}\sigma|. \tag{7.77}$$

如果以弧长 s 为参数，可以定义

$$\hat{\boldsymbol{t}} = \frac{\partial \boldsymbol{X}}{\partial s} = \frac{\partial \boldsymbol{X}}{\partial \sigma} \frac{\mathrm{d}\sigma}{\mathrm{d}s}. \tag{7.78}$$

可以证明这个矢量实际上是一个在给定时刻 t，弦上与弦的空间曲线相切的类空单位矢量. 弦的三速度为 $\partial \boldsymbol{X}/\partial t$. 我们可以利用上述单位矢量 $\hat{\boldsymbol{t}}$，构造出在任意时刻弦的三速度垂直于其切向的速度部分 (即所谓的横向速度)$\boldsymbol{v}_\perp$，

$$\boldsymbol{v}_\perp = \frac{\partial \boldsymbol{X}}{\partial t} - \left[\frac{\partial \boldsymbol{X}}{\partial t} \cdot \frac{\partial \boldsymbol{X}}{\partial s}\right] \frac{\partial \boldsymbol{X}}{\partial s}. \tag{7.79}$$

我们可以直接计算 $v_\perp^2$:

$$v_\perp^2 = (\boldsymbol{v}_\perp)^2 = \left(\frac{\partial \boldsymbol{X}}{\partial t}\right)^2 - \left(\frac{\partial \boldsymbol{X}}{\partial t} \cdot \frac{\partial \boldsymbol{X}}{\partial s}\right)^2. \tag{7.80}$$

有了这个表达式，我们可以直接计算前面出现的四矢量的各个内积:

$$(\dot{X})^2 = -1 + \left(\frac{\partial \boldsymbol{X}}{\partial t}\right)^2, \quad (X')^2 = \left(\frac{\partial \boldsymbol{X}}{\partial \sigma}\right)^2,$$

$$\dot{X} \cdot X' = \frac{\partial \boldsymbol{X}}{\partial t} \cdot \frac{\partial \boldsymbol{X}}{\partial \sigma}. \tag{7.81}$$

于是我们发现

$$(\dot{X} \cdot X')^2 - (\dot{X})^2 (X')^2 = \left(\frac{\mathrm{d}s}{\mathrm{d}\sigma}\right)^2 \left[\left(\frac{\partial \boldsymbol{X}}{\partial t} \cdot \frac{\partial \boldsymbol{X}}{\partial s}\right)^2 + 1 - \left(\frac{\partial \boldsymbol{X}}{\partial t}\right)^2\right], \tag{7.82}$$

也就是说

$$\sqrt{(\dot{X} \cdot X')^2 - (\dot{X})^2 (X')^2} = \frac{\mathrm{d}s}{\mathrm{d}\sigma}\sqrt{1 - v_\perp^2}. \tag{7.83}$$

换句话说，静态规范下的南部–后藤作用量可以写为

$$S = -T \int \mathrm{d}t \int_0^{\sigma_0} \mathrm{d}\sigma \frac{\mathrm{d}s}{\mathrm{d}\sigma}\sqrt{1 - \frac{v_\perp^2}{c^2}}, \tag{7.84}$$

其中我们恢复了常数 c. 可以证明，对一个两端点固定的相对论性弦而言，假定 T 是常数，对于作用量 (7.72) 或 (7.75) 中的拉格朗日密度取非相对论极限，它们的确都可以回到前面的非相对论性的拉格朗日密度 (7.16)，其中单位长度的质量 μ 和弦张力 T 都是常数，并且两者之间的关系由 $c = \sqrt{T/\mu}$ 给出，这里 c 是真空中的光速 (而不是非相对论弦中的声速). 因此，如果我们选取自然单位制 (其中 $c = \hbar = 1$)，那么南部–后藤作用量 (7.72) 或 (7.75) 直接与弦的世界面扫出的面积成正比，并且比例系数就是弦张力 T.

至此我们获得了相对论性弦的南部–后藤作用量，由此可以导出它的经典运动方程. 这个方程形式上非常复杂，我们这里就不再进一步深入了. 实际上，更为合适的是运用对称性将南部–后藤作用量改写为其他的等价形式之后再去讨论它的经典运动方程. 有兴趣的读者可以参考弦理论方面的专门教科书.

38   晶格谐振与三维连续介质力学

物理学中的理论力学的重点是通过分析系统的拉格朗日量或哈密顿量，得到欧拉–拉格朗日方程或哈密顿方程，并通过运动方程求解来分析该系统的根本物理性质. 工学中的理论力学、工程力学、材料力学的重点则是分析工件在各种外加载荷的情况下的响应，包括正常和过载情况下工件的性质. 这两类理论力学的衔接点恰恰是本节要讨论的连续介质力学中的弹性理论.

本节首先将从力学中单晶体原子层面三维分立波的晶格谐振理论出发，通过寻求连续极限获得三维的连续介质弹性理论. 随后，我们希望解释一个实际中的重要问题，即理想铁晶体的强度要比实际的钢铁材料的强度高两个量级，这是由实际材料中永远会存在的缺陷，特别是线缺陷位错的运动造成的.

最后，我们会讨论三维连续介质弹性理论中的物理量与工学中的应力和应变的关系，包括常用的应力 – 应变曲线.

38.1　晶格谐振理论简述

1912—1913 年，德国哥廷根大学的玻恩 (Born) 和冯·卡门 (von Karman) 合作，用分析力学更精确地计算了晶体中原子的振动，实际给出了三维分立点阵中的原子振动和波的色散关系 $\omega_s(\boldsymbol{k})$. 晶格谐振理论 (lattice dynamics) 的基本假设为：

(1) 我们假设每个原子的平衡位置位于三维的晶格点阵上 [见图 7.2(a)]. 在具有复式晶格的晶体中，原子的平衡位置位于点阵的格矢量 $\boldsymbol{R}_{lj} = \boldsymbol{R}_l + \boldsymbol{d}_j$ 的位置上，其中 $\boldsymbol{R}_l$ 是布拉维点阵的格矢量（下标 $l = 1, 2, \cdots, N_{\mathrm{L}}$ 代表晶体中的原胞数，在三维空间中，l 要用一组整数 $\{l_1, l_2, l_3\}$ 表示：$\boldsymbol{R}_l = l_1\boldsymbol{a}_1 + l_2\boldsymbol{a}_2 + l_3\boldsymbol{a}_3$），$\boldsymbol{d}_j$ 标记原胞内部的基的位置 $(j = 1, 2, \cdots, n_a)$.

(2) 原子振动波是一个微观机械波，它可以由在三维周期性点阵上定义的振动波函数来描述. 离开平衡位置 $\boldsymbol{R}_{lj}$ 的原子振动由 $\boldsymbol{u}_{lj} = \boldsymbol{r}_{lj} - \boldsymbol{R}_{lj}$ 定义，其中 $\boldsymbol{r}_{lj}$ 是晶体中 (l, j) 原子在运动中的原子核位置. 原子位移 $|\boldsymbol{u}|$ 比晶格常数 a, b, c 小得多，因此原子势可近似为类似胡克定律 (Hooke) 的 $\boldsymbol{u}_{lj}$ 的二次项 [见图 7.2(b)]，这就是谐振近似.

假设 (1) 考虑了实验观测到的固体的微观晶体结构，假设在原子振动存在的时候，原子或离子的平衡位置位于周期性的点阵 $\boldsymbol{R}_{lj}$ 上，对图 7.2 中的铁单晶，

$$\boldsymbol{R}_{lj} = \boldsymbol{R}_l + \boldsymbol{d}_j = \sum_i l_i\boldsymbol{a}_i' + \boldsymbol{d}_j, \qquad \boldsymbol{d}_1 = 0, \ \boldsymbol{d}_2 = \frac{a}{2}(\hat{\boldsymbol{x}} + \hat{\boldsymbol{y}} + \hat{\boldsymbol{z}}), \qquad (7.85)$$

其中 $\boldsymbol{a}_1'$, $\boldsymbol{a}_2'$, $\boldsymbol{a}_3'$ 就是简单立方的基矢 $a\hat{\boldsymbol{x}}$, $a\hat{\boldsymbol{y}}$, $a\hat{\boldsymbol{z}}$，体心立方 (BCC) 是布拉维点阵，但 (7.85) 式的写法是旋转对称性高的立方单胞格矢量 $\boldsymbol{R}_l$ 加上一个两格点的基 $(j = 1, 2)$. 瞬时位置 $\boldsymbol{r}_{lj}$ 不是周期的，格点 $\boldsymbol{R}$ 附近的原子振动的位移为

$$\boldsymbol{u}(\boldsymbol{R}) = \boldsymbol{r}(\boldsymbol{R}) - \boldsymbol{R}. \qquad (7.86)$$

注意虽然这个假设允许范围很宽的各类原子或离子运动，但是不允许存在离子扩散：每个离子的振动都永远通过微扰一个点阵的格点 $\boldsymbol{R}_{lj}$ 进行.

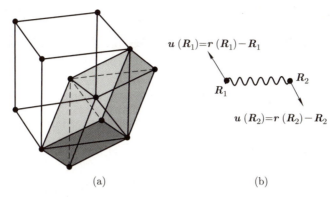

图 7.2　晶格谐振理论的基本假设. (a) 最常用的结构材料中铁晶体的立方单胞和灰色部分的原胞[8]；(b) 谐振近似，即分别位于 $\boldsymbol{R}_1$ 和 $\boldsymbol{R}_2$ 格点上的原子之间的原子势可近似为类似胡克定律的 $\boldsymbol{u}_{12} = \boldsymbol{u}(\boldsymbol{R}_1) - \boldsymbol{u}(\boldsymbol{R}_2)$ 的二次项.

　　晶格谐振理论的哈密顿量中谐振势能的普遍形式为 ($\mu, \nu = 1, 2, 3$, 重复指标自动求和)

$$U^{\text{harm}} = \frac{1}{2} \sum_{\boldsymbol{R}, \boldsymbol{R}'} u_\mu(\boldsymbol{R}) D_{\mu\nu}(\boldsymbol{R} - \boldsymbol{R}') u_\nu(\boldsymbol{R}'), \tag{7.87}$$

其中 $D_{\mu\nu}(\boldsymbol{R} - \boldsymbol{R}')$ 被称为力常数矩阵, 它一般不能写成解析的形式. 晶格谐振理论一般使用 (7.87) 式作为谐振势能, 通常固体中的原子势不能写成对势的形式. 实际上, 除了在非常简单的情形下（比如惰性气体固体）, (7.87) 式中的力常数矩阵 D 都是很难计算的. 在离子晶体中, 困难在于离子之间长程的库仑相互作用势, 谐振项是很难完全表达库仑势的. 在共价晶体和金属中, 困难就更大, 此时离子的运动密不可分地与价电子的密度变动耦合在一起. 这是因为在共价晶体和金属中, 电子的密度分布对固体总能量的贡献依赖于离子点阵分布的细节. 因此, 当固体中的离子偏离平衡位置, 发生形变时, 多体电子的分布也会发生畸变, 而且这很难精确地描述.

　　这个问题的标准处理方式叫绝热近似 (adiabatic approximation), 也叫玻恩–奥本海默近似 (Born-Oppenheimer approximation). 绝热近似基于一个事实——典型的电子速度比典型的离子速度快很多. 金属电子气中电子的费米速度的量级为 10^8 cm/s. 另一方面, 典型的离子速度最多在 10^5 cm/s 的量级. 绝热近似的假设就是因为相对于电子的运动, 离子的移动非常慢, 所以在任一时刻电子会处于当时瞬时离子构型对应的多体电子结构的基态上. 在计算 (7.87) 式中的力时, 一定要补充因为额外的电子能量的变化而导致的对应于

瞬时 $\boldsymbol{u}(\boldsymbol{R})$ 分布的对离子–离子势的影响. 实际上, 这是很难做的, 一个更实际的处理方法是把力常数矩阵看成经验参数, 通过中子衍射实验直接将其测量出来.

晶体不是连续介质, 而是由分立的原子构成的周期性点阵. 本节讨论最简单的三维晶格谐振, 即具有布拉维点阵的单原子晶体中的晶格谐振理论. 把 (7.87) 式中的谐振势能写成矢量和矩阵点乘的形式:

$$U^{\mathrm{harm}} = \frac{1}{2} \sum_{\boldsymbol{R}, \boldsymbol{R}'} \boldsymbol{u}(\boldsymbol{R}) \cdot \widetilde{D}(\boldsymbol{R} - \boldsymbol{R}') \cdot \boldsymbol{u}(\boldsymbol{R}'), \tag{7.88}$$

其中 $\boldsymbol{u}(\boldsymbol{R})$ 是格点 $\boldsymbol{R}$ 处原子的振动位移 [(7.86) 式]. 力常数矩阵 $\widetilde{D}(\boldsymbol{R} - \boldsymbol{R}')$ 具有与晶格相应的对称性:

$$D_{\nu\mu}(\boldsymbol{R}' - \boldsymbol{R}) = D_{\mu\nu}(\boldsymbol{R} - \boldsymbol{R}'),$$

$$D_{\mu\nu}(\boldsymbol{R} - \boldsymbol{R}') = D_{\mu\nu}(\boldsymbol{R}' - \boldsymbol{R}) \qquad \text{或} \qquad \widetilde{D}(\boldsymbol{R}) = \widetilde{D}(-\boldsymbol{R}), \tag{7.89}$$

$$\sum_{\boldsymbol{R}} D_{\mu\nu}(\boldsymbol{R}) = 0 \qquad \text{或} \qquad \sum_{\boldsymbol{R}} \widetilde{D}(\boldsymbol{R}) = 0.$$

有了力常数矩阵的这些对称性, 可以求解单原子布拉维晶格谐振的 $3N_{\mathrm{L}}$ 个联立的运动方程, 其中 $N_{\mathrm{L}} = N_1 N_2 N_3$ 是原胞数或原子数, M 为原子质量:

$$M\ddot{\boldsymbol{u}}(\boldsymbol{R}) = -\sum_{\boldsymbol{R}'} \widetilde{D}(\boldsymbol{R} - \boldsymbol{R}') \cdot \boldsymbol{u}(\boldsymbol{R}'). \tag{7.90}$$

晶格谐振的经典简正模不管是对理解晶体的声学性质或是热性质都是非常有用的. 三维平面波的解为

$$\boldsymbol{u}(\boldsymbol{R}, \ t) = \boldsymbol{\epsilon}\, \mathrm{e}^{\mathrm{i}(\boldsymbol{k}\cdot\boldsymbol{R} - \omega t)}, \tag{7.91}$$

其中 $\boldsymbol{\epsilon}$ 是简正模的偏振矢量, 它需要通过求解运动方程导出的本征方程的本征矢量得到. 在有限大晶体中, (7.91) 式中的平面波满足玻恩–卡门周期边条件 $\boldsymbol{u}(\boldsymbol{R} + N_i \boldsymbol{a}_i) = \boldsymbol{u}(\boldsymbol{R})$ 意味着波矢满足

$$\boldsymbol{k} = \frac{n_1}{N_1}\boldsymbol{b}_1 + \frac{n_2}{N_2}\boldsymbol{b}_2 + \frac{n_3}{N_3}\boldsymbol{b}_3, \qquad n_i \text{ 为整数}, \tag{7.92}$$

其中 $\boldsymbol{b}_i$ 是倒易点阵的一组原矢, 与真实空间的直接点阵的原矢 $\boldsymbol{a}_j$ 之间满足正交关系 $\boldsymbol{b}_i \cdot \boldsymbol{a}_j = 2\pi\delta_{ij}$. 注意在声子谱 $\omega(\boldsymbol{k})$ 中, $\boldsymbol{k}$ 可以选择位于第一布里渊

(Brillouin) 区 (FBZ) 内，这样一个分支的声子谱中容纳的声子类型正好等于原胞数 $N_L = N_1 N_2 N_3$.

把平面波解 [(7.91) 式] 代入运动方程 [(7.90) 式]，即可得到本征矢量为 $\boldsymbol{\epsilon}$ 的三维本征方程

$$M\omega^2 \boldsymbol{\epsilon} = \widetilde{D}(\boldsymbol{k}) \cdot \boldsymbol{\epsilon}. \tag{7.93}$$

此处的 $\widetilde{D}(\boldsymbol{k})$ 是力常数矩阵 $\widetilde{D}(\boldsymbol{R})$ 的傅里叶变换，称为三维动力矩阵 (dynamical matrix)，

$$\widetilde{D}(\boldsymbol{k}) = \sum_{\boldsymbol{R}} \widetilde{D}(\boldsymbol{R}) \, e^{i\boldsymbol{k}\cdot\boldsymbol{R}}. \tag{7.94}$$

三维动力矩阵是 3×3 的矩阵，而力常数矩阵是 $3N_L \times 3N_L$ 的矩阵，所以在傅里叶变换以后，(7.93) 式用三维线性代数的方法就可以求解了.

对第一布里渊区中的每个 $\boldsymbol{k}$，本征方程 [(7.93) 式] 的解有三个，总的简正模对应于单原子布拉维点阵的 $3N_L$ 个振动自由度. 根据对称性 [(7.89) 式]，由力常数矩阵 $\widetilde{D}(\boldsymbol{R})$ 可求得三维单原子布拉维点阵晶体的动力矩阵

$$\begin{aligned}
\widetilde{D}(\boldsymbol{k}) &= \frac{1}{2} \sum_{\boldsymbol{R}} \widetilde{D}(\boldsymbol{R})[e^{i\boldsymbol{k}\cdot\boldsymbol{R}} + e^{-i\boldsymbol{k}\cdot\boldsymbol{R}} - 2] \\
&= \sum_{\boldsymbol{R}} \widetilde{D}(\boldsymbol{R})[\cos(\boldsymbol{k}\cdot\boldsymbol{R}) - 1] \\
&= -2 \sum_{\boldsymbol{R}} \widetilde{D}(\boldsymbol{R}) \sin^2\left(\frac{1}{2}\boldsymbol{k}\cdot\boldsymbol{R}\right).
\end{aligned} \tag{7.95}$$

(7.95) 式是 $\boldsymbol{k}$ 的偶函数，而且它还是实对称矩阵. 根据线性代数，每个三维实对称矩阵有三个实数的本征矢量 $\boldsymbol{\epsilon}_1, \boldsymbol{\epsilon}_2, \boldsymbol{\epsilon}_3$，本征值 λ_s 与本征频率 ω_s 相关：

$$\widetilde{D}(\boldsymbol{k}) \cdot \boldsymbol{\epsilon}_s(\boldsymbol{k}) = \lambda_s(\boldsymbol{k})\,\boldsymbol{\epsilon}_s(\boldsymbol{k}), \qquad \omega_s(\boldsymbol{k}) = \sqrt{\frac{\lambda_s(\boldsymbol{k})}{M}}, \tag{7.96}$$

而且三个实数本征矢量之间还是正交的：

$$\boldsymbol{\epsilon}_s(\boldsymbol{k}) \cdot \boldsymbol{\epsilon}_{s'}(\boldsymbol{k}) = \delta_{ss'}, \quad s, s' = 1, 2, 3. \tag{7.97}$$

38.2 从晶格谐振理论到连续介质弹性理论

经典的弹性理论并不聚焦到微观原子结构，而是把固体处理成连续介质. 固体形变一般是由连续的位移场 $\boldsymbol{u}(\boldsymbol{r})$ 来描述，记录连续介质中 $\boldsymbol{r}$ 紧邻微元运

动的位移矢量. 弹性理论的基本假设是对固体能量密度的贡献只依赖于位移矢量 $\boldsymbol{u}(\boldsymbol{r})$, 更准确地说, 只依赖于 $\boldsymbol{u}(\boldsymbol{r})$ 对 $\boldsymbol{r}$ 的一阶微分.

在本小节中, 我们将会从晶格谐振理论出发, 推导连续介质弹性理论. 我们只会考虑尺度为晶格常数 a 的单胞内原子振动位移改变缓变的情形, 即简正模接近原子一致振动的声子的长波声学支. 为简单起见, 晶格谐振理论是针对结构为单原子布拉维点阵的晶体进行的, 其中原子的位移能够完全由矢量场 $\boldsymbol{u}(\boldsymbol{r})$ 来描述.

为描述经典弹性理论, 注意到第 38.1 小节中讨论的力常数矩阵的对称性 [(7.89) 式] 允许我们把谐振势能 [(7.87) 式] 写成如下形式:

$$U^{\mathrm{harm}} = -\frac{1}{4} \sum_{\boldsymbol{R},\boldsymbol{R}'} \{\boldsymbol{u}(\boldsymbol{R}') - \boldsymbol{u}(\boldsymbol{R})\} \cdot \widetilde{D}(\boldsymbol{R} - \boldsymbol{R}') \cdot \{\boldsymbol{u}(\boldsymbol{R}') - \boldsymbol{u}(\boldsymbol{R})\}. \quad (7.98)$$

我们只考虑 $\boldsymbol{r}$ 紧邻的位移矢量 $\boldsymbol{u}(\boldsymbol{r})$ 在相邻原胞中只有很小的改变的情形, 这样 $\boldsymbol{u}(\boldsymbol{r})$ 是位移的平滑连续函数. 当 $\boldsymbol{r} = \boldsymbol{R}$ 时, $\boldsymbol{u}(\boldsymbol{R})$ 是与原点相差格矢量 $\boldsymbol{R}$ 的形变或位移矢量. 为了简化 (7.98) 式, 配合力常数矩阵 $\widetilde{D}(\boldsymbol{R} - \boldsymbol{R}')$ 的形式, 需要把原子振动的 $\boldsymbol{u}(\boldsymbol{R}')$ 在 $\boldsymbol{R}$ 附近对 $(\boldsymbol{R}' - \boldsymbol{R})$ 做泰勒展开:

$$\boldsymbol{u}(\boldsymbol{R}') = \boldsymbol{u}(\boldsymbol{R}) + (\boldsymbol{R}' - \boldsymbol{R}) \cdot \nabla \boldsymbol{u}(\boldsymbol{r})\big|_{\boldsymbol{r}=\boldsymbol{R}}, \quad (7.99)$$

这样晶格谐振理论中的谐振势能 [(7.98) 式] 可写为与弹性理论协调的只依赖于 $\boldsymbol{u}(\boldsymbol{r})$ 对 $\boldsymbol{r}$ 的一阶微分的形式 $(i, j, n, l = 1, 2, 3)$:

$$U^{\mathrm{harm}} = \frac{1}{2} \sum_{\boldsymbol{R},i,j,n,l} \left(\frac{\partial}{\partial x_i} u_j(\boldsymbol{R})\right) \left(\frac{\partial}{\partial x_n} u_l(\boldsymbol{R})\right) E_{ijnl}. \quad (7.100)$$

上式中的四阶张量 E_{ijnl} 可以根据晶格谐振中的力常数矩阵 $\widetilde{D}(\boldsymbol{R})$ 定义[②]:

$$E_{ijnl} = -\frac{1}{2} \sum_{\boldsymbol{R}} R_i D_{jl}(\boldsymbol{R}) R_n. \quad (7.101)$$

因为 $\boldsymbol{u}(\boldsymbol{r})$ 和它的一阶微分在一个原胞（体积 v）内都是缓变函数, (7.100) 式可以重新写成对位移 $\boldsymbol{r}$ 的积分, 变换的对应关系为 $\displaystyle\sum_{\boldsymbol{R}} \to \mathrm{d}\boldsymbol{r}/v$:

$$U^{\mathrm{harm}} = \frac{1}{2} \sum_{i,j,n,l} \int \mathrm{d}^3\boldsymbol{r} \left(\frac{\partial}{\partial x_i} u_j(\boldsymbol{r})\right) \left(\frac{\partial}{\partial x_n} u_l(\boldsymbol{r})\right) \overline{E}_{ijnl}, \quad (7.102)$$

[②]晶格谐振理论与弹性理论的对应关系只有当 $\widetilde{D}(\boldsymbol{R})$ 随 $\boldsymbol{R}$ 的增大快速下降的时候才有意义, 因为只有这样 (7.101) 式中的求和才会收敛. 假设 $\widetilde{D}(\boldsymbol{R})$ 随 $\boldsymbol{R}$ 的函数依赖关系比 $1/R^5$ 下降得更快即可满足要求.

因此 $\overline{E}_{ijnl}$ 的定义为

$$\overline{E}_{ijnl} = \frac{1}{v} E_{ijnl}. \tag{7.103}$$

(7.102) 式是经典的弹性能量 (elastic energy) 分析的出发点. 这个四阶张量 E_{ijnl} 的对称性是首先要讨论的. 根据其定义式 (7.101), 以及力常数矩阵的对称性 [(7.89) 式], 四阶张量 E_{ijnl} 在交换下标 $(j \leftrightarrow l)$ 或 $(i \leftrightarrow n)$ 以后是不变的. 因此在分别用 jl 或 in 来表征 E_{ijnl} 时只需要考虑六种情况:

$$xx, \ yy, \ zz, \ yz, \ zx, \ xy. \tag{7.104}$$

这意味着在最普遍的情况下四阶张量 E_{ijnl} 只需要 $6 \times 6 = 36$ 个独立的数来表示. 更进一步的对称性讨论可以把独立表征 E_{ijnl} 的数减少到 21 个.

在整体的刚体转动下, 连续介质的弹性能量是不变的. 如果围绕通过原点的转动轴 $\hat{\boldsymbol{n}}$ 转动角度 $\delta\omega$, 格矢量 $\boldsymbol{R}$ 附近的位移矢量也会改变:

$$\boldsymbol{u}(\boldsymbol{R}) = \delta\boldsymbol{\omega} \times \boldsymbol{R}, \tag{7.105}$$

其中

$$\delta\boldsymbol{\omega} = \delta\omega \, \hat{\boldsymbol{n}}.$$

转动下弹性能量不变, 如果把 (7.105) 式代回连续介质的弹性能量 (7.100) 式中, 应该要求对任意转动角 $\delta\boldsymbol{\omega}$, 总是有谐振势能 $U^{\text{harm}} = 0$. 这样, 可以证明 U^{harm} 只能依赖于位移的一阶微分 $(\partial/\partial x_i)u_j$ 的对称组合, 即应变张量 (strain tensor) ε_{ij}:

$$\varepsilon_{ij} = \frac{1}{2} \left(\frac{\partial}{\partial x_i} u_j + \frac{\partial}{\partial x_j} u_i \right), \tag{7.106}$$

$$U^{\text{harm}} = \frac{1}{2} \int \mathrm{d}^3 \boldsymbol{r} \left[\sum_{i,j,n,l} \varepsilon_{ij} \, c_{ijnl} \, \varepsilon_{nl} \right], \tag{7.107}$$

其中弹性刚度张量 (elastic stiffness tensor) c_{ijnl} 的定义为 $(i, j, n, l = 1, 2, 3)$

$$c_{ijnl} = -\frac{1}{8v} \sum_{\boldsymbol{R}} [R_i D_{jl} R_n + R_j D_{il} R_n + R_i D_{jn} R_l + R_j D_{in} R_l]. \tag{7.108}$$

容易看出, 根据弹性刚度张量的定义 [(7.108) 式] 和力常数矩阵的对称性 [(7.89) 式], c_{ijnl} 在 $ij \leftrightarrow nl$ 指标换位的变换下是不变的. 此外, 还是根据弹

性刚度张量的定义 [(7.108) 式]，c_{ijnl} 在 $i \leftrightarrow j$ 或 $n \leftrightarrow l$ 的指标换位的变换下也是不变的. 在这样的指标对称性下，弹性刚度张量 c_{ijnl} 的下标的可能排列组合数为：(1) 四个指标一样，3 种；(2) 三个指标一样，另一个不同，6 种；(3) 两个指标 ij 或 nl 一样，6 种，以及两个指标 in 或 jl 一样，6 种. 因此，可以总结出弹性刚度张量 c_{ijnl} 的独立分量的个数减少到 21 个.

在对称性高的晶体中，独立的弹性常数 (elastic constants) 的数量是很少的[3]. 立方晶系中 c_{ijnl} 只需要三个独立分量，它们就是著名的立方晶系的弹性常数：

$$C_{11} = c_{xxxx} = c_{yyyy} = c_{zzzz},$$
$$C_{12} = c_{xxyy} = c_{yyzz} = c_{zzxx}, \tag{7.109}$$
$$C_{44} = c_{xyxy} = c_{yzyz} = c_{zxzx}.$$

所有其他的 c_{ijnl} 中，x, y 或 z 出现的次数是奇数，那么相应的 c_{ijnl} 必然是零. 因为立方晶系不会在 $\boldsymbol{u}$ 或 $\boldsymbol{r}$ 的 x, y 或 z 单个分量反向的时候，总弹性能量 [(7.102) 式] 改变，所以在 x, y 或 z 出现的次数是奇数时，E_{ijnl} 是零. 而 c_{ijnl} 是 E_{ijnl} 下标轮换之后的平均，因此在 x, y 或 z 出现的次数是奇数时 c_{ijnl} 也必然是零.

一般在工程上习惯使用福格特符号 (Voigt notation)[4]，把应变二阶张量 ε_{ij} 写成六个应变分量，即赝矢量 ε_α 的形式，应变二阶张量 σ_{ij} 同样写成六个应力分量，即赝矢量 σ_α 的形式：

$$\begin{pmatrix} \varepsilon_{11} & \varepsilon_{12} & \varepsilon_{13} \\ \varepsilon_{21} & \varepsilon_{22} & \varepsilon_{23} \\ \varepsilon_{31} & \varepsilon_{32} & \varepsilon_{33} \end{pmatrix} \rightarrow \begin{pmatrix} \varepsilon_1 & \frac{1}{2}\varepsilon_6 & \frac{1}{2}\varepsilon_5 \\ \frac{1}{2}\varepsilon_6 & \varepsilon_2 & \frac{1}{2}\varepsilon_4 \\ \frac{1}{2}\varepsilon_5 & \frac{1}{2}\varepsilon_4 & \varepsilon_3 \end{pmatrix}, \tag{7.110}$$

$$\begin{pmatrix} \sigma_{11} & \sigma_{12} & \sigma_{13} \\ \sigma_{21} & \sigma_{22} & \sigma_{23} \\ \sigma_{31} & \sigma_{32} & \sigma_{33} \end{pmatrix} \rightarrow \begin{pmatrix} \sigma_1 & \sigma_6 & \sigma_5 \\ \sigma_6 & \sigma_2 & \sigma_4 \\ \sigma_5 & \sigma_4 & \sigma_3 \end{pmatrix}. \tag{7.111}$$

[3]参见 Love A E H. A Treatise on the Mathematical Theory of Elasticity. Dover, 1944.

[4]参见 Voigt W. Lehrbuch der Kristallphysik. B. G. Teubner, 1928.

可以看到，在福格特符号中，ε_{ij} 变到 ε_α, $\alpha = 1, \cdots, 6$ 的变换规则为

$$xx \to 1, \ yy \to 2, \ zz \to 3, \ yz \to 4, \ zx \to 5, \ xy \to 6, \tag{7.112}$$

相应地弹性刚度张量 c_{ijnl} 可以写成赝矩阵 $C_{\alpha\beta}$ 的形式:

$$C_{\alpha\beta} = c_{ijnl}, \tag{7.113}$$

其中 $\alpha \leftrightarrow ij$, $\beta \leftrightarrow nl$. (7.107) 式中的弹性能以及应力 σ_α 就可以写成赝矩阵与赝矢量缩并的形式:

$$U = \frac{1}{2} \sum_{\alpha=1}^{6} \sum_{\beta=1}^{6} \int \mathrm{d}^3 \boldsymbol{r} \, \varepsilon_\alpha \, C_{\alpha\beta} \, \varepsilon_\beta, \qquad \sigma_\alpha = \sum_{\beta=1}^{6} C_{\alpha\beta} \, \varepsilon_\beta. \tag{7.114}$$

注意在 (7.110) 式中非对角应变矩阵元 $\varepsilon_{ij} \to \frac{1}{2}\varepsilon_\alpha$ 是为了让 (7.114) 式与张量缩并弹性能 [(7.107) 式] 相比时不要算重，因为 ij 与 ji 等价都对应成 α [(7.112) 式]. $C_{\alpha\beta}$ 称为弹性刚度常数 (elastic stiffness constants)，或弹性模量 (elastic moduli)，立方晶系的数据见表 7.1. 弹性刚度张量 c_{ijnl} 的四阶逆张量 s_{ijnl} 称为弹性顺服张量 (elastic compliance tensor)，对应的 6×6 赝矩阵 $S_{\alpha\beta}$ 简称弹性常数.

最后我们看一下连续介质弹性理论中的运动方程，并把它与晶格谐振的运动方程做对比. 弹性理论的动能就是对连续介质求积分:

$$T = \int \mathrm{d}^3 \boldsymbol{r} \, \frac{1}{2} \rho \, \dot{\boldsymbol{u}}(\boldsymbol{r}, t)^2, \tag{7.115}$$

其中 $\rho = MN/V$ 为连续介质的质量密度，$\boldsymbol{u}(\boldsymbol{r}, t)$ 为弹性波. 拉格朗日量为动能 [(7.115) 式] 减去弹性势能 [(7.107) 式]:

$$\begin{aligned}
L &= T - U \\
&= \frac{1}{2} \int \mathrm{d}^3 \boldsymbol{r} \bigg[\rho \dot{\boldsymbol{u}}(\boldsymbol{r})^2 \\
&\quad - \frac{1}{4} \sum_{i,j,n,l} c_{ijnl} \left(\frac{\partial}{\partial x_i} u_j(\boldsymbol{r}) + \frac{\partial}{\partial x_j} u_i(\boldsymbol{r}) \right) \left(\frac{\partial}{\partial x_n} u_l(\boldsymbol{r}) + \frac{\partial}{\partial x_l} u_n(\boldsymbol{r}) \right) \bigg].
\end{aligned} \tag{7.116}$$

根据最小作用量原理

$$\delta S = \delta \int \mathrm{d}t \, L = 0, \tag{7.117}$$

表 7.1   立方晶系的室温弹性常数[8]（单位：10^{11} N/m^2）

物质	C_{11}	C_{12}	C_{44}
Li (78 K)	0.148	0.125	0.108
Na	0.070	0.061	0.045
Cu	1.68	1.21	0.75
Ag	1.24	0.93	0.46
Au	1.86	1.57	0.42
Al	1.07	0.61	0.28
Pb	0.46	0.39	0.144
Ge	1.29	0.48	0.67
Si	1.66	0.64	0.80
V	2.29	1.19	0.43
Ta	2.67	1.61	0.82
Nb	2.47	1.35	0.287
Fe	2.34	1.36	1.18
Ni	2.45	1.40	1.25
LiCl	0.494	0.228	0.246
NaCl	0.487	0.124	0.126
KF	0.656	0.146	0.125
RbCl	0.361	0.062	0.047

弹性理论的运动方程为

$$\rho \ddot{u}_i = \sum_{j,n,l} c_{ijnl} \frac{\partial^2 u_l}{\partial x_j \partial x_n}. \tag{7.118}$$

仍然把规范的平面波试探解

$$\boldsymbol{u}(\boldsymbol{r}, t) = \boldsymbol{A}\, \mathrm{e}^{\mathrm{i}(\boldsymbol{k}\cdot\boldsymbol{r} - \omega t)} \tag{7.119}$$

代入连续介质弹性运动方程 [(7.118) 式]，波动 $(\omega, \boldsymbol{k})$ 的本征方程为

$$\omega^2 A_i = \sum_l \left(\frac{1}{\rho} \sum_{j,n} c_{ijnl} k_j k_n \right) A_l. \tag{7.120}$$

这个方程与晶格谐振的运动方程 [(7.93) 式] 结构还是很类似的：

$$\frac{1}{M} \widetilde{D}(\boldsymbol{k}) \quad \leftrightarrow \quad \frac{1}{\rho} \sum_{j,n} c_{ijnl} k_j k_n. \tag{7.121}$$

在长波极限下, 晶格谐振的声学支简正模会趋于连续弹性介质中的声波. 通过测量固体中的声速, 特别是利用中子衍射技术测量相应晶体中声学支的声子谱, 就可以获得连续介质弹性理论中 c_{ijnl} 的信息 [(7.120) 式].

如果材料是各向同性的弹性体, 那么它的力学性质的描述参数可以比立方晶系中的弹性常数再减少一个, 其各向同性、线性的四阶弹性刚度张量的形式为

$$c_{ijkl} = \lambda \delta_{ij} \delta_{kl} + \mu(\delta_{ik}\delta_{jl} + \delta_{il}\delta_{jk}), \tag{7.122}$$

其中 λ 和 μ 一般被称为拉梅 (Lamé) 常数. 在实际运用中, 人们一般使用杨氏模量 (Young's modulus) E 和泊松比 ν 这两个物理量来表征, 其中泊松比的定义是图 7.3(a) 的杆件中横向应变与纵向应变之比 (ν 在 $0 \sim 0.5$ 之间):

$$\nu = -\frac{\varepsilon_{\mathrm{T}}}{\varepsilon_{\mathrm{L}}}, \tag{7.123}$$

而杨氏模量是图 7.3(b) 中杆件纵向的应力和应变之比:

$$E = \frac{\sigma}{\varepsilon}. \tag{7.124}$$

(7.122) 式中弹性刚度张量的两个参数可以用 E 和 ν 表示:

$$
\begin{aligned}
&\lambda = \frac{E\nu}{(1+\nu)(1-2\nu)}, \qquad \mu = G = \frac{E}{2(1+\nu)}, \\
&c_{1111} = E\frac{1-\nu}{(1+\nu)(1-2\nu)} = B + \frac{4}{3}G, \quad c_{1122} = \lambda, \quad c_{1212} = G, \\
&B = V\frac{\partial^2 U}{\partial V^2}\bigg|_{V_0} = \frac{E}{3(1-2\nu)},
\end{aligned} \tag{7.125}
$$

其中 B 是体弹性模量 (bulk modulus), G 是剪切模量 (shear modulus).

对各向同性的弹性体, 读者可以验证, 利用 (7.107) 和 (7.122) 式, 系统的弹性势能可以改写为

$$U = \frac{1}{2}\int \mathrm{d}^3 \boldsymbol{x}\, u_i(\boldsymbol{x})\hat{K}_{ij}u_j(\boldsymbol{x}), \quad \hat{K}_{ij} = -\left[\mu\nabla^2\delta_{ij} + (\lambda+\mu)\partial_i\partial_j\right], \tag{7.126}$$

其中的二阶微分算符 $\hat{K}_{ij}$ 又可以分为横向和纵向两个部分:

$$\hat{K}_{ij} = \hat{K}_{ij}^{\mathrm{T}} + \hat{K}_{ij}^{\mathrm{L}}, \qquad \hat{K}_{ij}^{\mathrm{T}} = -\mu\left[\nabla^2\delta_{ij} - \partial_i\partial_j\right], \quad \hat{K}_{ij}^{\mathrm{L}} = -(\lambda+2\mu)\partial_i\partial_j. \tag{7.127}$$

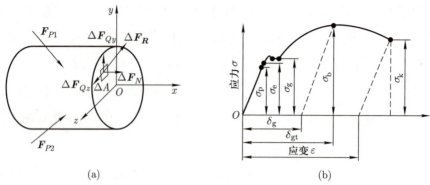

图 7.3   工学中杆件的应力和应变. (a) 图中 $\boldsymbol{F}_{P1}$ 和 $\boldsymbol{F}_{P2}$ 为多晶材料上外加的载荷，$\Delta \boldsymbol{F}_R$ 为微元上受的 "内力"，正应力 σ 定义为 $\Delta \boldsymbol{F}_R$ 垂直于横截面的分量 $|\Delta \boldsymbol{F}_N|$ 除以微元截面积 ΔA，对应于弹性理论的 (7.114) 式中的 σ_1；剪切应力 τ 定义为 $\Delta \boldsymbol{F}_R$ 平行于横截面和 y-z 平面的分量 $|\Delta \boldsymbol{F}_{Qz}|$ 除以微元截面积 ΔA，对应于 (7.114) 式中的 σ_5[9]. (b) 低碳钢的应力–应变曲线，σ_p 以下为可逆的线性区.

密度为 ρ 的各向同性弹性体中的横向声速和纵向声速分别对应于 (7.127) 式中的二阶算符 $\hat{K}_{ij}^{\mathrm{T}}$ 和 $\hat{K}_{ij}^{\mathrm{L}}$ 的本征模式，其振动的方向 $\boldsymbol{u}(\boldsymbol{x})$ 分别与波的波矢方向垂直或平行. 对于一个给定的波矢 $\boldsymbol{k}$，横向声波有两个本征矢，而纵向声波则只有一个方向，它平行于 $\boldsymbol{k}$ 的方向. 横向声波和纵向声波的声速分别由下列两式确定：

$$c_{\mathrm{T}} = \sqrt{\frac{\mu}{\rho}} = \sqrt{\frac{G}{\rho}}, \qquad c_{\mathrm{L}} = \sqrt{\frac{\lambda + 2\mu}{\rho}} = \sqrt{\frac{c_{1111}}{\rho}} \xrightarrow{\nu \ll 1} \sqrt{\frac{E}{\rho}}. \tag{7.128}$$

我们看到，由于一般来说材料的泊松比在 $0 \sim 0.5$ 之间，因此这导致弹性体中纵向声波传播的速度要大于横向声波的传播速度. 利用两种声波传播速度的差异，时刻监控地震波的地震台网就可以迅速确定地震发生的具体位置.

38.3   实际的应力–应变关系

1934 年，泰勒 (Taylor)、奥罗万 (Orowan) 和波拉尼 (Polanyi) 引入了位错的概念[5]，以解释实验测量的金属强度比基于弹性理论计算的理想晶体强度低了好几个量级这个事实. 这一发现对后续材料科学的发展是十分重要的.

---

[5]Taylor G I. The mechanism of plastic deformation of crystals. Part I.—Theoretical. Proc. R. Soc. Lond. A, 1934, 145: 362. Orowan E. Zur Kristallplastizität. II. Z. Physik, 1934, 89: 614. Polanyi M. Über eine Art Gitterstörung, die einen Kristall plastisch machen könnte. Z. Physik, 1934, 89: 660.

作为固体力学模型，理想晶体中的弹性理论最明显的缺点是不能预测使晶体发生塑性形变 (plastic deformation)，即永久的不可逆形变所需要的应力 [图 7.3(b) 中的 $\sigma_{\rm p}$] 的量级. 假设晶体是理想晶体，让它发生塑性形变的应力可由图 7.4 来估计. 我们把晶体分解为一族平行晶面，晶面间距为 d，并假设相邻晶面间位移为 x 的平行于晶面的剪切应变发生在 $\hat{\boldsymbol{n}}$ 方向. 令发生这个剪切应变所需的能量密度为 $\varepsilon(x)$，对小形变 x，ε 应该是 x 的二次函数，由上一小节的弹性理论给出. 如果晶体是立方对称的，滑移晶面为 (100) 面，滑移方向 $\hat{\boldsymbol{n}}$ 沿着 [010] 方向，那么弹性能量密度

$$u = 2 \left(\frac{x}{d}\right)^2 C_{44}. \tag{7.129}$$

更普遍地，我们可以得到如下的与剪切应变有关的弹性能密度表达式：

$$u = \frac{1}{2} \left(\frac{x}{d}\right)^2 G, \tag{7.130}$$

其中 G 是典型的弹性常数的尺度（见表 7.1），量级为 $10^{10} \sim 10^{11}$ N/m^2.

(7.130) 式中弹性能密度的形式当然会在 x 太大的时候失效. 为考虑这种极限情形，假设 $x\hat{\boldsymbol{n}}$ 等于布拉维点阵的最短格矢量 $\boldsymbol{a}$，那么移动以后的点阵构型实际上仍然是理想晶体，$u(a)$ 是零. 实际上弹性能密度是点阵的周期函数：$u(x+a) = u(x)$，它只当 $x \ll a$ 时才回到 (7.130) 式的形式，见图 7.3(b). 因此，从理想晶体出发计算的应力 $\tau(x)$，即达到位移 x 在单位面积上所需施加的图 7.3(a) 中的剪切应力，只在 $x \ll a$ 时才正比于 x，不会一直增加 [图 7.3(b)]. 剪切应力的极值可以按如下的分析估计：如果晶体中平行的间距为 d 的晶面有 N 个，面积为 A，那么剪切应力为

$$\tau = \frac{NAd}{NA} \frac{\mathrm{d}}{\mathrm{d}x}(u) = d \left(\frac{\mathrm{d}u}{\mathrm{d}x}\right). \tag{7.131}$$

剪切应力在 $0 \sim a/2$ 之间的位移 x_0 处最大 (见图 7.4). 如果把线性区延伸到 $x_0 = a/4$ 来粗略估计最大的剪切应力，将 (7.130) 式代入 (7.131) 式可得其典型量级为

$$\tau_{\rm c} \approx \frac{\mathrm{d}}{\mathrm{d}x} \frac{1}{2} G \frac{x^2}{d} \bigg|_{x=a/4} = \frac{1}{4} \frac{a}{d} G \approx 10^{10} \text{ N/m}^2. \tag{7.132}$$

但是，在仔细制备的（接近）单晶的样品中，实验测量的临界剪切应力可以低至 (7.132) 式的估计的 $1/10^4$. 如此之大的量级差别提示我们，根据 (7.132)

式对滑移的描述是完全不对的. 在低碳钢中，通过热处理和机械处理，实验测量的临界剪切应力仍然比 (7.132) 式的估计低两个量级: $\tau_c \sim 200$ MPa，这是因为存在大量缺陷的钢铁材料中位错的移动不如接近单晶的样品中那样无阻力，位错受到很多阻塞从而提高了钢铁的机械性能.

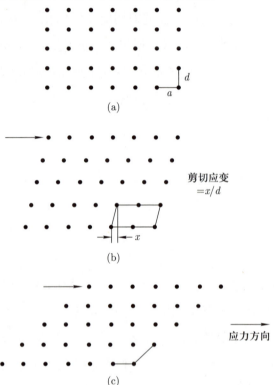

图 7.4   一个未变形的晶体经受逐渐增长的剪切应变的过程. (a) 完美晶体，横向晶格常数为 a；(b) 变形的晶体，位移 $x \approx a/4$ 时需要的应力最大；(c) 晶体变形到 $x = a$ 时，点阵又回到了完美晶体的状态[8].

上面对于实际钢铁材料的强度的讨论说明，针对钢铁材料的力学性质，从最基本的铁单晶的谐振和弹性理论出发的估计与实际材料的力学性质相去甚远. 基于声子谱的测量得到的理论弹性常数说明，铁单晶的强度应当是很高的，但是由于实际的冶炼过程中不可能做到真正的单晶，即使是使用目前较为先进的技术，再考虑到成本等因素，也无法控制其中位错的出现. 因此仅仅依靠制备铁单晶的路线并不能获得强度很出色的力学材料. 人们经过长期的摸索发现，在冶铁过程中掺入适量的碳并控制好淬火的过程，可以产生强度优于普通铁的材料——钢[6]：它实际上是通过在钢铁中的掺杂，以及冶铁过程

---

[6]钢是对碳的质量百分比介于 0.02% 至 2.11% 之间的铁碳合金的统称.

中的淬火过程的控制，使得位错的滑动发生阻错，从而提高了铁的强度. 此外，我们并没有讨论由温度的变化所带来的材料的形变. 这在实际应用中也是非常重要的一环，只不过它还涉及热力学的内容，本书就不再深入了.

　　作为总结我们看到，工程中关注的力学问题往往涉及多个层面：它的理论基础层面虽然仍然根植于分析力学这样的框架，但在应用层面，则需要考察材料的多层次包含缺陷的微结构、材料制备的实际工艺、材料使用的电磁环境、热环境等多方面的情况，这些都是工程力学中需要考虑的非常重要的问题.

相关的阅读

　　本章首先讨论了最为简单的一维连续系统——一条经典弦的运动规律. 我们的讨论从非相对论性弦开始，讨论了它的拉格朗日密度、经典运动方程、能量和能流等概念. 这些概念实际上是更一般的经典场论的一个代表. 随后，我们简要介绍了经典的相对论性弦的南部–后藤作用量. 这部分的介绍可以为以后准备从事弦理论研究的读者奠定一些经典的基础. 在本章的最后一节，我们尝试通过分析力学与工学中力学的衔接，提供给读者一个窥见工程中力学应用的窗口. 显然，如此简短的介绍不足以让读者了解工学中的力学的全貌，有兴趣的读者可以阅读参考书 [9].

习　　题

1. 弦上高斯波包的传播. 考虑一根从 $-\infty$ 延伸至 $+\infty$ 的位于 x 轴上的经典弦. 弦的张力为 T，单位长度的质量为 μ(均为常数). 在原点处，有一个质量为 m 的质点. 本题将考虑从 $-\infty$ 入射的高斯波包在原点处的透射和反射.

   (1) 不考虑原点的质点 m 时，给出弦的振动 $y(x,t)$ 所满足的波动方程，以及其上的波速 c 如何表达. 进一步给出 $y(x,t)$ 的达朗贝尔解的形式.

   (2) 如果从 $-\infty$ 向右传播的波形为一个高斯型波包：
$$f(\xi) = \frac{1}{\sqrt{2\pi\sigma^2}} e^{-\frac{\xi^2}{2\sigma^2}}, \tag{7.133}$$

其中 $\sigma > 0$ 是刻画波包宽度的正的参数. 给出这个波形在傅里叶空间的分量 $\tilde{f}(k)$:

$$\tilde{f}(k) = \int_{-\infty}^{\infty} \mathrm{d}\xi\, f(\xi)\mathrm{e}^{-\mathrm{i}k\xi}. \tag{7.134}$$

完成积分并给出 $\tilde{f}(k)$ 的具体表达式. 如果我们令 $\Delta x = \sigma$ 描写实空间中波包的宽度, 那么它在 k 空间的宽度 Δk 是怎样的?

(3) 位于原点 $(x = 0)$ 处的弦上附着了一个质量为 m 的质点. 如果从左方 $x = -\infty$ 入射的波如前两问的高斯波包, 我们希望求出反射的波形 g 以及透射的波形 h. 将全空间的波写为

$$y(x,t) = \begin{cases} f(ct-x) + g(ct-x), & x \leqslant 0, \\ h(ct-x), & x > 0, \end{cases} \tag{7.135}$$

其中入射波 f 是一个已知的函数 (例如就是前两问讨论的高斯波包), 试给出附着于弦的原点处的质点 m 运动的牛顿方程, 用上述表达式中的 f 和 g 以及它们的导数表示.

(4) 假设入射波 f 就是前两问讨论的高斯波包, 利用傅里叶变换解出反射波和透射波的傅里叶分量 $\tilde{g}(k)$ 和 $\tilde{h}(k)$ 的具体形式.

2. 相对论性弦的导出. 验证 (7.72) 和 (7.75) 式的确给出了闵氏空间中正比于世界面面积的作用量——南部–后藤作用量.

3. 各向同性弹性体的弹性常数. 验证三维各向同性弹性体中的弹性刚度张量 c_{ijkl} 由 (7.122) 式给出.

4. 固体中的声波. 利用 (7.107) 和 (7.122) 式, 验证三维各向同性弹性体中的弹性势能公式 (7.126). 利用声波的尝试解证明该弹性体中的声波分为一个纵波和两个横波模式, 它们的声速由 (7.128) 式给出.

附录 对称性与群

正 像物理学（特别是理论物理）的许多课程一样，我们这个课程中经常遇到的一个概念就是对称性. 从数学上讲，描述对称性的数学理论是群论. 也正因为如此，相比于其他数学分支，群论在物理学中有着更为广泛的应用. 在这个附录中，我们将结合经典力学中的例子，简要地介绍对称性与群的概念. 这对于进一步理解正文中的一些概念（特别是刚体运动学部分）是有帮助的①. 我们的介绍将是十分初步的. 希望进一步了解这部分内容的读者，可以参考相关的书籍，比如参考书 [10]. 我们的介绍也是比较"物理的"，远没有达到数学上的严格程度，对此有偏好的读者应当去参考相关的数学书籍.

1 对称性与群的定义

通俗地说，对称性实际上是指当我们对所研究的物理对象进行某种操作之后，对象的某些性质并不发生改变. 通俗一点说，就是所谓的"做了等于没做". 那些我们做了的事情就被称为对称操作，对某个物理对象的所有对称操作集合起来就构成了一个群.

举例来说，当我们考察一个二维的正三角形的时候，直觉告诉我们它具有某种对称性. 如果要准确描述这种对称性，实际上需要这样来描述：考虑垂直于该正三角形的平面且通过其中心的一个轴，如果我们将它绕该轴旋转 $2\pi/3$，它正好回到原初的位置. 也就是说，"转了 ($2\pi/3$ 角度但效果) 等于没转". 我们就称上述旋转 $2\pi/3$ 的操作是正三角形的一个对称操作. 这时我们称正三角形具有一个三重对称轴. 类似地，可以定义所谓的 n 重对称轴. 对一个特定的客体，它的对称操作的"数目"是给定的. 当然这个数目可以是有限多，也可以是无穷多. 将所有的对称操作集合起来，我们就得到这个客体的对称群. 在所有对称操作中有一个特别特殊，那就是"不操作". 按照对称操作

---

① 当然并不是不可或缺的. 所以如果实在没有兴趣，也完全可以忽略.

的定义，这个"不操作"当然也属于对称操作. 我们称之为对称群的单位元，记为 $\mathbb{1}$.

群作为一个代数结构必须满足一定的数学公理. 下面我们就结合我们对于对称操作和对称群的定义来说明这些"公理"的合理性.

(1) 首先群 G 是一个非空集合，群上面定义了二元的运算，称为群的"乘法". 群在乘法下满足封闭性，即 $\forall A_1, A_2 \in G$, $A_2A_1 \in G$.

说明　在对称群中乘法就是两个连续的对称操作的"联合操作". 假定有两个对称操作 A_1 和 A_2，那么我们先进行对称操作 A_1，再进行对称操作 A_2，这个联合的操作显然也是对称操作，因此也是对称群的元素.

(2) 群的乘法满足结合律：$A_3(A_2A_1) = (A_3A_2)A_1$.

说明　按照对称操作来理解，它们都对应于依次进行 A_1，A_2，A_3 的对称操作.

(3) 群必须包含一个特殊的元素，称为单位元，记为 $\mathbb{1}$. 它满足 $\forall A \in G$, $A\mathbb{1} = \mathbb{1}A = A$.

说明　由于 $\mathbb{1}$ 代表什么也不做，也就是不进行操作，因此无论 $A\mathbb{1}$ 还是 $\mathbb{1}A$ 都代表只进行一个对称操作 A. 需要注意的是，任何物体，即使是看起来毫无对称性的物体，也一定具有一个对称操作，那就是"不操作". 因此最为简单的群就是只包含一个元素——单位元的群. 这称为平庸群. 所以，所有物体都具有的对称性就是平庸群的对称性. 这当然是最低的对称性了.

(4) 对每一个群元 $A \in G$，都存在一个它的逆，记为 $A^{-1} \in G$，满足 $AA^{-1} = A^{-1}A = \mathbb{1}$.

说明　这实际上是说每一个对称操作 A 都有一个"逆操作"，它对应于将操作 A 的效果撤销. 例如前面提到的旋转 $2\pi/3$ 的逆操作就是旋转 $(-2\pi/3)$. 如果前者是对称操作，后者一定也是.

我们看到群的数学定义就像是给对称操作"量身定制"的一样，具有且仅有所有必需的性质，既不多也不少. 顺便说一下，第 23.4 小节中我们曾经介绍了凯莱-克莱因参数. 这里给出的群的现代定义（或者说抽象的定义）恰恰是英国数学家凯莱首先给出的. 在他之前，数学家们认为群就是特指置换群.

特别需要注意的是，群的乘法一般来说并不能交换次序. 也就是说，它一

般不满足交换律. 如果某个群的乘法满足交换律, 我们就称这样的群为交换群, 或者阿贝尔 (Abel) 群. 反之则称为非阿贝尔群. 如果群 G 的元素个数为有限多, 我们称之为有限群, 其元素的个数称为群的阶, 记为 $|G|$. 如果群的元素个数为无穷, 则称为无限群. 当然这里面原则上还可以按照其无穷大的 "多少" 分为可数多的无限群和不可数多的无限群.

2　群之间的关系

(1) 同态与同构.

物理学家一般想象群时都是给出比较具体的例子, 但是数学家更喜欢讨论抽象的群. 讨论抽象的群的好处是, 如果我们可以建立起不同群之间的对应关系, 那么会发现许多群实际上是十分类似, 甚至完全相同的. 在讨论两个群之间关系时有两个概念十分重要, 一个是群的同态, 另一个是群的同构. 如果有两个群 (及其相应的乘法) $(G, \circ)$ 和 $(H, \cdot)$, 以及一个由 G 到 H 的映射 $h : G \mapsto H$, 满足 $\forall u, v \in G$, 有

$$h(u \circ v) = h(u) \cdot h(v), \tag{1}$$

那么 h 就称为从群 G 到群 H 的一个同态 (homomorphism). 换句话说, 同态是两个群之间保持乘法的映射. 容易证明, 同态一定将 G 中的单位元映射为 H 中的单位元, 并且将任意一个群元的逆映射为群元的逆 (即保逆性): $h(u^{-1}) = [h(u)]^{-1}$. 注意同态不一定是一一的. 如果一个同态是一一的, 我们就称之为同构, 记为 $G \cong H$. 由于同构的两个群之间可以建立起一一的对应关系, 且这种关系保持群中的所有运算, 因此从代数上讲同构的两个群可以认为是完全相同的.

(2) 子群与陪集.

另外一个涉及两个群之间关系的概念是子群. 如果群 $(G, *)$ 的一个子集 H 在同样的群乘法 "$*$" 下也构成群, 我们就称 H 是 G 的子群, 记为 $H \leqslant G$. 任何群都包含平庸群以及自身为其子群. 除去这两个极端的例子以外, 即 $H \leqslant G$ 但 $H \neq G$ 时, 我们一般称由较大的一个群 G 所描写的系统具有较高的对称性, 反之由其真子集 H 描写的系统则具有较低的对称性.

当一个群 G 存在一个子群 H 时，我们可以对每个 $g \in G$ 定义一个左陪集：

$$gH = \{gh : g \in G, h \in H\}. \tag{2}$$

由于 g 存在逆 $g^{-1} \in G$，因此映射 $\phi : H \to gH$ 是一个一一的映射. 不仅如此，我们可以证明，群 G 中的每个元素，出现且仅出现在一个左陪集之中②. 我们可以利用其子群 H 将群 G 进行所谓的陪集分解：

$$G = H + g_1 H + g_2 H + \cdots, \tag{3}$$

上式中每个左陪集（其中 H 可以认为是与单位元对应的左陪集）都包含相同数目且不重复的元素. 因此，如果 G 和 H 都是有限群，我们发现子群 H 的阶 $|H|$ 必定是群 G 的阶 $|G|$ 的一个因子. 这又被称为拉格朗日定理，尽管在拉格朗日那个年代，群的现代定义还没有出现. 因此，对于元素数目不是太大的有限群，判别它的子群其实并不太困难. 我们只需要将其阶数 $|G|$ 进行质因子分解就可以猜测出它可能的子群的阶数. 完全类似，对于每个 $g \in G$，我们也可以定义所谓的右陪集：$Hg = \{hg : g \in G, h \in H\}$. 需要指出的是，一个群的左陪集和右陪集一般是不同的. 如果两者完全相同，那么这个子群就被称为正规子群 (normal subgroup)，记为 $H \triangleleft G$. 换句话说，一个子群 H 是 G 的正规子群当且仅当 $\forall h \in H, g \in G, ghg^{-1} \in H$. 正规子群的重要性最早是天才数学家伽罗瓦（Galois）意识到的.

(3) 共轭关系与共轭类.

群上面还可以定义一种等价关系，称为共轭关系. 群 G 中的两个元素 a 和 b 如果对某个 $g \in G$ 满足 $gag^{-1} = b$，我们就称 a 与 b 共轭，记为 $a \sim b$. 可以证明这是一种数学上所谓的等价关系. 它将群的所有元素配分为互不相交的等价类，每个类中包含同等数目的元素. 这种等价类称为共轭类. 注意，如果群元素是矩阵（或者说是群的表示），那么共轭关系实际上就是线性代数中的矩阵的相似性.

(4) 直积与半直积.

---

②这可以简单证明如下. 如果某个元素 $g_1 h_1 = g_2 h_2$ 同时出现在两个不同的左陪集 $g_1 H$ 和 $g_2 H$ 之中，我们有 $g_1 = g_2 h_2 (h_1)^{-1}$，但 $h_2 (h_1)^{-1} \in H$，这意味着 g_1, g_2 之间有关系 $g_1 = g_2 h'$，$h' \in H$，因此它们一定属于同一左陪集.

最后，当我们有两个群 $(G,\circ)$ 和 $(H,\cdot)$ 时，我们可以构建两个群的直积群，记为 $G\times H$:

$$G\times H=\{(g,h):g\in G,h\in H\},\tag{4}$$

而其乘法"$*$"的定义为 $(g_1,h_1)*(g_2,h_2)=(g_1\circ g_2,h_1\cdot h_2)$. 换句话说，新的群元素是一对群元，它们分别来自原先的两个群，就像两个不同的坐标一样. 两个群的直积群 $G\times H$ 自动包含两个子群，记为 $\tilde{G}$ 和 $\tilde{H}$，它们分别与原先两个群 G 和 H 同构，前者由形如 $\tilde{G}=\{(g\in G,\mathbb{1}_H)\}$ 的元素构成，而后者由形如 $\tilde{H}=\{(\mathbb{1}_G,h\in H)\}$ 的元素构成. 显然，$\tilde{G}\cong G$，$\tilde{H}\cong H$，并且可以证明它们都是 $G\times H$ 的正规子群.

除了这里谈到的直积之外，还可以构建两个群的半直积. 在半直积中原先的两个子群只有一个是正规子群，另一个不是. 典型的例子是刚体的所有运动（包括质心平动）对应的相流形 $\mathbb{Q}$. 它实际上是平动部分的相流形 $\mathbb{R}^3$ 与转动部分的相流形 $\mathrm{SO}(3)$（这两个流形其实也是群，只不过平动部分的所谓"群乘法"实际上是矢量的加法）的半直积，记为 $\mathbb{Q}=\mathbb{R}^3\rtimes\mathrm{SO}(3)$，其中 $\mathbb{R}^3$ 是 $\mathbb{Q}$ 的正规子群而 $\mathrm{SO}(3)$ 不是.

要说明这点最为快捷的方式是利用下面给出的表示. 我们将三维空间中的任意一个矢量 $\boldsymbol{x}\in\mathbb{R}^3$ 提升为下面的具有四个分量的矢量:

$$\boldsymbol{x}\leftrightarrow x\equiv\begin{pmatrix}\boldsymbol{x}\\1\end{pmatrix}.\tag{5}$$

显然这样的一个"四矢量" x 其实与原先的三矢量 $\boldsymbol{x}$ 是一一对应的. 于是三维空间的一个任意的转动加平动可以用下面的矩阵表达:

$$g=\begin{pmatrix}R&\boldsymbol{t}\\0&1\end{pmatrix},\tag{6}$$

其中 $R\in\mathrm{SO}(3)$ 是一个正常转动，而 $\boldsymbol{t}\in\mathbb{R}^3$ 是任意一个三矢量. 可以验证，这个矩阵 g 作用于前面的四矢量 x 的结果为

$$g\circ x=\begin{pmatrix}R&\boldsymbol{t}\\0&1\end{pmatrix}\cdot\begin{pmatrix}\boldsymbol{x}\\1\end{pmatrix}=\begin{pmatrix}R\cdot\boldsymbol{x}+\boldsymbol{t}\\1\end{pmatrix}.\tag{7}$$

换句话说，当 g 作用于 x 后将其相应的三矢量 $\boldsymbol{x}$ 变为了 $R\cdot\boldsymbol{x}+\boldsymbol{t}$，即一个任意的平动加上一个转动. 所以 (6) 式的确给出了三维刚体最一般运动的一个表

示. 容易证明所有 (6) 式给出的矩阵构成一个群, 我们称之为 G, 这个群其实就是我们前面提到的平移群与正常转动群 SO(3) 的半直积. 在这个表示下, 群的单位元由

$$\mathbb{1} = \begin{pmatrix} \mathbb{1}_{3\times 3} & \mathbf{0} \\ 0 & 1 \end{pmatrix} \tag{8}$$

给出, 而 g 的逆元素则由

$$g^{-1} = \begin{pmatrix} R^{-1} & -R^{-1}\boldsymbol{t} \\ 0 & 1 \end{pmatrix} \tag{9}$$

给出. 通过对上面各个式子的直接计算, 可以很容易地证明这些结论. 群 G 显然包含两个子群, 一个对应于正常转动 [即 SO(3)], 另一个对应于纯粹的平动, 它们分别由下列矩阵给出:

$$g_{\mathrm{R}} = \begin{pmatrix} R \in \mathrm{SO}(3) & \mathbf{0} \\ 0 & 1 \end{pmatrix}, \quad g_{\mathrm{T}} = \begin{pmatrix} \mathbb{1}_{3\times 3} & \boldsymbol{t} \in \mathbb{R}^3 \\ 0 & 1 \end{pmatrix}. \tag{10}$$

很容易验证, 所有的 g_{R} 构成一个群, 我们暂时称之为 H, 它其实就是三维正常转动群 SO(3). 所有的 g_{T} 也构成一个群, 我们称之为 N, 它其实就是三维空间的平移群 (同构于 $\mathbb{R}^3$). 显然, H 和 N 都是 G 的子群. 下面我们来论证 $G = N \rtimes H$.

需要论证的实际上就是 N(平移群) 是 G 的正规子群而 H(转动群) 则不是. 我们利用前面正规子群的定义进行计算. 对于子群 N, 选 $\boldsymbol{t}, \boldsymbol{t}' \in \mathbb{R}^3$, $R \in \mathrm{SO}(3)$, 有

$$\begin{aligned} gg_{\mathrm{T}}g^{-1} &= \begin{pmatrix} R & \boldsymbol{t}' \\ 0 & 1 \end{pmatrix} \begin{pmatrix} \mathbb{1}_{3\times 3} & \boldsymbol{t} \\ 0 & 1 \end{pmatrix} \begin{pmatrix} R^{-1} & -R^{-1}\boldsymbol{t}' \\ 0 & 1 \end{pmatrix} \\ &= \begin{pmatrix} \mathbb{1}_{3\times 3} & R \cdot \boldsymbol{t} - \boldsymbol{t}' \\ 0 & 1 \end{pmatrix} \in N. \end{aligned}$$

同样对于子群 H(转动群), 选 $\boldsymbol{t} \in \mathbb{R}^3$, $A, R \in \mathrm{SO}(3)$, 有

$$gg_{\mathrm{R}}g^{-1} = \begin{pmatrix} R & \boldsymbol{t} \\ 0 & 1 \end{pmatrix} \begin{pmatrix} A & \mathbf{0} \\ 0 & 1 \end{pmatrix} \begin{pmatrix} R^{-1} & -R^{-1}\boldsymbol{t} \\ 0 & 1 \end{pmatrix} = \begin{pmatrix} RAR^{-1} & \boldsymbol{t} - RAR^{-1}\cdot\boldsymbol{t} \\ 0 & 1 \end{pmatrix}.$$

我们发现对于子群 H(转动群) 来说, 这样计算的结果一般并不一定属于 H, 因此 H 不是 G 的正规子群. 这就验证了我们的结论 $G = \mathbb{R}^3 \rtimes \mathrm{SO}(3)$.

3 群 的 例 子

本节举一些物理学中常见的群的例子，供读者参考.

(1) 最为平庸的例子就是前面提到的平庸群，它只包含单位元：$G = \{\mathbb{1}\}$.

(2) 一个稍微不那么平庸的例子是所谓的 Z_2 群，它包含两个元素：$Z_2 = \{1, -1\}$，其中 $+1$ 就是单位元，-1 是另外一个元素，群的乘法就是通常意义的乘法，显然它们构成群. 这是一个具有两个元素的阿贝尔群. Z_2 群在物理学中十分重要，很多分立对称性（例如宇称变换）都可以利用这个群描写.

(3) 类似的包含 n 个元素的推广是所谓的 Z_n 群：$Z_n = \{1, \omega, \omega^2, \cdots, \omega^{n-1}\}$，其中 $\omega = \mathrm{e}^{2\pi i/n}$ 为 1 在复数域的 n 次方根.

(4) 回到本附录开始时提到的例子，一个正三角形的对称性. 显然，它具有绕中心旋转 $2\pi/3$ 的对称性. 我们将这个对称操作记为 C_3. 那么显然 $C_3^2 = (C_3)^2$ 也是一个对称操作，对应于旋转 $4\pi/3$（等价于旋转 $-2\pi/3$）. 事实上将不转、转 $2\pi/3$、转 $4\pi/3$ 这三个操作集合起来就构成了群 $C_3 = \{\mathbb{1}, C_3, C_3^2\}$[③]. 它实际上同构于我们前面提及的群 Z_3. 但是这其实还不是一个正三角形全部的对称性. 正三角形在关于其任一中垂线的反射下也是不变的. 这个对称操作我们记为 σ_v. 那么我们还可以将原先的群扩大一倍，构成群 $C_{3v} = \{\mathbb{1}, C_3, C_3^2, \sigma_v, \sigma_v C_3, \sigma_v C_3^2\}$. 这才是一个正三角形全部的对称性. 这个群实际上同构于两个群的半直积：$C_{3v} \cong C_3 \rtimes Z_2$.

(5) 一个稍微复杂一点的例子是三维立方体的对称性所对应的群. 如果仅仅考虑旋转对称性的部分，它由一个阶数为 24 的群 O 描写. 如果加上反射对称性的话，它扩展为阶数为 48 的群 O_h. 这两个群都称为立方体群，都是非阿贝尔的有限群.

(6) 一个极端一些的非阿贝尔有限群是阶数为 $2^{27}3^{14}5^37^211$ 的魔方群（Rubik's Cube group），它包含了很多人玩过的魔方的所有操作.

具有无穷多元素的群的例子也是很多的.

[③]不幸的是，这个群的符号与生成它的元素——旋转 $2\pi/3$ 的对称操作的符号正好相同了，我们用正斜体加以区分，读者应当也可以从上下文判断.

(1) 一个简单的例子是二维平面上的所有转动构成的群，称为二维转动群 SO(2). 它可以看成上面提到的 C_n 群（或者 Z_n 群）在 $n \to \infty$ 时的极限. 二维的转动是可交换的，因此这是一个阿贝尔群. 事实上由于二维的坐标可以利用复数表示，这个群同构于 U(1) 群——由所有相因子构成的群.

(2) 另一个例子是我们在第五章讨论刚体转动时提到的三维（正常）转动群或者说三维空间的特殊正交群 SO(3). 我们也论证了 (借由凯莱-克莱因表示) 它实际上与二维特殊幺正群 SU(2) 之间有个同态关系. 这两个群是非阿贝尔群的典型代表.

事实上，这里提到的无限群的特点是其群元素解析地依赖于一系列参数（例如欧拉角），因此它们实际上属于李群.

上面这些群实际上都是所谓的一般线性群 GL(V) 的特例. 所谓一般线性群 GL(V) 由矢量空间 V 上的所有非奇异的矩阵构成，相应的群乘法就是矩阵的乘法.

4　群的表示

如果群的同态是从群 G 到某个矢量空间 V 上的一般线性群 GL(V) 的映射，我们称之为群 G 的表示（representation）. 换句话说，群表示实际上是将抽象的群元素与矢量空间 V 上的矩阵对应起来，并且这种对应是保持乘法的. 相应的矢量空间的维数也被称为相应的群表示的维数.

说实话，多数物理学家脑子里所想象的群实际上都是数学家脑子里所设想的"抽象的群"的某个表示. 例如，我们前面讨论的 SO(3) 群和 SU(2) 群的定义，实际上可以认为是相应的"抽象的群"在相应的矢量空间上的矩阵表示：SO(3) 群是 3×3 的正交矩阵而 SU(2) 群是 2×2 的复幺正矩阵. 物理学家更热衷于群的表示不是没有原因的. 对他们来说，承载这些矩阵的矢量空间本身往往具有实在的物理意义，因此，矢量空间的作用也绝不仅仅是实现某个群的表示而已. 比如本书中讨论的刚体的三维转动，我们讨论的矢量空间就是刚体实实在在"生活的空间". 我们前面也专门提到，虽然对于复 2×2 的 SU(2) 群的凯莱-克莱因表示所对应的矢量空间在经典力学中貌似缺乏明显的物理意义，但是它实际上在量子力学中对应于自旋 1/2 粒子的角动量的

希尔伯特 (Hilbert) 空间. 因此, 从这个意义上讲, 如果群是所有对称操作的集合, 那么群表示所对应的矢量空间实际上就是被操作的物理对象所存在的空间. 这个矢量空间中的基矢也被称为群表示的基矢, 或者简称基.

群的表示又可以分为可约的和不可约的两类. 粗略地说, 如果群的所有元素对应的矩阵在任一统一的相似变换下, 都不具有一致的形如 $\begin{pmatrix} A & B \\ \mathbf{0} & C \end{pmatrix}$ 的分块结构, 这种表示就被称为不可约的 (irreducible representation, irrep); 反之, 如果所有群元对应的矩阵在某一统一的相似变换下具有一致的分块结构, 我们就称这种表示是可约的 (reducible representation). 分块结构意味着我们能够从目前完备的基矢中选出一部分来, 在它们所张成的子空间中, 群元的矩阵表示是不可约的. 将不可约表示进行直和, 我们就得到一个可约的表示. 反之, 我们可以将一个可约的表示分解为一系列不可约表示的直和. 两个群表示 ρ_1 和 ρ_2 除了可以进行直和外还可以进行直积. 这个直积表示的定义是 $(\rho_1 \otimes \rho_2)(v \otimes w) = \rho_1(v) \otimes \rho_2(w)$, 它又称为 ρ_1 和 ρ_2 构成的张量表示. 容易证明两个表示的直和或者直积表示仍然是一个表示. 如果原先两个表示是不可约的, 它们的直和当然是可约的, 并且可以分解为原先的那两个表示的直和. 两个不可约的表示的直积表示一般是可约的.

群表示论中一个十分重要的指标是每个群元对应的矩阵的迹, 也就是对角元之和. 这被称为该表示的特征标 (character). 如果表示 $\rho : G \mapsto \mathrm{GL}(n, \mathbb{C})$, 那么一个群元 $g \in G$ 的特征标定义为

$$\chi(g) = \sum_{i=1}^{n} [\rho(g)]_{ii} = \mathrm{Tr}\left[\rho(g)\right]. \tag{11}$$

由于表示一定将群的单位元映射到单位矩阵, 因此我们有 $\chi(\mathbb{1}) = n$ 就是该表示的维数. 由于求迹运算的循环性质, 特征标是群的共轭类上的函数. 也就是说, 如果 a 和 b 属于同一共轭类, 它们一定具有相同的特征标: $\chi(a) = \chi(b)$.

特征标满足一系列重要的性质. 这些性质可以帮助我们将一个任意的群表示分解为一系列不可约表示的直和. 这一点对于讨论量子力学中分子能级的对称性具有十分重要的意义. 关于这点我们这里就不深入了. 感兴趣的读者可以阅读参考书 [11].

参 考 书

[1] Landau L D and Lifshitz E M. Mechanics. 3rd ed. Pergamon Press, 1976.

[2] Goldstein H. Classical Mechanics. 2nd ed. Addison-Wesley, 1980.

[3] José J V and Saletan E J. Classical Dynamics: A Contemporary Approach. Cambridge University Press, 1998.

[4] Arnold V I. Mathematical Methods of Classical Mechanics. Springer-Verlag, 1978.

[5] Truesdell C. Essays in the History of Mechanics. Springer-Verlag, 1968.

[6] 刘川. 电动力学. 北京：北京大学出版社，2023.

[7] Landau L D and Lifschitz E M. The Classical Theory of Fields. 4th ed. Pergamon Press, 1994.

[8] 韦丹. 固体物理. 北京：高等教育出版社，2023.

[9] 范钦珊. 工程力学. 2 版. 北京：清华大学出版社，2012.

[10] Sternberg S. Group Theory and Physics. Cambridge University Press, 1994.

[11] Landau L D and Lifschitz E M. Quantum Mechanics. Pergamon Press, 1994.

索　引

Z